O engenheiro abolicionista, 2

André Rebouças, c. 1871.

O engenheiro abolicionista

2. No Hotel dos Estrangeiros

Diários, artigos e cartas,
1883-1885

André Rebouças

Hebe Mattos (org.)

Chão

CHÃO EDITORA
EDITORA Marta Garcia
EDITOR-EXECUTIVO Carlos A. Inada

CAPA, PROJETO GRÁFICO E DIAGRAMAÇÃO Mayumi Okuyama
EDIÇÃO DE TEXTO E PREPARAÇÃO Carlos A. Inada
REVISÃO Isabel Cury e Cláudia Cantarin
REVISÃO DA TRANSCRIÇÃO Eduardo Cavalcante e Maria Fernanda A. Rangel/
Centro de Estudos, Pesquisa e Educação (CEPE) — Fazenda do Pinhal
PESQUISA ICONOGRÁFICA Hebe Mattos e Erica Fujito
PRODUÇÃO GRÁFICA E TRATAMENTO DE IMAGENS Jorge Bastos

DADOS INTERNACIONAIS DE CATALOGAÇÃO NA PUBLICAÇÃO (CIP)
(CÂMARA BRASILEIRA DO LIVRO, SP, BRASIL)

Rebouças, André, 1838-1898
O engenheiro abolicionista : 2. No Hotel dos Estrangeiros : diários, artigos e cartas, 1883-1885 / André Rebouças ; Hebe Mattos (org.). – São Paulo : Chão Editora, 2025.

Bibliografia.
ISBN 978-65-80341-36-8

1. Abolicionistas – Brasil 2. Brasil – História 3. Diários 4. Rebouças, André, 1838-1898 I. Mattos, Hebe. II. Título.

25-256547 CDD-923.2

Índices para catálogo sistemático
1. Abolicionistas : Biografia 923.2
Aline Graziele Benitez – Bibliotecária – CRB-1/3129

Grafia atualizada segundo as regras do Acordo Ortográfico da Língua Portuguesa (1990), em vigor no Brasil desde 1.º de janeiro de 2009.

chão editora ltda.
Avenida Vieira de Carvalho, 40 — cj. 2
CEP 01210-010 — São Paulo — SP
Tel +55 11 3032-3726
editora@chaoeditora.com.br | www.chaoeditora.com.br

Sumário

Apresentação

Os dois volumes de O *engenheiro abolicionista* acompanham a retomada da escrita do diário regular de André Rebouças, de 1883 até pouco depois da posse do gabinete conservador e antiabolicionista do barão de Cotegipe, em 20 de agosto de 1885. A esse gabinete coube o encaminhamento final, para aprovação no Senado, do texto da lei emancipacionista conhecida como Lei dos Sexagenários (Saraiva-Cotegipe), em 28 de setembro de 1885.

Como não existem ou não são conhecidos diários para o período 1877-82, os volumes de O *engenheiro abolicionista* marcam a retomada do diário de Rebouças, agora em sua maturidade.

O primeiro, com o subtítulo "Entre o Atlântico e a Mantiqueira", inicia no primeiro dia do ano de 1883, em Londres.

No diário, construído quase como uma agenda, Rebouças assinala seu encontro na capital inglesa com Joaquim Nabuco, então e agora o mais conhecido dos abolicionistas brasileiros. O engenheiro retorna ao Brasil em fevereiro, a bordo do paquete *Neva*, como representante da companhia Minas Central Railway, concessionária de uma estrada de ferro que deveria cortar o centro da então província de Minas Gerais, e da Conde d'Eu Railway, na Paraíba, em fase de finalização. Nos registros do primeiro volume, acompanhamos Rebouças em atividades empresariais, em viagens a Minas para definição do trajeto da nova ferrovia e em sua ação na imprensa da Corte em prol da propaganda abolicionista, até a abolição da escravidão no Ceará em 25 de março de 1884 e o reencontro com Joaquim Nabuco no Rio de Janeiro, em maio desse ano.

A volta de Nabuco e a conjuntura abolicionista levam Rebouças a mudar-se de Petrópolis para o Rio, onde passa a morar no Hotel dos Estrangeiros, no largo do Catete. A nova morada nomeia o subtítulo deste volume, de narrativa marcada por uma sucessão de reveses e por expectativas frustradas.

No Hotel dos Estrangeiros, Rebouças acompanha toda a movimentação política ligada à subida ao poder do Ministério Dantas, aliado dos abolicionistas, até sua queda e a total inversão dos significados políticos da proposta de lei de libertação dos sexagenários por ele encaminhada.

Para a leitura deste livro é desejável, mas não mandatório, ter lido o primeiro volume de *O engenheiro abolicionista*. Os registros diários de Rebouças no *Letts Diary*, pioneira agenda comercial impressa na Inglaterra, são secos e econômicos, e se tornam ainda mais lacônicos na adversidade. É preciso entender as derrotas em curso para apreciar a leitura. E essas derrotas ocorriam na euforia das expectativas do período anterior.

Por isso, decidi abrir este volume com a transcrição das cartas de Rebouças a Joaquim Nabuco, escritas durante o período coberto pelo primeiro volume (de 1883 a maio de 1884) e arquivadas na Fundação Joaquim Nabuco (Fundaj). Essas cartas fazem as vezes de prólogo a este volume, pois resumem o período imediatamente anterior à escrita dos diários que temos em mãos. São sete cartas que representam a totalidade das cartas de Rebouças no período no acervo da instituição. Provavelmente foram as que Nabuco considerou importante guardar para a posteridade. Se assim foi, ele mostrou seu tino. Elas fazem bom resumo da experiência registrada por Rebouças em seu diário.

Depois das cartas a Nabuco, segue-se a transcrição do diário de Rebouças de junho de 1884 a 6 de setembro de 1885. Os registros do engenheiro ficam cada vez mais secos à medida que a conjuntura vai se tornando negativa, em termos políticos e empresariais. Sua produção na imprensa, avassaladora no período anterior, diminui e quase cessa por algum tempo. Decidi então inserir, como anexo a esta edição, a transcrição dos artigos autorais e não seriados de Rebouças publicados na imprensa e as duas cartas a Nabuco arquivadas para o período deste volume na Fundaj, todos devidamente registrados nas anotações de Rebouças. Consultá-los, quando referidos no texto do diário, pode tornar o contexto político mais nítido aos leitores.

Rebouças colava diversos recortes de jornais no seu *Letts Diary*. Eu os comento no posfácio, como fiz no volume anterior. Neste, porém, optei por registrar a sua presença quando no transcorrer do manuscrito e, sempre que possível, transcrevi-os integralmente. Em muitos casos os microfilmes estavam parcialmente ilegíveis, mas consegui resumir o conteúdo da notícia, fazendo a conferência no diário original.

Em suma, este segundo volume de *O engenheiro abolicionista* reúne diário e artigos na imprensa de junho de 1884 a setembro de 1885 e as nove cartas a Joaquim Nabuco arquivadas na Fundaj, datadas de 1883 a setembro de 1885. A intenção, ao associar ao diário materiais autorais diferentes, porém pontuais, é melhor levar ao leitor o contexto que informa a trama dos acontecimentos.

Anos depois de escrever seus diários e cadernos de registro de correspondência, no exílio, Rebouças releu muitas vezes esses materiais, fazendo neles anotações. Como no primeiro volume, as observações do Rebouças do futuro estão grafadas em itálico, geralmente entre parênteses. Meus comentários, escassos, e os resumos dos recortes de jornal parcialmente ilegíveis estão em notas ou grafados entre os sinais < >. Quando algum trecho do manuscrito estava ilegível pela ação do tempo, indiquei com reticências entre colchetes [...]. A ortografia foi atualizada e foram usados padrões editoriais atuais. Formas abreviadas foram estendidas, e foi conservada a pontuação do original manuscrito.

O conjunto vai dividido em capítulos, que criei a fim de orientar a leitura. Como tenho comentado com diversos interlocutores, editar os escritos pessoais da maturidade de André Rebouças tornou-se, para mim, não apenas um trabalho de historiadora, mas também uma experiência literária. Para escrever o texto final, li um capítulo por vez e me emocionei com a experiência da leitura.

O texto é lacônico, o contexto, dramático. Espero que os leitores também se emocionem e aproveitem a companhia.

Voltamos a conversar no posfácio.

Hebe Mattos

O ENGENHEIRO ABOLICIONISTA, 2

PRÓLOGO
Cartas a Nabuco

Sociedade Brasileira contra a Escravidão
Rio de Janeiro, 10 março 1883

Meu Nabuco

Tive anteontem o prazer de beijar a mão de sua veneranda mãe. Estava presente o Hilário de Gouveia (hoje lente da Escola de Medicina, de posse desde 8 de março). Conversamos muito sobre o melhor meio de conseguir sua volta ao Brasil.

No *Jornal do Commercio* estão todos muito entusiasmados com os seus trabalhos. Até o velho Leonardo disse "que você estava um financeiro consumado".

Todos dizem que você voltará para ser o primeiro estadista do Brasil. O Hilário vai enviar-lhe um extrato entusiástico de uma carta do Saraiva.

O amigo Adolfo de Barros já ordenou ao procurador para mandar tirar cópia da sentença de Cata Preta. Previna disso aos amigos da Anti-Slavery.

Tenho passado as noites com os amigos Gusmão Lobo, Bezzi e José Avelino.

O Serra está em Nova Friburgo; já encetamos a palestra epistolar do costume.

Você teve uma feliz predição; cheguei no momento mais oportuno; tive uma recepção só comparável à do visconde do Rio Branco.

Dirás ao Viana de Lima que o Bellegarde já prepara o pacote das minhas obras para seguir na primeira oportunidade.

O Guilherme Bellegarde está cada vez mais entusiasta de você. Sei que esta carta lhe encherá de saudades e de anhelos para voltar aos nossos braços. O bom Deus ouvirá as orações de sua boa mãe e os votos de todos que lhe amam.

Sempre muito do coração
André

Escritório do engenheiro André Rebouças
Rio de Janeiro, 7 abril 1883

Meu Nabuco[1]

Já vês que renasceu a nossa filha querida. O Gusmão Lobo, na sua contínua abstração, morto de trabalho, enleado nos melindres ministeriais ainda não publicou a ata de que lhe dei cópia.

Espero o nosso Serra de Friburgo para dar mais atividade à Santa Propaganda.

Se o *Jornal do Commercio* recusar de todo dar-nos gazetilha, iremos para a *Gazeta de Notícias*.

Nossos fiéis são sempre:

1. Adolfo de Barros
2. Serra
3. Alencastro
4. J. A. dos Santos
5. Clapp

Todos os outros mais ou menos dissidentes e flutuantes. O verdadeiro é deixar a independência dos grupos. Saudades de todos os amigos.

Sempre do coração
André

Escritório do engenheiro André Rebouças
Rio de Janeiro, 24 de setembro de 1883

Meu Nabuco

Saúde etc.

Estamos trabalhando para dar a máxima circulação ao seu esplêndido — *Abolicionismo*.

O nosso bom Miguel Antônio Dias — o melhor dos mulatos, está preparando um panfleto com os elogios feitos ao livro para distribuí-lo gratuitamente.

A Confederação Abolicionista vai comprar uns cem exemplares para distribuir por pessoas, indicadas pelo Serra, para propagá-lo nos jornais das províncias.

— Mandas-te, pelo menos, uns quinhentos para o Ceará?

A abolição está virtualmente feita; o Rio Grande do Norte, Paraíba e Pernambuco vão imitar o Ceará.

No Rio só pagamos 300$000 nas liberdades.

Agora cumpre tratar de eliminar os latifúndios.

Para isso auxiliarás os amigos Rodrigues, Linklates e banqueiro Emil Oppert na organização da companhia The Terra Roxa of Brazil Immigration Co. Limited. Cujo fim é comprar os latifúndios, adjacentes ao belo Caminho de Ferro de São João del-Rei, dividi-los em lotes e colocar neles imigrantes, que produzam seda, vinho e trigo. Esse caminho de ferro é um exemplo flagrante do quanto são funestos os latifúndios. Em cem quilômetros só serve a vinte fazendeiros, possuidores de dezenas de léguas de terras, com alguns escravos velhos e ruins vacas.

Assim o pobre caminho de ferro nem tem produtos nem viajantes. É por isso que vou comprá-lo por mil contos, quando já se tem despendido nele 2 600 contos, a maior parte pela província de Minas Gerais.

Auxilia o Rodrigues em provar aos capitalistas de Londres que vamos ter as melhores fazendas por preços insignificantes, e que as *land companies* farão fortunas enormes e salvarão o Brasil da crise abolicionista.

Saudades a todos os amigos.

Sempre teu
André

Sociedade Brasileira contra a Escravidão
Rio de Janeiro, 13 outubro 1883

Meu Nabuco

Saúde etc.

Estamos nadando em júbilo pelo seu esplêndido triunfo em Milão.

Deus te abençoe em nome do milhão de escravos do Brasil e de milhões e milhões de escravos do continente africano.

Já deves ter recebido a *Gazeta da Tarde* e o *Rio News* que trataram da questão dos libertos do Morro Velho. Quanto ao Governo é inútil pensar nele; ainda ontem o Diário Oficial publicava edital de venda de africanos.

O *Abolicionismo* vai correndo mundo, entusiasmando aos homens de coração e fazendo morrer de raiva aos exploradores de seus semelhantes.

Acaba de chegar o satânico mandarim Ching:[2] cumpre avisar a Anti-Slavery "*et saper les fondements*"[3] da escravidão amarela.

Serra, Taunay, Patrocínio e todos nós estamos na brecha.

Estou com o Koseritz e a colônia alemã na propaganda de imigracão em conexão com a Sociedade de Berlim.

Ajuda sempre o Rodrigues e os Linklates.

Sempre
Do coração
André

Bravos!!! meu caro Nabuco, pela bonita representação de nosso belo país em Milão. Um abraço e muitas saudades do teu do coração — José Américo dos Santos.

O engenheiro André Rebouças
Petrópolis 4 março 1884

Meu Nabuco

Saúde etc.

Verás pelos jornais a marcha avante da abolição.

É indescritível o que se prepara para 25 de março. Não sei se o público poderá resistir à emoção abolicionista, que lhe vamos proporcionar.

Necessitamos de você no 1.º de maio, pelo menos. O Rodrigues lhe entregará £ 100 para as despesas de viagem etc. etc. Há excelentes esperanças no 2.º distrito. Toda a Confederação está trabalhando e proclamaremos sua candidatura e de mais dois abolicionistas a 25 de março.

—

Imigração. O Taunay é hoje um *homem* respeitável; um mártir da imigração como você é da abolição. Vamos a São Paulo em um Congresso de Imigração que é simultaneamente de abolição e subdivisão do solo. Estou fazendo um panfleto da sua bela análise sobre Henry George (edição popular no *Rio News* de 3 mil exemplares).

Manda-me tudo quanto houver sobre nacionalização do solo.

É uma propaganda nova — a abolição do fazendeiro pela eliminação do escravo e do latifúndio.

Precisamos de você no parlamento em 1885; é justo que você pronuncie o ômega como pronunciou o alfa na abolição.

O amigo Miguel A. Dias tem o seu trabalho para prepará-lo para impressão.

Todos enviam-lhe muitas e muitas saudades preparando-lhe esplêndida recepção.

Sempre
Muito seu
André

O engenheiro
André Rebouças
Petrópolis 22 março 1884

Meu Nabuco

Saúde etc.

Esplêndida a tua iniciativa de um Congresso Internacional Abolicionista.

Ponho desde já £ 100 à tua disposição para as primeiras despesas. O congresso terá lugar em Petrópolis de 10 a 17 agosto 1884.

Vou contratar o palacete do Grand Hotel d'Orléans, o edifício melhor situado do Brasil, todo novo. Provavelmente pagarei £ 100 a £ 200 pelo aluguel durante o mês de agosto. Este hotel fecha-se no inverno, de sorte que seremos donos de todo o edifício.

Ficaremos livres dos *garotos* da rua do Ouvidor, e só levamos gente escolhida nos trabalhos.

Traz o Henry George,[4] o Labra,[5] a Beecher Stowe[6] e o Douglass.[7] Convida aos amigos do Congresso de Milão.

Serás o presidente; Joaquim Serra o secretário.

Logo que acabar a emoção dos festejos do Ceará começarás a propaganda para o congresso.

No programa incluirás:

I — Abolição

II — Nacionalização do Solo pelo Imposto Territorial

III — Imigração { Liberdade de consciência
Grande naturalização
Democracia rural

Nas circulares de convite especifica tudo; condições de viagem, excelência do clima do Rio de Janeiro; Petrópolis acessível em duas horas em caminho de ferro Righi etc. etc.

Os festejos do Ceará durarão oito dias; de 23 a 30 março — jamais houve cousa semelhante no Rio de Janeiro. O programa soma tudo o que se há feito a Camões, Carlos Gomes, Rio Branco etc.

Os festejos para ti serão reduzidos ao *minimum*, compatível com a organização emocional desta raça latino-africana.

Verás nos meus artigos do jornal que não há *comunismo* na minha nacionalização do solo. É pura e simplesmente democracia rural pela subdivisão do solo, acelerada pelo Imposto Territorial Progressivo na razão de 1 para 2.

Quando vieres, habitarás comigo em Petrópolis. É a melhor invenção para ficar livre da *lama* da rua do Ouvidor.

Sempre
Teu
André

O engenheiro
André Rebouças
Petrópolis 2 maio 1884

Meu Nabuco

Saúde etc.

Muito bem recebida sua cartinha de 7 abril, participando a vinda pelo *Tamar*.

Sua recepção será da maior simplicidade, como deseja.

Somente estamos trabalhando para que estejam livres todas as ruas, que terás de percorrer desde o Arsenal de Marinha até o Flamengo.

Quanto aos planos de propaganda abolicionista aqui conversaremos com todo o tempo que eles nos merecem.

Todos os nossos, o Adolfo, o Miguel, o Santinhos, o Clapp, o Alencastro etc. esperam-no estremecidamente.

Anhelando abraçá-lo
Assino-me sempre
De todo o coração
André

DIÁRIO

1884

1\.

UM MINISTÉRIO ABOLICIONISTA

1/6 a 17/7/1884

Mudança de Petrópolis

[***1.º de junho***]

Chuviscos pela madrugada; aguaceiros em Petrópolis; tarde mais ou menos clara no Rio.

Temperatura de 15,5° a 21,7° centígrados.

5 horas — Acordar, toalete, banho, diário, balancete etc.
7 — Partindo para Petrópolis.
9½ — Chegando ao Hotel Orléans.
10h — Preparando a mudança.
12 horas — Partindo de Petrópolis em trem especial com o barão Quartim e comendador Moreira.
2½ — Chegando ao Rio de Janeiro.
3 horas — Hospedando-me no Hôtel de France, ao largo do Paço, aposento n.º 14 (segundo andar).

Hôtel de France

[*2 de junho*]

Chuva à noite; manhã enublada; aguaceiros durante o dia; tarde encoberta.

Temperatura de 17,5° a 24,9° centígrados.

5 horas — Acordar, toalete, banho, diário, balancete etc.

7 — Procurando um melhor aposento.

11 — Pagando a Norton, Megaw & Co. £ 100 = 1:167$000 Rs. da viagem do amigo Joaquim Nabuco.

12 — No escritório do amigo engenheiro José Américo dos Santos.

1h — Na Sociedade Central de Imigração com o segundo-secretário dr. Enes de Souza.

2 — Em sessão do conselho diretor do Clube de Engenharia.

6 — Na Gazeta da Tarde com o amigo José do Patrocínio.

7 — Visitando no Hotel Carson o empresário Carvalho Bastos, recém-chegado do Rio Grande do Sul.

O *Jornal do Commercio* publica o 16.º artigo da série — "Nacionalização do solo pelo Imposto Territorial Geometricamente Progressivo".

[*3 de junho*]

Chuviscos à noite; manhã incinerada; dia de sol; tarde clara.

Temperatura de 17,0° — 21,7° centígrados.

5 horas — Acordar, toalete, banho, diário, balancete etc.
7 — Recordando a lição XXIII de engenharia civil.
9¾ — Dando-a na Escola Politécnica.
11 horas — Na Gazeta da Tarde com o amigo José do Patrocínio.
12 horas — No Clube de Engenharia, com o amigo engenheiro José Américo dos Santos.
1 hora — Escrevendo ao presidente A. H. Phillpotts da companhia Conde d'Eu Railway.
2 horas — Na Sociedade Central de Imigração com o secretário dr. Enes de Souza.
3 horas — Com os amigos Joaquim Nabuco e Joaquim Serra tratando da propaganda abolicionista.
6 horas — Visitando o amigo Miguel Antônio Dias.

Crise ministerial.

Mudança para o Hotel dos Estrangeiros

[4 *de junho*]

Luar à noite; manhã clara; dia de sol; tarde límpida.

Temperatura de 15,9° — 22,5° centígrados.

5 horas — Acordar, toalete, banho, diário, balancete etc.
7 — Em mudança para o Hotel dos Estrangeiros — quarto n.º 20 (segundo andar).
11 horas — No Clube de Engenharia com o amigo engenheiro José Américo dos Santos.
2 horas — Em congregação de lentes da Escola Politécnica.
3½ — Com os amigos Joaquim Nabuco e Joaquim Serra tratando da propaganda abolicionista perante a crise ministerial.

Inaugura-se a última seção do Caminho de Ferro Conde d'Eu (Paraíba do Norte) (Mulungu—Independência).

A *Gazeta de Notícias* publica o "Manifesto ao Parlamento" da Sociedade Central de Imigração ontem apresentado à Câmara pelo deputado A. d'E. Taunay.

[*5 de junho*]

Luar à noite; manhã belíssima; dia de sol; tarde um pouco incinerada.

Temperatura de 16,2° a 24,2° centígrados.

5 horas — Acordar, toalete, banho, diário, balancete etc.
7 — Recordando a lição XXIV de engenharia civil.
9¾ — Dando-a na Escola Politécnica.
11½ — Na Gazeta da Tarde com os amigos José do Patrocínio e J. F. Clapp tratando da propaganda abolicionista.
12h — No Clube de Engenharia e no escritório do engenheiro José Américo dos Santos, respondendo à carta do engenheiro Crockatt de Sá, diretor das Obras Públicas de Minas.
1½ — Carta ao Charles Glanvill, secretário da companhia Minas Central, remetendo cópias dos despachos do presidente.
3 horas — Redigindo para a *Revista de Engenharia* a notícia bibliográfica do relatório da Comissão de Melhoramento da Barra do Rio Grande do Sul.
6 — Visitando o amigo Joaquim Nabuco.

[*6 de junho*]

Luar incinerado; manhã clara; dia de sol; raras nuvens à tarde.

Temperatura de 17,2° a 23,7° centígrados.

5 horas — Acordar, toalete, banho, diário, balancete etc.
7 — Redigindo o 17.º artigo da série — "Nacionalização do solo pelo Imposto Territorial Geometricamente Progressivo".
10½ — Na Gazeta da Tarde com os amigos J. F. Clapp e José do Patrocínio na propaganda abolicionista.
11½ — No Clube de Engenharia e com o amigo J. A. dos Santos.
1½ — Na Sociedade Central de Imigração com os amigos general Rohan e A. d'E. Taunay.
3h — Com os amigos Joaquim Nabuco e Joaquim Serra tratando dos festivais abolicionistas, que se preparam para domingo.[1]

[*7 de junho*]

Luar enublado; neblina pela manhã; dia mais ou menos encoberto; ameaças de chuva à tarde.

Temperatura de 17,9° a 21,9° centígrados.

5 horas — Acordar, toalete, banho, diário, balancete etc.
7 — Recordando a lição xxv de engenharia civil.
9¾ — Dando-a na Escola Politécnica.
11½ — No Tesouro e no Ministério das Obras Públicas tratando do pagamento dos juros do Caminho de Ferro Conde d'Eu.
12½ — No Clube de Engenharia com o amigo engenheiro José Américo dos Santos.
2 horas — Em sessão da diretoria da Sociedade Central de Imigração.
3½ — Com os amigos Joaquim Nabuco e Joaquim Serra tratando da propaganda abolicionista.

8 horas — Conferência com o senador Saraiva e o amigo Joaquim Nabuco sobre abolição em casa do amigo Pedro Leitão da Cunha, à rua do Paissandu.

[*8 de junho*]

Luar enublado; manhã clara; dia de sol; algumas nuvens à tarde.

Temperatura de 17,5° a 22,4° centígrados.

5 horas — Acordar, toalete, banho, diário, balancete etc.
7 — Respondendo à carta de 29 maio do amigo João Batista de Oliveira e Souza (de Brumado).
8 horas — Fazendo o *account* da companhia Minas Central até esta data.
10½ — Em casa do amigo Joaquim Nabuco.
11½ — No Teatro Polytheama, no Festival da Caixa Abolicionista Joaquim Nabuco.
2 horas — No Teatro de D. Pedro II, no Festival da Confederação Abolicionista.

[*9 de junho*]

Luar um pouco incinerado; manhã clara; dia de sol; raras nuvens à tarde.

Temperatura de 18,9° a 25,5° centígrados.

5 horas — Acordar, toalete, banho, diário, balancete etc.
7 — Redigindo para a *Gazeta da Tarde* o artigo — "A reação escravocrata".
10 — Com o amigo Joaquim Nabuco, recebendo o resumo do seu discurso no Polytheama.
10½ — Entregando ao amigo José do Patrocínio para ser publicado na *Gazeta da Tarde*.

11 — Com o amigo J. F. Clapp promovendo a propaganda abolicionista.
12 — No Ministério das Obras Públicas tratando do Caminho de Ferro Conde d'Eu.
1 — No escritório dos empreiteiros Ross & Mathews vendo os desenhos do Caminho de Ferro da Minas Central.
2h — No Clube de Engenharia com o engenheiro J. A. dos Santos.
3 — Remetendo o *account* da companhia Minas Central.

O *Jornal do Commercio* publica o 17.º artigo da série — "Nacionalização do solo pelo Imposto Territorial Geometricamente Progressivo".

[**10 *de junho***]

Luar em minguante; manhã clara; dia de sol mais ou menos enublado; ameaças de chuva à tarde.

Temperatura de 18,7° a 23,4° centígrados.

5h — Acordar, toalete, banho, diário, balancete etc.
7 — Recordando a lição XXVI de engenharia civil.
9¾ — Dando-a na Escola Politécnica.

11¼ — Na Gazeta da Tarde providenciando sobre a impressão do discurso do amigo Joaquim Nabuco pronunciado ao festival do Teatro D. Pedro II.

12 — No Clube de Engenharia e no escritório do amigo engenheiro José Américo dos Santos escrevendo ao secretário e aos engenheiros do Caminho de Ferro Conde d'Eu (Paraíba).

2 — Escrevendo ao amigo Carlos Gomes, em Lecco, e remetendo-lhe desenhos e fotografias do Ceará.

3h — Em conferência com os amigos Joaquim Nabuco, Serra e J. F. Clapp, sobre o primeiro artigo do Joaquim Nabuco — "Movimento abolicionista", que entreguei no Jornal do Commercio para ser publicado amanhã.

7 — No Liceu de Artes e Ofícios em sessão do conselho diretor.

8 — Visitando o novo edifício do Liceu Literário Português que se inaugura amanhã.

9½ — Conferenciando com os amigos Joaquim Nabuco e Silveira da Motta sobre as dificuldades, opostas pelo *Jornal do Commercio*, à publicação do artigo entregue hoje.

[11 ***de junho***]

Noite enublada; manhã clara; dia de sol; algumas nuvens à tarde.

Temperatura de 18,4° a 23,3° centígrados.

5 horas — Acordar, toalete, banho, diário, balancete etc.
7 — Redigindo para a *Gazeta da Tarde* o artigo — "Abolição e imigração".
10½ — Dando ao José do Patrocínio o artigo — "A reação escravocrata".
11h — No Clube de Engenharia e com o amigo engenheiro José Américo dos Santos.
12 — Em sessão da assembleia-geral do Centro Abolicionista da Escola Politécnica.
2h — Na Sociedade Central de Imigração com o presidente Rohan e segundo-secretário Enes de Souza.
3 horas — Com os amigos Joaquim Nabuco e Joaquim Serra promovendo a propaganda abolicionista.
6½ — Visitando o novo ministro da Agricultura Carneiro da Rocha e tratando dos caminhos de ferro Conde d'Eu (ramal Cabedelo) e Minas Central (transporte do material grátis pelo Caminho de Ferro D. Pedro II).

A *Gazeta da Tarde* publica em artigo de fundo — "A reação escravocrata".[2]

[*12 de junho*]

Noite mais ou menos encoberta; dia de sol incinerado; ameaças de chuvas à tarde.

Temperatura de 19,1° a 26,8° centígrados.

5h — Acordar, toalete, banho, diário, balancete etc.
7 — Redigindo o 18.º artigo da série — "Centro Abolicionista da Escola Politécnica — Nacionalização do solo pelo Imposto Territorial Geometricamente Progressivo".
10½ — Com o deputado dr. Felício dos Santos tratando da introdução do aditivo para transporte gratuito do material da companhia Minas Central pelo Caminho de Ferro de D. Pedro II.
11h — Com o amigo Joaquim Nabuco, revendo o segundo artigo da série — "Movimento abolicionista" — assinados com o pseudônimo Garrison por exigência do *Jornal do Commercio*.
12h — Na Livraria Faro & Lino com Joaquim Nabuco, Serra e Alfredo d'E. Taunay nas propagandas para abolição e imigração.

[*13 de junho*]

Noite dúbia; dia sempre encoberto; ameaças de chuva à tarde.

Temperatura de 19,3° a 26,3° centígrados.

5 horas — Acordar, toalete, banho, diário, balancete etc.
7 — Lendo e anotando a obra de Henry George — *Social problems*.
10½ — Na Gazeta da Tarde com os amigos J. F. Clapp e José do Patrocínio tratando da propaganda abolicionista.
11½ — No Ministério das Obras Públicas ativando a petição para pagamento dos juros ao Caminho de Ferro Conde d'Eu.
12½ — No Clube de Engenharia e no escritório do amigo engenheiro José Américo dos Santos.
1½ — Fazendo um extrato da biografia de Carlos Gomes para o Clube Beethoven.
2½ — Na Sociedade Central de Imigração com o segundo-secretário engenheiro dr. Enes de Souza.
3½ — Com os amigos Joaquim Nabuco e Joaquim Serra na propaganda abolicionista.
7 horas — Visitando o colega engenheiro Antônio Paulo de Melo Barreto.
8 — No concerto do Clube Beethoven.

[**14 *de junho***]

Noite enublada; manhã mais ou menos encoberta; chuva das quatro da tarde em diante.

Temperatura de 19,5° a 24,4° centígrados.

5 horas — Acordar, toalete, banho, diário, balancete etc.
7 — Aperfeiçoando a lição XXVII de engenharia civil.
$9\frac{3}{4}$ — Dando-a na Escola Politécnica.
$11\frac{1}{2}$ — Com o negociante James Grainger Bellamy, respondendo a um telegrama da companhia Minas Central, ontem recebido.
12 — No Clube de Engenharia com o engenheiro fiscal desta companhia Américo Batista de Melo Brandão.
$12\frac{1}{2}$ — No Banco do Comércio, 77 rua Direita, com os deputados Mourão e Soares conferenciando sobre o Caminho de Ferro de São João del-Rei.
$1\frac{1}{2}$ — Em sessão da diretoria da Sociedade Central de Imigração.
2h — Em congregação dos lentes da Escola Politécnica.
3h — Com os amigos Miguel Antônio Dias, Joaquim Serra e Joaquim Nabuco tratando da propaganda abolicionista.

[*15 de junho*]

Chuviscos à noite; fortes aguaceiros pela manhã; dia dúbio; alguns raios de sol à tarde.

Temperatura de 16,7° a 25,3° centígrados.

5 horas — Acordar, toalete, banho, diário, balancete etc.
7 — Escrevendo ao secretário da companhia Minas Central explicando o telegrama de ontem.

8 — Respondendo à carta do fazendeiro Cândido Aurélio Monteiro de Queiroz, da cidade de Caconde, em São Paulo, pedindo colonos.
11 — Dando pêsames ao amigo e colega de escola dr. José de Saldanha da Gama por falecimento de sua mãe.
12 — No Jornal do Commercio providenciando sobre a publicação do terceiro artigo do Joaquim Nabuco sob o pseudônimo Garrison.
1 hora — Em casa do amigo Joaquim Nabuco preparando o artigo — "Os escravos de sessenta anos" — com um extrato do *Rio News*.

[*16 de junho*]

Noite dúbia; luar pela madrugada; manhã clara; dia de sol brilhante; tarde belíssima.

Temperatura de 15,7° a 20,1° centígrados.

5 horas — Acordar, toalete, banho, diário, balancete etc.
7 — Respondendo à carta de 22 maio do presidente A. H. Phillpotts, da companhia Conde d'Eu.
8 — E à do engenheiro W. Martineau da companhia Minas Central.
9 — E à do secretário dessa companhia em 23 maio.

10½ — Na Gazeta da Tarde entregando ao José do Patrocínio o artigo "Os escravos de sessenta anos".

11½ — No Clube de Engenharia e com o amigo engenheiro José Américo dos Santos, tratando dos caminhos de ferro Conde d'Eu e Minas Central (Caminho de Ferro de Pitangui).

1½ — Na Sociedade Central de Imigração com o segundo-secretário dr. Enes de Souza.

2½ — Em sessão da diretoria do Clube de Engenharia.

3½ — Com os amigos Joaquim Serra e Joaquim Nabuco tratando da propaganda abolicionista.

O *Jornal do Commercio* publica o 18.º artigo da série — "Nacionalização do solo" — e o terceiro do amigo Joaquim Nabuco — "Movimento abolicionista — Garrison".

A *Gazeta da Tarde* publica — "Os escravos de sessenta anos".[3]

[17 *de junho*]

Noite estrelada; luar pela madrugada; manhã clara; dia de sol; tarde brilhante.

Temperatura de 15,7° a 22,1° centígrados.

5 horas — Acordar, toalete, banho, diário, balancete etc.

7 — Recordando e aperfeiçoando a lição XXVIII de engenharia civil.

9¾ — Dando-a na Escola Politécnica.

11½ — Na Gazeta da Tarde com os amigos J. F. Clapp e José do Patrocínio na propaganda abolicionista.

12 — No Ministério da Agricultura tratando do pagamento dos juros garantidos ao Caminho de Ferro Conde d'Eu.

1h — No Clube de Engenharia e com o engenheiro José Américo dos Santos trabalhando na companhia Minas Central.

2 horas — Na Sociedade Central de Imigração.

3 — Com os amigos Joaquim Serra e Joaquim Nabuco ouvindo-o ler o quarto artigo da série — "Movimento abolicionista" — que dei a publicar no *Jornal do Commercio*.

[**18 *de junho***]

Noite estrelada; luar pela madrugada; algumas nuvens pela manhã; dia de sol; tarde dúbia.

Temperatura de 17,1° a 23,3° centígrados.

5 horas — Acordar, toalete, banho, diário, balancete etc.

7 — Redigindo o 19.º artigo da série — "Nacionalização do solo pelo Imposto Territorial Geometricamente Progressivo".

10½ — Na Gazeta da Tarde com o amigo José do Patrocínio na propaganda abolicionista.

11½ — No Tesouro Nacional acelerando as ordens de pagamento dos juros garantidos ao Caminho de Ferro Conde d'Eu.

12 — No Clube de Engenharia e com o engenheiro José Américo dos Santos tratando da companhia Minas Central.

2h — Na Sociedade Central de Imigração com o segundo-secretário dr. Enes de Souza.

3½ — Com os amigos Joaquim Nabuco e Joaquim Serra lendo o quinto artigo da série — "Movimento abolicionista" — que dei para ser publicado no *Jornal do Commercio*.

Quarto aniversário do falecimento do meu sublime pai o conselheiro Antônio Pereira Rebouças

[**19 de junho**]

Aguaceiros à noite; manhã enublada; chuviscos durante o dia; sol à tarde.

Temperatura de 18,8° a 22,4° centígrados.

5 horas — Acordar, toalete, banho, diário, balancete etc.

7 — Recordando e aperfeiçoando a lição XXIX de engenharia civil.

8¾ — Na Capela Imperial ouvindo missa pelo quarto aniversário do falecimento de meu bom pai; foi rezada pelo padre André Motum, filho de um velho amigo dele.
9¾ — Dando a lição XXIX na Escola Politécnica.
2 horas — No Cemitério de São João Batista visitando a sepultura de meu bom pai, e a do meu bom amigo o visconde de Itaboraí e o túmulo da família.

[*20 de junho*]

Noite e manhã enubladas; dia de sol; raras nuvens à tarde.

Temperatura de 18,7° a 23,5° centígrados.

5 horas — Acordar, toalete, banho, diário, balancete etc.
7 — Escrevendo ao Charles Glanvill, secretário da companhia Minas Central.
10 — Visita-me o amigo Joaquim Nabuco e dá-me o programa da sua conferência no próximo domingo.
10½ — Na Gazeta da Tarde dando esse programa para ser publicado e conferenciando com os amigos J. F. Clapp e José do Patrocínio.
11½ — No Ministério das Obras Públicas, tratando do Caminho de Ferro Conde d'Eu e da redução da bitola ao prolongamento da Estrada de Ferro de D. Pedro II.

12 — Na Câmara dos Deputados lembrando ao dr. Felício dos Santos a emenda para o transporte gratuito do material da companhia Minas Central.

1 hora — No Clube de Engenharia com o engenheiro José Américo dos Santos.

2h — Com esse amigo no escritório do empreiteiro L. E. Ross dando instruções para a tabela dos movimentos de terra do Caminho de Ferro de Pitangui (Minas Central).

3h — Com os amigos Joaquim Nabuco e Joaquim Serra na propaganda abolicionista.

7h — Em casa do ministro da Agricultura tratando do ramal do Cabedelo, transporte do material da Minas Central e redução da bitola do Caminho de Ferro D. Pedro II.

[*21 de junho*]

Noite estrelada; neblina pela manhã; dia de sol; tarde clara.
Temperatura de 17,4° a 24,5° centígrados.

5 horas — Acordar, toalete, banho, diário, balancete etc.

7 — Recordando e aperfeiçoando a lição XXX de engenharia civil.

9¾ — Dando-a na Escola Politécnica.

11 horas — O diretor da escola conselheiro Ignácio da Cunha

Galvão comunica-me ter o ministro do Império Franco de Sá proibido que continue a funcionar na escola o Centro Abolicionista e que sejam daí datados os meus artigos de propaganda.
11½ — Na Gazeta da Tarde providenciando sobre a conferência de amanhã do amigo Joaquim Nabuco.
12 — No Clube de Engenharia com o amigo engenheiro J. A. dos Santos.
1½ — Em sessão da diretoria da Sociedade Central de Imigração.
3h — Com os amigos Joaquim Nabuco e Joaquim Serra tratando da propaganda abolicionista.

[*22 de junho*]

Noite estrelada; manhã clara; dia de sol; tarde com raras nuvens; ventania ao anoitecer.

Temperatura de 18,9° a 26,3° centígrados.

5 horas — Acordar, toalete, banho, diário, balancete etc.
7 — Revendo vários documentos da companhia Minas Central e do seu Caminho de Ferro de Pitangui.
11 — Encontro, em caminho para casa do amigo Joaquim Nabuco, o presidente do conselho, senador Dantas, que pede-me para auxiliá-lo na campanha emancipadora que está travando

com o Parlamento, recomendando não levantar conflito com o ministro do Império sobre o Centro Abolicionista da Escola Politécnica.

12 — Em casa do amigo Joaquim Nabuco, em preparativos para a conferência.

1 hora — No Polytheama, à rua do Lavradio, com a Confederação Abolicionista, dirigindo a conferência; era Joaquim Nabuco obteve um dos seus maiores triunfos.

3h — De volta ao Hotel dos Estrangeiros.

[*23 de junho*]

Noite dúbia; manhã enublada; ameaças de chuva durante o dia; tarde encoberta.

Temperatura de 20,6° a 26,1° centígrados.

5 horas — Acordar, toalete, banho, diário, balancete etc.

7 — Respondendo à carta de 19 de junho do amigo João Batista de Oliveira e Souza.

8 — E à de 12 de junho do F. Ferrer Pinheiro de Curitiba para escrever a seu favor ao ministro da Fazenda Dantas; o que fiz imediatamente.

10h — Com o amigo Joaquim Nabuco, tratando da publicação da sua conferência de ontem.

11h — Na Gazeta da Tarde com os amigos J. F. Clapp e José do Patrocínio conferenciando a esse respeito.
11½ — Na Escola Politécnica discutindo com os colegas Álvaro de Oliveira e Enes de Souza sobre o conflito do Centro Abolicionista da Escola Politécnica.
12½ — No Clube de Engenharia com o amigo engenheiro José Américo dos Santos.
1½ — Na Sociedade Central de Imigração.
3 horas — Na Livraria Faro & Lino com os amigos Joaquim Nabuco, Joaquim Serra, A. d'E. Taunay etc.

[*24 de junho*]

Noite incinerada; neblina pela manhã; dia de sol muito ventilado; tarde dúbia.

Temperatura de 18,0° a 24,8° centígrados.

5 horas — Acordar, toalete, banho, diário, balancete etc.
7 — Preparando o histórico da companhia Minas Central e do seu caminho de ferro da estação de Cristiano Otoni à ponte de Miranda, junto à cidade de Pitangui.
11h — Continuando esse trabalho até hoje.
1 hora — Lendo e anotando a obra de Henry George — *Social problems*.

7 horas — Visitando o amigo Joaquim Nabuco; voltara-lhe a dispepsia com o excesso de trabalho destes últimos dias, principalmente pela conferência de domingo.

[*25 de junho*]

Forte ventania à noite; chuviscos pela manhã; dia escuro e chuvoso; fortes aguaceiros à tarde.

Temperatura de 18,9° a 19,5° centígrados.

5 horas — Acordar, toalete, banho, diário, balancete etc.
7 — Principiando a resumir as despesas feitas com a companhia Minas Central desde junho de 1883.
10½ — Na Gazeta da Tarde com os amigos J. F. Clapp e José do Patrocínio.
11 horas — Na Escola Politécnica, em férias de são João e são Pedro, tomadas pelos alunos.
12 — No novo edifício da praça do Comércio tomando notas para o curso de engenharia civil.
1 hora — No Clube de Engenharia com o amigo engenheiro J. Américo dos Santos e tesoureiro Niemeyer.
2h — Na Sociedade Central de Imigração com o segundo-secretário dr. Enes de Souza.

3h — Na Livraria Faro & Lino com os amigos Joaquim Nabuco e Joaquim Serra tratando da propaganda abolicionista.

[*26 de junho*]

Muito vento e chuva à noite: manhã enublada; chuviscos durante o dia; alguns raios de sol à tarde.

Temperatura de 15,1° a 19,8° centígrados.

5 horas — Acordar, toalete, banho, diário, balancete etc.
7 — Continuando o resumo das despesas feitas com a companhia Minas Central.
10½ — Na Escola Politécnica em férias de são João e são Pedro.
11 horas — Na Gazeta da Tarde com os amigos J. F. Clapp e José do Patrocínio.
12 — No Clube de Engenharia e no escritório do amigo engenheiro José Américo dos Santos.
1½ — Na Sociedade Central de Imigração com o segundo-secretário dr. Enes de Souza.
3h — Com os amigos Joaquim Nabuco e Joaquim Serra tratando da propaganda abolicionista.
6h — Em casa do amigo Joaquim Nabuco preparando para impressão sua conferência de domingo.

7h — Entregando-a na Gazeta da Tarde.
7½ — Visitando o amigo engenheiro A. P. de Melo Barreto.
8h — Assistindo à primeira parte do concerto do Clube Beethoven.

[*27 de junho*]

Crescente ao anoitecer acima de Júpiter e Vênus; manhã enublada; dia encoberto; tarde dúbia.

Temperatura de 15,3° a 19,1° centígrados.

5 horas — Acordar, toalete, banho, diário, balancete.
7 — Lendo e registrando o projeto de representação ao Parlamento do Centro Abolicionista da Escola Politécnica sobre transmissão de escravos, hoje publicado no *Jornal do Commercio*.
10½ — Na Gazeta da Tarde com os amigos J. F. Clapp e José do Patrocínio providenciando sobre a publicação da conferência do Joaquim Nabuco.
11½ — No Clube de Engenharia com o amigo engenheiro José Américo dos Santos e o dr. Américo Batista de Melo Brandão, engenheiro fiscal do Caminho de Ferro de Pitangui, que visitou o escritório do L. E. Ross e volta amanhã para Ouro Preto.
12½ — Em congregação de lentes da Escola Politécnica.
3 horas — Com os amigos Joaquim Nabuco e Joaquim Serra na propaganda abolicionista.

7 horas — Com o ministro da Agricultura Carneiro da Rocha tratando do ramal do Cabedelo (Caminho de Ferro da Paraíba do Norte — Conde d'Eu Railway Company).

[*28 de junho*]

Chuva à noite; manhã enublada e chuvosa; dia dúbio; alguns raios de sol à tarde.

Temperatura de 15,3° a 19,8° centígrados.

5 horas — Acordar, toalete, banho, diário, balancete etc.
7 — Escrevendo ao G. Gladstone Turner, secretário da companhia The Conde d'Eu Railway Company, Limited.
8 — Respondendo às cartas das órfãs do meu tio Manoel Maurício Rebouças, na Bahia.
10½ — Na Escola Politécnica ainda em férias de são João e são Pedro.
11 horas — Na Gazeta da Tarde com o amigo José do Patrocínio.
12 — No Clube de Engenharia com os amigos engenheiro José Américo dos Santos e Miguel Antônio Dias.
1½ — Em sessão do conselho da Sociedade Central de Imigração com os amigos Rohan, Taunay, Enes de Souza etc.
3 horas — Na Livraria Faro & Lino com os amigos Joaquim Nabuco e Joaquim Serra, na propaganda abolicionista.

[*29 de junho*]

Luar enublado; manhã clara; dia de sol brilhante; algumas nuvens à tarde.

Temperatura de 15,1° a 20,5° centígrados.

5 horas — Acordar, toalete, banho, diário, balancete etc.
7 — Escrevendo ao Francisco Bruno Pereira, procurador da família na Bahia.
8 horas — Redigindo para a *Gazeta da Tarde* o artigo — "Discurso abolicionista do sr. deputado Aristides Spinola".
11 horas — Visitando o amigo Joaquim Nabuco.
12 — No Liceu de Artes e Ofícios visitando o diretor Bittencourt da Silva e assistindo à assembleia-geral da Sociedade Central de Imigração.
2 horas — No Polytheama com o amigo J. F. Clapp ao final da conferência do deputado Antônio Pinto.
3 horas — De volta ao Hotel dos Estrangeiros.
7 horas — Visita-me o amigo Joaquim Nabuco e empreendemos redigir uma *Seleta abolicionista*.

[*30 de junho*]

Luar de crescente; manhã clara; dia de sol; tarde brilhante quase sem nuvens.

Temperatura de 15,2° a 23,1° centígrados.

5 horas — Acordar, toalete, banho, diário, balancete etc.
7 — Encetando a redação da *Seleta abolicionista* — também planejada com o amigo Joaquim Nabuco.
10½ — Na Gazeta da Tarde entregando ao José do Patrocínio o artigo escrito ontem.
11½ — No Clube de Engenharia com os amigos engenheiro José Américo dos Santos e Francisco Pacheco de Souza, chegado anteontem de Brumado.
12½ — Respondendo à carta de 7 junho do Charles Glanvill, secretário da companhia Minas Central.
2½ — Na Sociedade Central de Imigração com o presidente Beaurepaire Rohan.
3h — Na Livraria Faro & Lino com os amigos Joaquim Nabuco e Joaquim Serra na propaganda abolicionista.
4h — De volta ao Hotel dos Estrangeiros com o amigo Francisco Pacheco de Souza, que janta e passa a tarde comigo.

[*1.º de julho*]

Luar de crescente à noite; manhã clara; dia de sol; raras nuvens à tarde.

Temperatura de 16,3° a 22,3° centígrados.

5 horas — Acordar, toalete, banho, diário, balancete etc.
7 — Recordando a lição 31.ª de engenharia civil.
9¾ — Dando-a na Escola Politécnica.
11½ — Na Câmara com o deputado Carlos Afonso tratando da emenda para o transporte gratuito do material da companhia Minas Central.
12 — No Ministério das Obras Públicas tirando cópia do ofício do engenheiro fiscal do Caminho de Ferro Conde d'Eu sobre a dragagem do rio Paraíba.
1 hora — Traduzindo para a *Revista de Engenharia* um artigo do amigo dr. J. C. Rodrigues sobre domicílios corporativos em Nova York.
2½ — No Clube de Engenharia para a sessão do conselho, adiada por falta de número.
4h — Com o amigo Francisco Pacheco de Souza, que janta e passa a tarde comigo no Hotel dos Estrangeiros.
5 horas — Escrevendo ao João Batista de Oliveira e Souza por interdito desse amigo que volta amanhã para Mendes.
7 horas — Na Gazeta da Tarde, em sessão da Confederação

Abolicionista com os amigos J. F. Clapp, José do Patrocínio, deputado do Ceará Antônio Pinto etc.

[*2 de julho*]

Noite de lua em crescente; neblina pela manhã; dia de sol; tarde belíssima.

Temperatura de 15,9° a 22,1° centígrados.

5 horas — Acordar, toalete, banho, diário, balancete etc.
7 — Respondendo à carta de Domingos de Sá Pereira, do Rosário de Santa Fé, em 19 junho 1884, sobre projetos de imigração.
8 — Visita-me o amigo Joaquim Nabuco e trabalhamos juntos na *Seleta abolicionista*.
10½ — No Jornal do Commercio dando para ser publicada a conferência do Joaquim Nabuco de 22 de junho.
11½ — Procurando o dr. Veríssimo de Matos e escrevendo-lhe para Mangaratiba sobre os negócios da família na Bahia; desistência do procurador Bruno etc.
12½ — No Clube de Engenharia com o amigo engenheiro José Américo dos Santos.
1½ — Na Sociedade Central de Imigração com os amigos Taunay e Enes de Souza.

2½ — Na Tipografia Faro & Lino com os amigos Joaquim Nabuco e Joaquim Serra, na propaganda abolicionista.
4h — De volta ao Hotel dos Estrangeiros.
7 horas — Com o ministro da Agricultura tratando do Caminho de Ferro Conde d'Eu (extensão Cabedelo) e do transporte do material da Minas Central pelo Caminho de Ferro D. Pedro II.
8h — Visitando no Hotel Carson, o amigo Frederick Youle, que auxiliou o engenheiro Charles Neate, na organização da companhia Conde d'Eu, em Londres.

[*3 de julho*]

Luar de crescente; manhã clara; dia de sol; raras nuvens à tarde.
Temperatura de 17,0° a 22,3° centígrados.

5 horas — Acordar, toalete, banho, diário, balancete etc.
7 — Recordando e aperfeiçoando a lição 32.ª de engenharia civil.
9¾ — Dando-a na Escola Politécnica.
11h — Na Gazeta da Tarde, em propaganda abolicionista, com os amigos J. F. Clapp e José do Patrocínio.
12h — No Ministério das Obras Públicas tratando da extensão do Cabedelo (Caminho de Ferro Conde d'Eu).

1½ — Em congregação de lentes da Escola Politécnica; assino com restrições um parecer do colega dr. Paula Freitas sobre arquitetos.

2½ — Em sessão do conselho do Clube de Engenharia, nomeado com os amigos Pena e José Américo dos Santos para organizar o programa do próximo Congresso de Estradas de Ferro (julho 1885).

3½ — Com os amigos Joaquim Serra e Joaquim Nabuco, determinando uma sessão da Sociedade Brasileira contra a Escravidão para a próxima segunda-feira (7 julho).

4½ — De volta ao Hotel dos Estrangeiros.

[4 *de julho*]

Luar de crescente; manhã enublada; dia de sol; raras nuvens à tarde.

Temperatura de 18,0° a 23,3° centígrados.

5 horas — Acordar, toalete, banho, diário, balancete etc.

7 — Continuando a redigir a *Seleta abolicionista* com extratos de Joaquim Nabuco etc.

10 — No Gabinete de Engenharia Civil da Escola Politécnica reunindo os trabalhos feitos para o *Vocabulário técnico da arte de construir*.

11h — Na Gazeta da Tarde com o José do Patrocínio.
11½ — No Ministério das Obras Públicas tratando do ramal Cabedelo.
12 — No Clube de Engenharia com o amigo J. A. dos Santos.
1½ — Na Sociedade Central de Imigração com o Taunay e o dr. Enes de Souza.
2½ — Com o amigo Joaquim Nabuco dando para imprimir em folhetos na Tipografia Leuzinger a sua conferência hoje publicada no *Jornal do Commercio*.
3½ — De volta ao Hotel dos Estrangeiros.
7½ — Passando a noite em família com o amigo Alfredo de Barros, à rua de São Clemente 165 C.

[*5 de julho*]

Luar esplêndido; manhã belíssima; dia de sol; tarde clara.
Temperatura de 18,0° a 24,1° centígrados.

5 horas — Acordar, toalete, banho, diário, balancete etc.
7 — Recordando e aperfeiçoando a lição 33 de engenharia.
9¾ — Dando-a na Escola Politécnica.
11h — Na Gazeta da Tarde com o amigo J. F. Clapp.
11½ — No Clube de Engenharia preparando a instalação para continuar o *Vocabulário técnico*.

12½ — Com os amigos Miguel Antônio Dias e engenheiro José Américo dos Santos.

1½ — Na Sociedade Central de Imigração em conselho da diretoria com os amigos Taunay, dr. Enes de Souza etc.

3h — Com o amigo Joaquim Serra providenciando sobre a sessão de 7 de julho da Sociedade Brasileira contra a Escravidão.

4 horas — De volta ao Hotel dos Estrangeiros.

[*6 de julho*]

Luar muito claro; manhã sem nuvens; dia de sol; tarde brilhando.

Temperatura de 17,7° a 24,5° centígrados.

5 horas — Acordar, toalete, banho, diário, balancete etc.

7 — Respondendo às cartas de 30 maio e 6 junho do presidente A. H. Phillpotts da companhia Conde d'Eu Railway Company, Limited.

8 — Fazendo o balancete da companhia Minas Central até esta data.

9 — Escrevendo ao Charles Glanvill, secretário dessa companhia.

11½ — No Teatro Recreio Dramático, assistindo à primeira parte do Festival da Sociedade Abolicionista Sul Rio-Grandense, com os amigos Joaquim Nabuco, Miguel Antônio Dias, J. F. Clapp, José do Patrocínio etc.
2 horas — De volta ao Hotel dos Estrangeiros.
3 — Continuando a redação da *Seleta abolicionista*.[4]

[*7 de julho*]

Luar brilhante; manhã clara; dia de sol; tarde belíssima com raras nuvens.

Temperatura de 18,5° a 22,7° centígrados.

5 horas — Acordar, toalete, banho, diário, balancete etc.
7 — Continuando a preparar a *Seleta abolicionista*.
10½ — Na Gazeta da Tarde, em propaganda abolicionista com os amigos J. F. Clapp e José do Patrocínio.
12h — Na Sociedade Brasileira contra a Escravidão, em assembleia-geral, votando-se uma comissão para animar o presidente do conselho senador Dantas a prosseguir em seus trabalhos abolicionistas.
1½ — No Clube de Engenharia com os amigos engenheiro José Américo dos Santos e Miguel Antônio Dias.

2½ — Com o empreiteiro L. E. Ross da companhia Minas Central, que pretende partir para a Inglaterra a 12 de julho.
3 horas — Com o amigo Joaquim Serra que entrega-me o hino para o Ceará, pedido pelo Carlos Gomes e afinal feito pelo poeta Múcio Teixeira.
3½ — De volta ao Hotel dos Estrangeiros.
4 horas — Escrevendo ao Carlos Gomes e remetendo-lhe esse hino.

[**8 de julho**]

Luar brilhante; manhã enublada; dia de sol pouco ventilado; tarde clara.

Temperatura de 18,1° a 26,5° centígrados.

5 horas — Acordar, toalete, banho, diário, balancete etc.
7 — Recordando e aperfeiçoando a lição XXXIV de engenharia civil.
9¾ — Dando-a na Escola Politécnica.
11 — Na Gazeta da Tarde com o José do Patrocínio em trabalhos abolicionistas.
12 — No Clube de Engenharia com o amigo Miguel Antônio Dias e com o engenheiro José Américo dos Santos expedindo a correspondência das companhias Conde d'Eu e Minas Central.

2h — Na Sociedade Central de Imigração com o segundo-secretário dr. Enes de Souza.
3h — Na Livraria Faro & Lino com os amigos Joaquim Nabuco e Joaquim Serra na propaganda abolicionista.
4 horas — De volta ao Hotel dos Estrangeiros.
4½ — Respondendo a uma carta do dr. A. Veríssimo de Matos sobre negócios da família na Bahia.

[*9 de julho*]

Luar mais ou menos enublado; manhã clara; dia de sol; algumas nuvens à tarde.

Temperatura de 19,2° a 26,0° centígrados.

5 horas — Acordar, toalete, banho, diário, balancete etc.
7 — Continuando a trabalhar na *Seleta abolicionista*.
10½ — No Clube de Engenharia revendo vários documentos da companhia Minas Central.
11½ — Na Câmara dos Deputados com o dr. Felício dos Santos, redigindo o aditivo, que deve conceder transporte gratuito ao material do caminho de ferro da companhia Minas Central.
12½ — No Clube de Engenharia com o amigo engenheiro José Américo dos Santos.

1½ — À rua da Saúde n.º 22, no escritório de L. E. Ross vendo as plantas da última seção do Caminho de Ferro de Pitangui.
2½ — Na Sociedade Central de Imigração com o segundo--secretário Enes de Souza e diretor Saturnino Gomes.
3 horas — Com os amigos J. F. Clapp, Joaquim Serra e Miguel Antônio Dias, tratando da propaganda abolicionista.
4 horas — De volta ao Hotel dos Estrangeiros.
7 horas — Visitando o amigo Joaquim Nabuco e prosseguindo nos trabalhos da propaganda abolicionista.

Emancipação da província do Amazonas presidida por Teodureto Souto
[10 *de julho*]

Luar enublado; ameaças de chuva pela manhã; dia encoberto; chuviscos à tarde.

Temperatura de 20,0° a 21,4° centígrados.

5 horas — Acordar, toalete, banho, diário, balancete etc.
7 — Recordando e aperfeiçoando a lição XXXV de engenharia civil.
9¾ — Dando-a na Escola Politécnica.
11 — Com o amigo José do Patrocínio, na Gazeta da Tarde, que completa hoje o quarto ano de existência.

12— No Clube de Engenharia com os amigos engenheiro José Américo dos Santos e Miguel Antônio Dias.

1 hora — Instalando-me na biblioteca do Clube de Engenharia para continuar a redação do *Vocabulário técnico da arte de construir*.

2½ — Na Sociedade Central de Imigração com o segundo--secretário dr. Enes de Souza.

3h — Dando ao dr. Ferreira de Araújo, redator da *Gazeta de Notícias*, o artigo — "A escravidão no Brasil e nos Estados Unidos" — análise do *Abolicionismo* de Joaquim Nabuco por W. P. Garrison no *Evening Post* de Nova York.

3½ — Com os amigos Joaquim Serra e Joaquim Nabuco.

4 horas — De volta ao Hotel dos Estrangeiros.

5 — Remetendo ao Carlos Gomes em Lecco segunda via do hino feito pelo Múcio Teixeira.

[*11 de julho*]

Chuva à noite e pela manhã; dia entremeado de chuviscos; tarde dúbia.

Temperatura de 18,3° a 21,0° centígrados.

5 horas — Acordar, toalete, banho, diário, balancete etc.

7 — Preparando para os alunos uma nova demonstração do Lema de Clapeyron.

10½ — Na Gazeta da Tarde entregando ao José do Patrocínio o artigo — "Abolição e imigração".

11 horas — No Clube de Engenharia e no escritório do amigo engenheiro José Américo dos Santos.

12h — Na biblioteca do Clube de Engenharia trabalhando no *Vocabulário técnico da arte de construir*.

1½ — No escritório do deputado Anísio Salatiel Carneiro da Cunha em preparativos para uma vistoria, junto ao Silvestre, morro do Inglês.

2¼ — Partindo para essa vistoria com o juiz dr. Segurado, advogado da Câmara Municipal dr. Álvaro Caminha, escrivão, perito Valente, procurador Custódio Figueredo etc.

3½ — Chegando à casa do negociante Marques, ladeira dos Guararapes, junto ao Silvestre.

4½ — Jantar aí com os companheiros da vistoria.

7½ — De volta ao Hotel dos Estrangeiros.

[***12 de julho***]

Noite enublada; ameaças de chuva pela manhã; dia encoberto; aguaceiros das quatro da tarde em diante.

Temperatura de 18,5° a 22,6° centígrados.

5 horas — Acordar, toalete, banho, diário, balancete etc.

7 — Recordando e aperfeiçoando a lição XXXVI de engenharia civil.
9¾ — Dando-a na Escola Politécnica.
11h — Na Gazeta da Tarde na propaganda abolicionista.
12h — No Clube de Engenharia, com o amigo engenheiro J. A. dos Santos.
12½ — Continuando a trabalhar no *Vocabulário técnico da arte de construir*.
2h — Na Sociedade Central de Imigração em conselho da diretoria.
3 horas — Na Livraria Faro & Lino, com o amigo Joaquim Serra em conferência sobre os candidatos abolicionistas nas próximas eleições.
4 horas — De volta ao Hotel dos Estrangeiros.

[13 *de julho*]

Aguaceiros à noite; manhã enublada com chuviscos; dia dúbio; muita chuva à tarde.

Temperatura de 18,0° a 21,4° centígrados.

5 horas — Acordar, toalete, banho, diário, balancete etc.
7 — Continuando os extratos para *Seleta abolicionista*.
11 — Visitando o amigo Joaquim Nabuco.

12 — No Teatro Recreio Dramático para a conferência do colega José Agostinho dos Reis, que não teve lugar pelo mau tempo.
2 horas — De volta ao Hotel dos Estrangeiros.
3 horas — Trabalhando na *Seleta abolicionista*.

[*14 de julho*]

Chuva à noite; algumas nuvens pela manhã; dia de sol; tarde clara e ventilada.

Temperatura de 15,7° a 21,9° centígrados.

5 horas — Acordar, toalete, banho, diário, balancete etc.
7 — Continuando os trabalhos da propaganda abolicionista e preparação da *Seleta*.
10½ — Na Gazeta da Tarde com o José do Patrocínio.
11h — No Clube de Engenharia escrevendo ao engenheiro José Rebouças em Piracicaba (São Paulo) e com o amigo o engenheiro José Américo dos Santos.
12 — No Clube de Engenharia com o perito Valente estudando os documentos da vistoria feita a 11 de julho aos terrenos de Marques, no morro do Inglês.
2h — Na Sociedade Central de Imigração.
3h — Com os amigos Joaquim Nabuco, Joaquim Serra, Miguel Antônio Dias e J. F. Clapp, tratando do modo por que deve o

partido abolicionista receber o projeto, que vai ser amanhã apresentado à Câmara dos Deputados.
4 horas — De volta ao Hotel dos Estrangeiros.

—

É apresentado na Câmara para ser assinado pelos deputados o projeto do senador Dantas ampliando a lei de 28 de setembro de 1871.

[*15 de julho*]

Noite e manhã mais ou menos enubladas; dia de sol; tarde clara.

Temperatura de 15,8° a 21,3° centígrados.

5 horas — Acordar, toalete, banho, diário, balancete etc.
7 — Recordando e aperfeiçoando a lição XXXVII de engenharia civil.
9¾ — Dando-a na Escola Politécnica.
11½ — No Senado obtendo dos amigos conselheiro Meira de Vasconcelos e barão de Mamanguape promessa de incluírem o crédito para a extensão do Cabedelo na nova lei do orçamento.
12½ — No Clube de Engenharia com o amigo engenheiro J. A. dos Santos.

1½ — Na Sociedade Central de Imigração com o dr. Enes de Souza, segundo-secretário.

2½ — Na Livraria Faro & Lino com os amigos Joaquim Serra e Joaquim Nabuco.

3½ — Entregando no Jornal do Commercio um artigo do Joaquim Nabuco sobre a apresentação do Projeto Dantas na sessão de hoje.

4h — Visitando com o Joaquim Nabuco ao diretor Gusmão Lobo, que colaborou com o conselheiro Rui Barbosa na redação do Projeto Dantas.

4½ — De volta ao Hotel dos Estrangeiros

7 horas — Em casa do presidente do Conselho Dantas deixando-lhe bilhetes de felicitações com a comissão da Confederação Abolicionista pela apresentação do seu projeto na Câmara dos Deputados.

[*16 de julho*]

Noite estrelada; algumas nuvens pela manhã; dia de sol; tarde brilhante.

Temperatura de 15,3° a 21,4° centígrados.

5h — Acordar, toalete, banho, diário, balancete etc.

7 — Redigindo o artigo — "A evolução abolicionista".

10½ — Na Gazeta da Tarde com os amigos José do Patrocínio e J. F. Clapp.

11½ — No Clube de Engenharia com o amigo engenheiro José Américo dos Santos.

12½ — Na biblioteca do Clube organizando a livraria.

1½ — Na Sociedade Central de Imigração com os diretores Saturnino Cândido Gomes e Gustavo Trinks.

2½ — Na Livraria Faro & Lino com os amigos Joaquim Nabuco e Joaquim Serra.

3½ — Entregando no Jornal do Commercio um artigo do amigo Nabuco, da série "Movimento abolicionista — Garrison" e o que escrevi pela manhã.

4h — De volta ao Hotel dos Estrangeiros.

[17 *de julho*]

Noite estrelada; neblina pela manhã; dia de sol; raras nuvens à tarde.

Temperatura de 16,0° a 20,7° centígrados.

5 horas — Acordar, toalete, banho, diário, balancete etc.

7 — Recordando e aperfeiçoando a lição XXXVIII de engenharia civil.

9¾ — Dando-a na Escola Politécnica.

11½ — Na Gazeta da Tarde em trabalhos da abolição com o amigo J. F. Clapp e José do Patrocínio.
12½ — No Clube de Engenharia e com os amigos engenheiro José Américo dos Santos e Miguel Antônio Dias.
1½ — Na Sociedade Central de Imigração com o presidente Rohan, segundo-secretário Enes de Souza etc.
2½ — Com os amigos Joaquim Nabuco e Joaquim Serra na propaganda abolicionista.
4 horas — De volta ao Hotel dos Estrangeiros.
7 — Com o deputado Anísio S. C. da Cunha tratando do Caminho de Ferro Conde d'Eu e vistoria ao morro do Inglês.
8h — Em casa do amigo Adolfo de Barros em despedida ao seu irmão Henrique, ministro brasileiro no Peru.

—

O *Jornal do Commercio* publica o meu artigo — "A evolução abolicionista"[5] — e o oitavo do amigo Joaquim Nabuco — "Movimento abolicionista" — pseudônimo Garrison.

18/7 a 18/8/1884

2.
OS REFRATÁRIOS E A CATÁSTROFE LIBERAL

[*18 de julho*]

Noite mais ou menos enublada; neblina pela manhã; dia de sol; tarde um pouco encoberta.

Temperatura de 16,7° a 20,5° centígrados.

5h — Acordar, toalete, banho, diário, balancete etc.
7 — Continuando os extratos para a *Seleta abolicionista*.
10½ — Na Gazeta da Tarde com o José do Patrocínio.
11½ — No Clube de Engenharia com o amigo engenheiro José Américo dos Santos.
12 — Redigindo o artigo — "Os libertos trabalham e progridem" — com um extrato da correspondência de Nova York do amigo José Carlos Rodrigues.
1 hora — Com o amigo Joaquim Nabuco, ouvindo-o ler o seu artigo de amanhã, nono da série — "Garrison".
2h — Na Sociedade Central de Imigração com o dr. Enes de Souza, segundo-secretário.
3h — Com o amigo Joaquim Serra tratando da propaganda abolicionista e entregando ao *Jornal do Commercio* o meu artigo e o do amigo Joaquim Nabuco.

4h — De volta ao Hotel dos Estrangeiros.

[*19 de julho*]

Noite estrelada; neblina pela manhã; dia de sol; algumas nuvens à tarde.

Temperatura de 16,7° a 22,7° centígrados.

5 horas — Acordar, toalete, banho, diário, balancete etc.
7 — Recordando e aperfeiçoando a lição XXXIX de engenharia civil.
9¾ — Dando-a na Escola Politécnica.
11½ — Na Gazeta da Tarde com os amigos J. F. Clapp e José do Patrocínio.
12 horas — No Clube de Engenharia com os amigos Miguel A. Dias e engenheiro José Américo dos Santos.
12½ — Redigindo um parecer para a Sociedade Auxiliadora da Indústria Nacional.
1½ — Em sessão do conselho diretor da Sociedade Central de Imigração que votou uma mensagem de adesão ao ministro Dantas pelo seu projeto de melhoramento da lei de 28 de setembro.
3 horas — Com os amigos Joaquim Serra e Alfredo d'E. Taunay em trabalhos de abolição e imigração.

4h — De volta ao Hotel dos Estrangeiros.
7 horas — Visitando o amigo Joaquim Nabuco um pouco adoentado.

O *Jornal do Commercio* publica o nono artigo do amigo Joaquim Nabuco e o meu — "Os libertos trabalham e progridem".[6]

[***20 de julho***]

Noite estrelada; manhã clara; dia de sol; raras nuvens à tarde.
Temperatura de 18,7° a 22,8° centígrados.

5 horas — Acordar, toalete, banho, diário, balancete etc.
7 — Respondendo à carta de 23 junho do Charles Glanvill, secretário da companhia Minas Central.
9 — Tomando notas para a mensagem da Sociedade Central de Imigração ao ministro Dantas sobre o progresso de Lei de Emancipação.
11½ — No Teatro Recreio Dramático dirigindo com a Confederação Abolicionista a conferência do colega engenheiro José Agostinho dos Reis.
3h — De volta ao Hotel dos Estrangeiros.

3½ — Aumentando a *Seleta abolicionista* com extratos do discurso de Madri do amigo Joaquim Nabuco e do manifesto da Sociedade Brasileira contra a Escravidão.
7h — Visitando o amigo Joaquim Nabuco, ainda adoentado.[7]

[*21 de julho*]

Noite estrelada; neblina pela manhã; dia de sol mais ou menos enublado; tarde dúbia.

Temperatura de 18,6° a 25,5° centígrados.

5 horas — Acordar, toalete, banho, diário, balancete etc.
7 — Respondendo à carta de 19 de junho de G. Gladstone Turner, secretário da companhia Conde d'Eu Railway Company, Limited.
9 — Continuando os extratos para a *Seleta abolicionista*.
10½ — Na Gazeta da Tarde com os amigos José do Patrocínio e José Agostinho dos Reis recebendo a notícia da libertação do Amazonas a 10 de julho.
11½ — No Clube de Engenharia e com os amigos Miguel A. Dias e engenheiro José Américo dos Santos.
12½ — Na Câmara dos Deputados com o dr. Caminha sobre a vistoria do morro do Inglês, com o dr. Felício dos Santos sobre o transporte do material da Minas Central; e com o dr. Anísio sobre a extensão Cabedelo.

2 horas — Na Sociedade Central de Imigração com o presidente Rohan e secretário Enes de Souza.

3½ — De volta ao Hotel dos Estrangeiros.

7 horas — Entregando no Jornal do Commercio o artigo décimo do amigo Joaquim Nabuco da série "Garrison".

7½ — Em casa do presidente do Conselho Dantas, que recebera o telegrama do ex-presidente Teodureto Souto participando a libertação do Amazonas, tratando do movimento abolicionista e do aditivo em favor da companhia Minas Central.

A *Gazeta da Tarde* publica o meu artigo — "Abolição e imigração".[8]

[*22 de julho*]

Noite um pouco enublada; manhã clara; dia de sol; raras nuvens à tarde.

Temperatura de 18,9° a 25,1° centígrados.

5 horas — Acordar, toalete, banho, diário, balancete etc.

7 — Recordando e aperfeiçoando a lição XL de engenharia civil.

9¾ — Dando-a na Escola Politécnica.

11 horas — Na Gazeta da Tarde com os amigos J. F. Clapp e José do Patrocínio em propaganda abolicionista.
12 — No Ministério das Obras Públicas tirando cópia do parecer do engenheiro fiscal sobre o melhoramento do rio Paraíba e ramal para o Cabedelo.
1 hora — No Clube de Engenharia e com o amigo engenheiro José Américo dos Santos.
2½ — Na Sociedade Central de Imigração com o segundo-secretário dr. Enes de Souza.
3h — Com os amigos Joaquim Serra e Joaquim Nabuco principiando a distribuir os folhetos da sua conferência de 22 de junho.
4 horas — De volta ao Hotel dos Estrangeiros.

[*23 de julho*]

Ventania à noite; manhã enublada; dia de sol mais ou menos enublado; tarde incinerada.

Temperatura de 19,1° a 23,7° centígrados.

5 horas — Acordar, toalete, banho, diário, balancete etc.
7 — Recordando a teoria das vigas armadas.
10½ — Na Gazeta da Tarde com os amigos J. F. Clapp e José do Patrocínio na propaganda abolicionista.

11½ — No Clube de Engenharia e com o amigo engenheiro José Américo dos Santos.
1 hora — Respondendo a uma consulta do engenheiro da Fábrica Brasil Industrial sobre dificuldades encontradas na fundação da câmara das novas turbinas.
2 horas — Na Sociedade Central de Imigração.
3h — Com os amigos Joaquim Nabuco e Joaquim Serra discutindo a rejeição da Câmara do voto de louvor à emancipação do Amazonas.
4h — De volta ao Hotel dos Estrangeiros.

[*24 de julho*]

Noite e manhã enubladas; ameaças de chuva durante o dia; tarde dúbia.

Temperatura de 18,3° a 23,3° centígrados.

5 horas — Acordar, toalete, banho, diário, balancete etc.
7 — Recordando e aperfeiçoando a lição XLI de engenharia civil.
9¾ — Dando-a na Escola Politécnica.
11½ — No paquete *Aconcágua* despedindo-me do amigo Henrique de Barros em partida para a legação do Peru.
1 hora — No Clube de Engenharia com os amigos Miguel Antônio Dias e engenheiro José Américo dos Santos.

2h — Na Sociedade Central de Imigração tratando da mensagem ao ministro Dantas sobre o seu projeto de emancipação.
3 horas — Com os amigos Joaquim Nabuco e Joaquim Serra tratando do movimento abolicionista.
4 horas — De volta ao Hotel dos Estrangeiros.
7 horas — Com o ministro da Agricultura Carneiro da Rocha promovendo a concessão do ramal do Cabedelo.

[*25 de julho*]

Noite e manhã mais ou menos enubladas; dia de sol; tarde clara.

Temperatura de 18,1° a 22,9° centígrados.

5 horas — Acordar, toalete, banho, diário, balancete etc.
7 — Revendo a teoria da tesoura Polonceau.
10½ — Na Gazeta da Tarde com os amigos J. F. Clapp e José do Patrocínio na propaganda abolicionista.
11½ — Na Câmara dos Deputados entregando ao amigo A. d'E. Taunay a mensagem ao ministro Dantas sobre o seu projeto de emancipação.
12h — No Clube de Engenharia com os amigos engenheiro José Américo dos Santos e Miguel A. Dias.
1h — Respondendo às cartas do Charles Glanvill, secretário da companhia Minas Central de 3 junho e 4 julho.

2 horas — Na Sociedade Central de Imigração com o segundo-secretário dr. Enes de Souza.
3 horas — Com o amigo Joaquim Nabuco e J. F. Clapp na Câmara dos Deputados discutindo a possibilidade de um *meeting* abolicionista no próximo domingo.
4½ — De volta ao Hotel dos Estrangeiros.
7 horas — Visitando ao amigo engenheiro Antônio P. de Melo Barreto.
8h — Assistindo à primeira parte do concerto do Clube Beethoven.

[*26 de julho*]

Crescente ao anoitecer; noite estrelada; manhã clara; dia de sol; algumas nuvens à tarde.

Temperatura de 18,1° a 23,8° centígrados.

5 horas — Acordar, toalete, banho, diário, balancete etc.
7 — Recordando e aperfeiçoando a lição XLII de engenharia civil.
9¾ — Dando-a na Escola Politécnica.
11 horas — Na Gazeta da Tarde, na propaganda abolicionista, com os amigos J. F. Clapp e José do Patrocínio.
12h — No Clube de Engenharia com os amigos Miguel Antônio Dias e engenheiro José Américo dos Santos.

1 hora — Em sessão da diretoria da Sociedade Central de Imigração, na qual votou-se a mensagem ao ministro Dantas sobre seu projeto de emancipação, redigida por mim e Taunay.

2 horas — Em congregação da Escola Politécnica para o concurso de ciências naturais.

3 horas — Com os amigos Joaquim Nabuco e Joaquim Serra em trabalhos da propaganda abolicionista.

4 horas — De volta ao Hotel dos Estrangeiros.

7½ — Em casa do amigo Joaquim Nabuco projetando um *meeting* abolicionista para 29 de julho.

[*27 de julho*]

Crescente em noite estrelada; manhã encoberta; dia de sol; algumas nuvens à tarde.

Temperatura de 17,4° a 25,3° centígrados.

5 horas — Acordar, toalete, banho, diário, balancete etc.

7 — Redigindo para a propaganda abolicionista o artigo — "Os refratários".[9]

11h — Revendo alguns documentos da propaganda abolicionista em 1880 e 1881.

2h — Preparando alguns teoremas de grafostática para o curso na Escola Politécnica.

7½ — Com o amigo Joaquim Nabuco em casa do diretor Gusmão Lobo em trabalhos para abolição.

[*28 de julho*]

Crescente mais ou menos enublado; manhã com algumas nuvens; dia de sol; tarde um pouco encoberta.

Temperatura de 18,3° a 24,3° centígrados.

5 horas — Acordar, toalete, banho, diário, balancete etc.
7 — Recordando a teoria das vigas de igual resistência.
10½ — Na Gazeta da Tarde entregando o artigo — "Os refratários" — ao amigo José do Patrocínio.
11½ — Recebendo a tabela do movimento de terras da primeira seção do Caminho de Ferro de Pitangui, deixada pelos engenheiros Large Dent e Goodson, que se retiram para a Europa.
12h — No Clube de Engenharia e com o amigo engenheiro José Américo dos Santos.
1h — Em sessão da assembleia-geral e da diretoria do Clube de Engenharia.
3h — Com os amigos Joaquim Serra e Joaquim Nabuco discutindo a crise ministerial pela votação escravocrata da Câmara dos Deputados ao Projeto Dantas.
4h — Redigindo o artigo — "A dissolução".[10]

6½ — Em casa do presidente do Conselho Dantas conferenciando com o seu filho Rodolfo.
7½ — Com o amigo Joaquim Nabuco, em casa do diretor Gusmão Lobo, preparando a propaganda abolicionista para o *Jornal do Commercio* de amanhã.
9h — No Ministério dos Estrangeiros, com os amigos Joaquim Nabuco e Gusmão Lobo na conferência de ministros.
10h — De volta ao Hotel dos Estrangeiros.

[*29 de julho*]

Luar de crescente estrelado; manhã enublada; dia dúbio e aguaceiros das duas da tarde em diante.

Temperatura de 18,5° a 24,2° centígrados.

5 horas — Acordar, toalete, banho, diário, balancete etc.
7 — Recordando a lição XLIII de engenharia civil.
9¾ — Dando-a na Escola Politécnica.
11 horas — Na Gazeta da Tarde com os amigos J. F. Clapp, José do Patrocínio e engenheiro José Agostinho dos Reis em trabalhos da propaganda abolicionista. Dou para publicar o princípio do trabalho — *Joaquim Nabuco — Seleta abolicionista*.
12h — No Clube de Engenharia com os amigos Miguel Antônio Dias e engenheiro José Américo dos Santos.

2h — Na Sociedade Central de Imigração com os amigos Taunay e Enes de Souza.

3½ — De volta ao Hotel dos Estrangeiros.

Conselho de Estado, das 8 às 11½ da noite, concedendo o imperador ao Ministério Dantas a dissolução da Câmara dos Deputados.

O *Jornal do Commercio* publica o meu artigo — "A dissolução" — e reproduz da *Gazeta da Tarde* de ontem o meu artigo — "Os refratários".

[30 *de julho*]

Muita chuva à noite e pela manhã; grandes aguaceiros durante o dia e à tarde.

Temperatura de 16,0° a 19,0° centígrados.

5 horas — Acordar, toalete, banho, diário, balancete etc.

7 — Recordando a teoria da pressão sobre postes e colunas.

10h — Preparando um Resumo Autobiográfico, mandado pedir de São Paulo pelo sr. Carlos Bolle para ser publicado na *Germania*.
2 horas — Aumentando a *Seleta abolicionista* com extratos da carta do Joaquim Nabuco ao vice-presidente Adolfo de Barros ao partir para Europa em 1880.

[*31 de julho*]

Noite chuvosa; manhã enublada; dia sempre escuro; alguns raios de sol à tarde.

Temperatura de 15,9° a 21,1° centígrados.

5 horas — Acordar, toalete, banho, diário, balancete etc.
7 — Recordando a lição XLIV de engenharia civil.
9¾ — Na Escola Politécnica; os alunos pedem feriado para irem receber o ex-presidente Teodureto Souto, libertador do Amazonas.
11 — Na Gazeta da Tarde com o José do Patrocínio na propaganda abolicionista.
12 — No Clube de Engenharia e com o amigo engenheiro José Américo dos Santos.
12½ — Respondendo às cartas do presidente A. H. Phillpotts do Caminho de Ferro Conde d'Eu e do Charles Glanvill, secretário da companhia Minas Central.

1½ — Na Sociedade Central de Imigração com o presidente Rohan e segundo-secretário dr. Enes de Souza.

2 horas — Em congregação para concurso na Escola Politécnica.

3h — Com os amigos Joaquim Nabuco e Joaquim Serra nos trabalhos abolicionistas.

7½ — Em casa do diretor Gusmão Lobo com o amigo Joaquim Nabuco tratando da propaganda abolicionista.

8½ — Visitando o amigo Frederick Youle no Hotel Carson, de volta da sua excursão ao rio da Prata.

[*1.º de agosto*]

Noite encoberta; manhã clara; dia de sol; tarde brilhante quase sem nuvens.

Temperatura de 16,3° a 23,9° centígrados.

5 horas — Acordar, toalete, banho, diário, balancete etc.

7 — Preparando exercícios sobre colunas de ferro para os alunos de engenharia civil.

10½ — Na Gazeta da Tarde com o José do Patrocínio na propaganda abolicionista.

11½ — No escritório do dr. Veríssimo de Matos, que ainda não voltou de Mangaratiba.

12½ — Em congregação da Escola Politécnica para o concurso de ciências naturais.
2½ — No Clube de Engenharia e com o amigo engenheiro José Américo dos Santos, em conselho diretor discutindo-se o relatório para assembleia-geral.
3½ — Com os amigos Joaquim Nabuco e Joaquim Serra discutindo o movimento abolicionista.
4½ — De volta ao Hotel dos Estrangeiros.

[*2 de agosto*]

Luar em céu estrelado; manhã clara; dia de sol; raras nuvens à tarde.

Temperatura de 16,5° a 27,1° centígrados.

5 horas — Acordar, toalete, banho, diário, balancete etc.
7 — Recordando a lição XLIV de engenharia civil.
9¾ — Dando-a na Escola Politécnica.
11 horas — No Senado falando ao conselheiro Lima Duarte para providenciar sobre a concessão de transporte gratuito à companhia Minas Central tendo ontem saído na Câmara o aditivo do deputado Felício dos Santos.
12h — Na Gazeta da Tarde, na propaganda abolicionista com os amigos José do Patrocínio, J. F. Clapp e Miguel Antônio Dias.

1½ — Em sessão do conselho da Sociedade Central de Imigração.
2½ — Em sessão da diretoria do Clube de Engenharia.
4½ — De volta ao Hotel dos Estrangeiros.
6½ — Com o amigo Joaquim Nabuco, em trabalhos da propaganda abolicionista.
7½ — Com o deputado Felício dos Santos, que prometeu restabelecer na terceira discussão o aditivo em favor da companhia Minas Central.

[*3 de agosto*]

Luar em céu estrelado; algumas nuvens pela manhã; dia de sol; tarde um pouco enublada.

Temperatura de 19,2° a 26,7° centígrados.

5 horas — Acordar, toalete, banho, diário, balancete etc.
7 — Continuando a *Seleta abolicionista* com extratos da propaganda do amigo Joaquim Nabuco em 1880 e 1881 (discurso em Londres, no banquete da Anti-Slavery Society).
10h — Com o presidente do Conselho Dantas tratando da propaganda abolicionista e do aditivo para o transporte do material da companhia Minas Central.
10½ — Com o deputado dr. Felício dos Santos tratando deste último assunto.

12 horas — Na chácara de Cardenio Victor da Silva, ao morro do Inglês, examinando o zigue-zague em conflito com o negociante Marques (vistoria de 11 julho).
2 horas — De volta ao Hotel dos Estrangeiros.

[*4 de agosto*]

Luar mais ou menos enublado; nuvens pela manhã; dia de sol; ventania à tarde.

Temperatura de 19,3° a 27,4° centígrados.

5 horas — Acordar, toalete, banho, diário, balancete etc.
7 — Recordando a teoria da flexão dos arcos.
10½ — Na Gazeta da Tarde com o José do Patrocínio na propaganda abolicionista.
11½ — No Clube de Engenharia e com o amigo engenheiro José Américo dos Santos.
1 hora — Terminando a cópia do Resumo Autobiográfico pedido pela *Germania* de São Paulo.
2 horas — Na Sociedade Central de Imigração com os amigos Taunay e Enes de Souza. Mudou o escritório do n.º 18 para o n.º 63 da rua do General Câmara.
3 horas — Na Câmara dos Deputados com o conselheiro Rodolfo e deputados Fleury e Felício dos Santos estabelecendo

o aditivo para o transporte do material da companhia Minas Central.

3½ — Com os amigos Joaquim Nabuco e Joaquim Serra.

4 horas — De volta ao Hotel dos Estrangeiros.

[*5 de agosto*]

Ventania à noite; manhã incinerada; dia de sol encoberto; ameaças de chuva à tarde.

Temperatura de 19,1° a 23,9° centígrados.

5 horas — Acordar, toalete, banho, diário, balancete etc.

7 — Recordando e aperfeiçoando a lição XLV de engenharia civil.

9¾ —Dando-a na Escola Politécnica.

11h — Na Gazeta da Tarde com o José do Patrocínio e com o amigo J. F. Clapp na propaganda abolicionista.

12½ — Em congregação de lentes da Escola Politécnica.

1½ — No Clube de Engenharia e com os amigos Miguel Antônio Dias e engenheiro José Américo dos Santos.

2½ — Escrevendo ao Carlos Bolle, em São Paulo, e remetendo-lhe o Resumo Autobiográfico pedido para a *Germania*.

3½ — Com o amigo Joaquim Serra, que retirou-se ontem da *Folha Nova*, onde escrevia os tópicos do dia.

4 horas — De volta ao Hotel dos Estrangeiros.

7½ — Em casa do amigo Joaquim Nabuco em companhia do amigo Frederick Youle.

[*6 de agosto*]

Luar enublado; manhã mais ou menos incinerada; dia de sol encoberto; tarde dúbia.

Temperatura de 18,0° a 25,9° centígrados.

5 horas — Acordar, toalete, banho, diário, balancete etc.
7 — Continuando a recordar a teoria da flexão dos arcos para o curso na escola.
10½ — Na Gazeta da Tarde com o José do Patrocínio na propaganda abolicionista.
11 horas — No Clube de Engenharia com o amigo José Américo dos Santos e empresário Carvalho Bastos.
12 horas — Estudando os autos da vistoria do morro do Inglês, na questão entre Marques, Câmara Municipal e Cardenio Victor da Silva.
2 horas — Na Sociedade Central de Imigração com o presidente Rohan e segundo-secretário dr. Enes de Souza.
3 — Na Tipografia Faro & Lino com os amigos Joaquim Nabuco e Joaquim Serra.
4 horas — De volta ao Hotel dos Estrangeiros.

[*7 de agosto*]

Luar enublado; manhã mais ou menos encoberta; dia de sol; tarde incinerada.

Temperatura de 18,9° a 27,1° centígrados.

5 horas — Acordar, toalete, banho, diário, balancete etc.
7h — Recordando e aperfeiçoando a lição XLVI de engenharia civil.
10 horas — Dando-a na Escola Politécnica
11½ — Na Gazeta da Tarde com os amigos J. F. Clapp e José do Patrocínio na propaganda abolicionista.
12 — No Ministério das Obras Públicas tratando do Caminho de Ferro Conde d'Eu.
1 hora — No Clube de Engenharia com os amigos Miguel Antônio Dias e engenheiro José Américo dos Santos.
2h — Com o dr. Anísio Salatiel Carneiro da Cunha em conferência sobre a vistoria do morro do Inglês.
3 horas — Em sessão da diretoria do Clube de Engenharia para aprovação do relatório anual.
4 horas — Com o amigo Joaquim Nabuco em trabalhos da abolição.
5 horas — De volta ao Hotel dos Estrangeiros.
7½ — Com o ministro da Agricultura Carneiro da Rocha, promovendo a concessão do ramal do Cabedelo.

[*8 de agosto*]

Grande ventania à noite; chuviscos pela madrugada; dia dúbio; alguns raios de sol à tarde.

Temperatura de 19,3° a 25,7° centígrados.

5 horas — Acordar, toalete, banho, diário, balancete etc.
7 — Terminando a recordação da teoria da flexão dos arcos para o curso da escola.
10½ — Na Gazeta da Tarde com o José do Patrocínio em conferência abolicionista.
11½ — No Clube de Engenharia lavrando o parecer sobre a vistoria do morro do Inglês.
12½ — Entregando esse parecer com os autos ao juiz, no fórum.
1 hora — Em conferência sobre a Companhia Florestal Paranaense no escritório do coronel Russel.
2 horas — Com os amigos engenheiro José Américo dos Santos e Miguel Antônio Dias.
3 horas — Com o amigo Joaquim Nabuco em trabalhos eleitorais.
4 horas — De volta ao Hotel dos Estrangeiros.

A *Gazeta da Tarde* publica a primeira série de máximas com a rubrica — *Joaquim Nabuco — Seleta abolicionista.*

[*9 de agosto*]

Ameaças de chuva à noite; manhã incinerada; dia de sol; nuvens à tarde.

Temperatura de 18,3° a 23,9° centígrados.

5 horas — Acordar, toalete, banho, diário, balancete etc.
7 — Recordando a lição XLVII de engenharia civil.
9¾ — Dando-a na Escola Politécnica.
11 horas — Com o dr. Antônio Veríssimo de Matos passando procuração para receber os aluguéis da casa da Bahia.
12h — Na Gazeta da Tarde entregando a segunda série — *Joaquim Nabuco — Seleta abolicionista.*
1 hora — Em sessão da diretoria da Sociedade Central de Imigração com os amigos Taunay, Enes de Souza etc.
2½ — No Clube de Engenharia em sessão da assembleia-geral com os amigos José Américo dos Santos etc.
3½ — Com os amigos Joaquim Serra e Joaquim Nabuco.
4½ — De volta ao Hotel dos Estrangeiros.

[*10 de agosto*]

Noite e manhã enubladas; dia de sol; raras nuvens à tarde.

Temperatura de 18,9° a 24,3° centígrados.

5 horas — Acordar, toalete, banho, diário, balancete etc.
7 — Revendo as provas da circular do amigo Joaquim Nabuco aos eleitores do 2.º distrito da Corte.
9 — Tirando o *account* da companhia Minas Central até esta data.
11 horas — Visitando no Andaraí, à rua do Conde do Bonfim n.º 102, os amigos Antônio Cândido das Chagas Lobato e Cândido de Faria Lobato, recém-chegados da cidade de Oliveira (Minas).
2½ — De volta ao Hotel dos Estrangeiros.
3 horas — Estudando os documentos, recebidos de Londres, da companhia Minas Central — sobre juros garantidos pela província.

[***11 de agosto***]

Noite estrelada; neblina pela manhã; dia de sol; raras nuvens à tarde.

Temperatura de 18,7° a 25,7° centígrados.

5 horas — Acordar, toalete, banho, diário, balancete etc.
7 — Recordando a teoria da torção dos prismas.
10½ — No escritório do dr. Antônio Veríssimo de Matos entregando-lhe a procuração para a casa da Bahia.

11½ — Na Gazeta da Tarde, em propaganda abolicionista, com os amigos José do Patrocínio, J. F. Clapp e dr. Enes de Souza.
12½ — No Clube de Engenharia e com o amigo engenheiro José Américo dos Santos.
1½ — Visitam-me no Clube os amigos A. C. das C. Lobato e C. de Faria Lobato, de Oliveira.
2½ — Continuando a preparar as contas dos juros garantidos da companhia Minas Central.
3½ — Com os amigos Joaquim Nabuco e Joaquim Serra em trabalhos eleitorais e de abolição.
4½ — De volta ao Hotel dos Estrangeiros.
7h — Em sessão do conselho da Sociedade Propagadora das Belas-Artes, no Liceu de Artes e Ofícios.

[*12 de agosto*]

Noite estrelada; manhã com raras nuvens; dia de sol; tarde clara.
Temperatura de 18,7° a 26,9° centígrados.

5 horas — Acordar, toalete, banho, diário, balancete etc.
7 — Recordando a lição XLVIII de engenharia civil.
9¾ — Dando-a na Escola Politécnica.
11h — Na Gazeta da Tarde, com o José do Patrocínio na propaganda abolicionista.

12 — No Clube de Engenharia com o amigo José Américo dos Santos.

1 hora — Respondendo à carta de Charles Glanvill, secretário da companhia Minas Central de 18 de julho.

2h — Remetendo-lhe a conta dos juros garantidos que devem ser pagos pela província de Minas para o primeiro e segundo semestre de 1883.

3 horas — Com os amigos Joaquim Nabuco e Joaquim Serra em conferência sobre abolição e próximas eleições.

4½ — De volta ao Hotel dos Estrangeiros.

7h — Visitando o amigo dr. Luiz Gomes Pereira.

[*13 de agosto*]

Noite brilhante; manhã um pouco incinerada; dia de sol; tarde clara.

Temperatura de 18,1° a 28,5° centígrados.

5 horas — Acordar, toalete, banho, diário, balancete etc.

7 — Continuando os estudos sobre grafostática.

10½ — Deixando bilhete de visita em casa do conselheiro Olegário Herculano de Aquino e Castro, nomeado presidente da província de Minas.

11h — Com o dr. A. Veríssimo de Matos tratando dos negócios da família na Bahia.

11½ — Na Gazeta da Tarde, na propaganda abolicionista, com os amigos J. F. Clapp e José do Patrocínio.

12½ — No Clube de Engenharia e no escritório do engenheiro José Américo dos Santos.

1½ — Carta ao A. H. Phillpotts, presidente do Caminho de Ferro Conde d'Eu.

2h — Carta ao Francisco Bruno Pereira procurador da família na Bahia.

3 horas — Na Sociedade Central de Imigração com os amigos A. d'E. Taunay e dr. Enes de Souza.

4 horas — De volta ao Hotel dos Estrangeiros.

7h — Com o presidente do Conselho Dantas em conferência sobre a abolição e Caminho de Ferro Conde d'Eu (extensão até o Cabedelo).

8h — Com o ministro da Agricultura tratando deste último assunto.

[*14 de agosto*]

Noite estrelada; manhã clara; dia de sol; tarde incinerada e ventosa.

Temperatura de 18,6° a 27,8° centígrados.

5 horas — Acordar, toalete, banho, diário, balancete etc.

7 — Recordando a lição XLIX de engenharia civil.
9¾ — Dando-a na Escola Politécnica.
11 horas — No Clube de Engenharia, com o engenheiro Cândido Alves Mourão do Vale, dando-lhe instruções para a ida a Ouro Preto para tratar do pagamento dos juros garantidos à companhia Minas Central.
12h — Oficiando ao engenheiro fiscal dessa companhia, e remetendo-lhe a tabela das escavações da primeira seção.
1 hora — Cartas recomendando o engenheiro Cândido Alves Mourão do Vale aos engenheiros Hargreaves e Lobo em Queluz e Crockatt de Sá e Brandão em Ouro Preto.
3 horas — Com os amigos Miguel Antônio Dias, Joaquim Serra e Joaquim Nabuco em trabalhos abolicionistas.
4 horas — De volta ao Hotel dos Estrangeiros.
8 horas — Passando a noite em casa do amigo advogado Adolfo de Barros, vice-presidente da Sociedade Brasileira contra a Escravidão.

[*15 de agosto*]

Noite dúbia; manhã mais ou menos enublada; dia de sol, ventoso e com ameaças de chuva; tarde dúbia.

Temperatura de 18,9° a 23,8° centígrados.

5 horas — Acordar, toalete, banho, diário, balancete etc.
7 — Preparando a conta dos juros garantidos à companhia Minas Central até 30 junho e 31 dezembro 1883.
10½ — Conferenciando com o novo presidente conselheiro Olegário Herculano de Aquino e Castro sobre essa companhia, em sua casa, a rua dos Inválidos n.º 111.
12h — De volta ao Hotel dos Estrangeiros.
1h — Redigindo uma carta de apresentação ao presidente de Minas dr. Chaves e instruções para o engenheiro Cândido Alves Mourão do Vale.
2 horas — Redigindo uma exposição para acompanhar a conta dos juros garantidos à companhia Minas Central tirando cópia para ser presente ao presidente.

[*16 de agosto*]

Noite dúbia; manhã incinerada; dia de sol; tarde quase sem nuvens.

Temperatura de 18,9° a 25,1° centígrados.

5 horas — Acordar, toalete, banho, diário, balancete etc.
7 — Fazendo acréscimos às instruções para o engenheiro Cândido Alves Mourão do Vale.
10 horas — Na Escola Politécnica em férias da Glória.

11 horas — Recebendo no English Bank £ 100 enviadas pela companhia Minas Central.
12 horas — Na assembleia-geral do Centro Abolicionista da Escola Politécnica.
1 hora — Entregando ao engenheiro Cândido Alves Mourão do Vale 200$000 Rs. e todos os documentos para sua missão a Ouro Preto.
2 horas — Com o dr. Bustamante, negociante Bellamy e corretor Selnio Castelli, tratando da recepção de £ 150 de uma letra do Evaristo Juliano de Sá, ora em Londres.
2½ — Escrevendo ao secretário Charles Glanvill sobre a recusa do dr. Bustamante em aceitar essa letra.
3 horas — Em sessão do conselho do Clube de Engenharia.
4½ — De volta ao Hotel dos Estrangeiros.
7 horas — Em casa do amigo Joaquim Nabuco, em conferência abolicionista com o chefe de esquadra Arthur Silveira da Motta.

Eleição senatorial

[***17 de agosto***]

Noite estrelada; manhã clara; dia de sol; raras nuvens à tarde. Temperatura de 18,4° a 28,3° centígrados.

5 horas — Acordar, toalete, banho, diário, balancete etc.

7 — Escrevendo ao Charles Glanvill, secretário da companhia Minas Central.

9 horas — Respondendo à carta de 9 julho do amigo dr. José Carlos Rodrigues, em Londres.

11h — No Instituto dos Meninos Cegos, ao Campo da Aclamação votando para senador no general Henrique de Beaurepaire Rohan, conselheiro Eduardo de Andrada Pinto e dr. Francisco Praxedes de Andrade Pertence.

1 hora — De volta ao Hotel dos Estrangeiros.

3h — Terminando os extratos para a publicação — *Joaquim Nabuco — Seleta abolicionista.*[11]

A *Gazeta da Tarde* publica a segunda série das máximas com a rubrica — *Joaquim Nabuco — Seleta abolicionista.*

[*18 de agosto*]

Noite estrelada; ventania pela manhã; dia de sol abafado; tarde muito incinerada.

Temperatura de 20,5° a 29,9° centígrados.

5 horas — Acordar, toalete, banho, diário, balancete etc.

7 — Recordando a teoria do escoamento dos corpos sólidos de Tresca.

10½ — Com o dr. Antônio Veríssimo de Matos promovendo os negócios da família na Bahia.

11½ — Na Gazeta da Tarde com os amigos José do Patrocínio e J. F. Clapp na propaganda abolicionista.

12½ — No Clube de Engenharia com o amigo engenheiro José Américo dos Santos.

2h — Remetendo ao Charles Glanvill, secretário da companhia Minas Central, a carta escrita ontem com vários documentos sobre essa companhia.

3 horas — Com o amigo Joaquim Serra que dá-me a grata notícia da libertação de Goiás em 7 setembro em compensação da catástrofe liberal de ontem.

4 horas — De volta ao Hotel dos Estrangeiros.

7 — Em casa do ministro Dantas entregando-lhe o diploma do Centro Abolicionista da Escola Politécnica.

A *Gazeta da Tarde* publica a terceira série — *Joaquim Nabuco — Seleta abolicionista*.

19/8 a 23/9/1884

3.
COMPANHIA MINAS CENTRAL

[*19 de agosto*]

Noite mais ou menos incinerada; manhã ventosa; dia de sol; tarde menos escura que a de ontem.

Temperatura de 20,1° a 28,5° centígrados.

5 horas — Acordar, toalete, banho, diário, balancete etc.
7 — Recordando a lição L de engenharia civil, última de resistência dos materiais.
9¾ — Dando-a na Escola Politécnica.
11h — Na Gazeta da Tarde com os amigos J. F. Clapp e José do Patrocínio em trabalhos abolicionistas.
12h — No Clube de Engenharia e com o amigo engenheiro José Américo dos Santos.
1h — Escrevendo ao Charles Glanvill, secretário da companhia Minas Central, participando ter o dr. Bustamante aceito a letra de £ 150.
2h — No Clube de Engenharia, onde faltou número para assembleia-geral.
2½ — Na Sociedade Central de Imigração com o dr. Trinks.

3h — Com os amigos Joaquim Serra e Joaquim Nabuco, que hoje completa 35 anos.
4h — De volta ao Hotel dos Estrangeiros.[12]

6 horas — No Hotel do Globo, à rua Primeiro de Março, dirigindo com o J. F. Clapp etc. o banquete oferecido pela Confederação Abolicionista à libertação do Amazonas e aos deputados que votaram o projeto Dantas.

[*20 de agosto*]

Noite mais ou menos encoberta; manhã muito incinerada; dia de sol embaçado; tarde escura.

Temperatura de 19,6° a 24,5° centígrados.

5 horas — Acordar, toalete, banho, diário, balancete etc.
7 — Recordando arquitetura pré-histórica.
10½ — Na Escola Politécnica em consulta na biblioteca.
11h — No Tesouro, com o dr. A. Veríssimo de Matos, em conferência sobre as ações da Companhia Florestal, pertencentes aos órfãos do engenheiro Antônio Rebouças.
12h — Na Gazeta da Tarde com os amigos J. F. Clapp e José do Patrocínio em trabalhos abolicionistas.

1 hora — No Clube de Engenharia e com os amigos José Américo dos Santos e Miguel Antônio Dias.
2 horas — Respondendo ao bilhete-postal do engenheiro Mourão do Vale, de Queluz.
2½ — Na Sociedade Central de Imigração com os amigos Taunay e Enes de Souza.
3½ — Com os amigos Joaquim Nabuco e Joaquim Serra discutindo as dificuldades da eleição pelo Rio de Janeiro.
4½ — De volta ao Hotel dos Estrangeiros.

[*21 de agosto*]

Noite dúbia; ventania e chuva pela madrugada; aguaceiros pela manhã; dia escuro e tempestuoso.

Temperatura de 20,5° a 22,6° centígrados.

5 horas — Acordar, toalete, banho, diário, balancete etc.
7 — Recordando e aperfeiçoando a lição LXXV, primeira de arquitetura civil.
9¾ — Dando-a na Escola Politécnica.
11½ — Na Gazeta da Tarde com os amigos J. F. Clapp e José do Patrocínio em trabalhos abolicionistas.
12½ — No Clube de Engenharia e com o amigo engenheiro José Américo dos Santos.

1½ — Recebendo da Casa Norton, Megaw & Co. o título das três apólices em caução na alfândega.
2h — Consultando com o inspetor da alfândega sobre a transferência dessas apólices ao fiel do armazém Roberto Carr Bustamante.
2½ — Fazendo a petição para essa transferência.
3½ — Com os amigos Joaquim Serra e Taunay sobre abolição e imigração.
4h — De volta ao Hotel dos Estrangeiros.

[***22 de agosto***]

Chuviscos à noite; manhã enublada; dia escuro e tempestuoso; ameaças de chuva à tarde.

Temperatura de 17,0° a 22,6° centígrados.

5 horas — Acordar, toalete, banho, diário, balancete etc.
7 — Recordando a arquitetura pré-histórica da América.
10h — Na Gazeta da Tarde com os amigos José do Patrocínio e José Agostinho dos Reis em trabalhos abolicionistas.
11h — No Clube de Engenharia e com o amigo engenheiro José Américo dos Santos.
12h — Respondendo à carta de G. Gladstone Turner, secretário da companhia Conde d'Eu.

1 hora — Escrevendo ao engenheiro Cândido Alves Mourão do Vale em resposta ao bilhete de chegada a Ouro Preto.
2h — Na Sociedade Central de Imigração com o vice-presidente Taunay e diretor Saturnino Gomes.
3 horas — Com os amigos Joaquim Nabuco e Joaquim Serra em conferência sobre abolição e próximas eleições.
4½ — De volta ao Hotel dos Estrangeiros.

[*23 de agosto*]

Noite e manhã enubladas; dia dúbio; alguns raios de sol à tarde.

Temperatura de 17,5° a 23,6° centígrados.

5 horas — Acordar, toalete, banho, diário, balancete etc.
7 — Recordando e aperfeiçoando a lição 76.ª (segunda de arquitetura civil).
11 — No Tesouro, com o dr. Antônio Veríssimo de Matos tratando de negócios da família da Bahia.
11½ — Na Gazeta da Tarde com os amigos José do Patrocínio e J. F. Clapp.
12 horas — No Clube de Engenharia e com o amigo engenheiro José Américo dos Santos.
1h — Respondendo à carta de 31 de julho do Charles Glanvill,

secretário da companhia Minas Central e ao terceiro bilhete-postal do engenheiro Mourão do Vale.
2h — Na Sociedade Central de Imigração, em sessão da diretoria com os amigos Rohan, Taunay etc.
3 horas — Na Livraria Faro & Lino com os amigos Joaquim Nabuco e Joaquim Serra.
4h — De volta ao Hotel dos Estrangeiros.

[*24 de agosto*]

Crescente enublado ao anoitecer; manhã incinerada; dia de sol; tarde clara.

Temperatura de 19,3° a 24,3° centígrados.

5 horas — Acordar, toalete, banho, diário, balancete etc.
7 — Continuando o Resumo Autobiográfico desde 14 junho 1879 quando o Governo imperial mandou fechar a Escola Politécnica pelo conflito com os diretores, até 20 novembro 1879, em que me inscrevi para o concurso da primeira cadeira de engenharia civil.
12 — Em casa do amigo engenheiro Antônio Paulo de Melo Barreto, dando-lhe parabéns pelo casamento da sua filha primogênita.
1 hora — No Cassino Fluminense, na matinê do Clube Bee-

thoven, com os amigos engenheiro José Américo dos Santos, Joaquim Nabuco, A. d'E. Taunay etc.
5 horas — De volta ao Hotel dos Estrangeiros.

[*25 de agosto*]

Crescente em céu estrelado; manhã clara; dia de sol; tarde quase sem nuvens.

Temperatura de 18,1° a 27,1° centígrados.

5 horas — Acordar, toalete, banho, diário, balancete etc.
7 — Estudando a teoria evolucionista da ornamentação.
10 — Na Gazeta da Tarde com os amigos José do Patrocínio e J. F. Clapp em trabalhos da abolição.
11h — No Ministério das Obras Públicas tratando da extensão do Cabedelo e do pagamento na Paraíba da multa de 5:000$000 Rs. imposta à companhia Conde d'Eu Railway Company, Limited.
12 horas — Recebendo em casa de Duvivier & C.ia as £ 150 sacadas sobre o dr. Bustamante.
1 hora — No Clube de Engenharia e com o engenheiro José Américo dos Santos.
2 horas — Respondendo ao quarto bilhete-postal do engenheiro Mourão do Vale, em Ouro Preto.

3h — Com os amigos Joaquim Nabuco e Joaquim Serra tomando conhecimento do festival de 1.º de agosto da Anti-Slavery Society, em Londres.
4h — De volta ao Hotel dos Estrangeiros.
7 horas — Com o presidente do Conselho Dantas promovendo a extensão do Caminho de Ferro Conde d'Eu até o Cabedelo.

[*26 de agosto*]

Crescente em céu estrelado; manhã incinerada; dia de sol; forte ventania à tarde.

Temperatura de 18,3° a 24,6° centígrados.

5 horas — Acordar, toalete, banho, diário, balancete etc.
7 — Recordando e aperfeiçoando a lição 77 (terceira de arquitetura civil).
9¾ — Dando-a na Escola Politécnica.
11 — No Tesouro com o dr. Antônio Veríssimo de Matos tratando dos negócios da família na Bahia.
11½ — Na Gazeta da Tarde na propaganda abolicionista.
12 — No Clube de Engenharia com o amigo Miguel Antônio Dias.
1 hora — Respondendo à carta do dr. A. Cruz Cordeiro, ex-médico do Caminho de Ferro Conde d'Eu.

2 — Respondendo aos bilhetes-postais do dr. Mourão do Vale, em Ouro Preto, sobre o pagamento dos juros garantidos à companhia Minas Central.
3h — Com os amigos Joaquim Nabuco e Joaquim Serra em conferência sobre abolição.
4½ — De volta ao Hotel dos Estrangeiros.
7 horas — Com o ministro da Agricultura Carneiro da Rocha tratando do prolongamento Cabedelo para o Caminho de Ferro Conde d'Eu.

[*27 de agosto*]

Crescente enublado; manhã incinerada; dia de sol; tarde encoberta.

Temperatura de 19,7° a 24,6° centígrados.

5 horas — Acordar, toalete, banho, diário, balancete etc.
7 — Fazendo estudos sobre a arquitetura indiana.
10 — Na Escola Politécnica tomando notas sobre a obra de Ernest Breton — *Monuments de tous les Peuples*.
11h — No Tesouro com o dr. Antônio Veríssimo de Matos, tratando de negócios da família.
12h — Respondendo à carta do engenheiro Mourão do Vale sobre a companhia Minas Central.
12½ — No escritório do coronel João Frederico Russel, em

assembleia-geral da Companhia Florestal Paranaense discutindo sua liquidação.
2 horas — Em assembleia-geral do Clube de Engenharia para aprovação de contas e eleição da diretoria.
4½ — De volta ao Hotel dos Estrangeiros.
7h — Com o amigo Joaquim Nabuco, visitando o ministro Arthur Silveira da Motta, ultimamente barão de Jaceguai (São Paulo).

[*28 de agosto*]

Ameaças de chuva à noite; manhã encoberta; dia de sol; tarde enublada.
Temperatura de 18,5° a 23,9° centígrados.

5 horas — Acordar, toalete, banho, diário, balancete etc.
7 — Recordando e aperfeiçoando a lição 78.ª (quarta de arquitetura civil).
9¾ — Dando-a na Escola Politécnica.
11 — Na Gazeta da Tarde com os amigos J. F. Clapp e José do Patrocínio.
12 — No Clube de Engenharia e com o amigo José Américo dos Santos.
1 hora — Respondendo às cartas dos engenheiros Mourão do Vale e Américo Brandão sobre a companhia Minas Central.

2h — Na Sociedade Central de Imigração com o amigo A. d'E. Taunay.

3 horas — Com os amigos Joaquim Nabuco e Joaquim Serra conferenciando sobre o movimento abolicionista.

4 horas — De volta ao Hotel dos Estrangeiros.

7 horas — Visitando o amigo engenheiro Herculano Veloso Ferreira Pena, ausente em Minas.

8 horas — Passando a noite com o amigo Adolfo de Barros, vice-presidente da Sociedade Brasileira contra a Escravidão.

[*29 de agosto*]

Ameaças de chuva ao anoitecer; crescente e estrelas; manhã clara; dia de sol; tarde brilhante e ventilada.

Temperatura de 18,2° a 23,7° centígrados.

5 horas — Acordar, toalete, banho, diário, balancete etc.

7 — Fazendo estudos sobre a arquitetura do Egito.

10 — Na biblioteca da Escola Politécnica tomando várias notas sobre arquitetura.

11 — No Tesouro Nacional com o dr. Antônio Veríssimo de Matos conferenciando sobre a liquidação da Companhia Florestal Paranaense.

12h — Na Gazeta da Tarde com os amigos J. F. Clapp e José do Patrocínio.
1h — No Clube de Engenharia e com o amigo engenheiro José Américo dos Santos.
2h — Em sessão inaugural da diretoria do Clube de Engenharia, com que fui reeleito primeiro-vice-presidente.
3 horas — Na Livraria Faro & Lino com os amigos Joaquim Nabuco e Joaquim Serra.
4h — De volta ao Hotel dos Estrangeiros.

7h — Com o presidente do Conselho Dantas tratando do movimento abolicionista e do ramal do Cabedelo para o Caminho de Ferro Conde d'Eu.

[*30 de agosto*]

Noite enublada; chuviscos pela manhã; ameaças de chuva durante o dia; tarde tempestuosa.

Temperatura de 18,9° a 23,6° centígrados.

5 horas — Acordar, toalete, banho, diário, balancete etc.
7 — Recordando e aperfeiçoando a lição 79.ª (quinta de arquitetura civil).

9¾ — Dando-a na Escola Politécnica.
11h — No Clube de Engenharia e com o amigo engenheiro José Américo dos Santos.
12h — Em assembleia-geral do Centro Abolicionista da Escola Politécnica para posse da nova diretoria.
2 horas — Na Sociedade Central de Imigração com os amigos Taunay, Enes de Souza etc.
3 horas — Na Livraria Faro & Lino com os amigos Joaquim Nabuco, Joaquim Serra, Marcolino Moura, recém-chegado da Bahia, tratando do movimento abolicionista.
4 horas — De volta ao Hotel dos Estrangeiros.

[*31 de agosto*]

Ameaças de chuva à noite; manhã enublada; dia dúbio; tarde clara e muito ventilada.

Temperatura de 18,1° a 24,8° centígrados.

5 horas — Acordar, toalete, banho, diário, balancete etc.
7 — Respondendo à carta de 8 agosto do amigo Charles Neate, em Londres.
8 — E à da mesma data do G. Gladstone Turner, secretário do Caminho de Ferro Conde d'Eu.

9 — E à do amigo dr. José Carlos Rodrigues do 1.º de agosto sobre o jubileu da Anti-Slavery Society.
11 horas — À rua d'Ajuda n.º 149 em casa do engenheiro C. Alves Mourão do Vale, que ainda não chegara de Ouro Preto.
12 — De volta ao Hotel dos Estrangeiros.
1 hora — Continuando o Resumo Autobiográfico desde 21 novembro 1879, em que escrevo os últimos artigos para o *Novo Mundo* e *Revista Industrial*, publicados em Nova York pelo amigo dr. José Carlos Rodrigues até essa data, a 19 maio 1880, quando chegou ao Rio de Janeiro notícia da organização da companhia do Caminho de Ferro Conde d'Eu.[13]

[***1.º de setembro***]

Luar em céu estrelado; manhã belíssima; dia de sol; tarde clara e muito ventilada.

Temperatura de 17,0° a 22,9° centígrados.

5 horas — Acordar, toalete, banho, diário, balancete etc.
7 — Continuando o Resumo Autobiográfico até 2 agosto 1880.
10 — Em casa do engenheiro C. A. Mourão do Vale, que chegou ontem de Ouro Preto pelo trem da noite.

11 horas — No Banco do Brasil apresentando a ordem para pagamento de £ 3 293 — 7 — 5 por intermédio da delegacia em Londres à companhia Minas Central.

12 horas — Telegrafando à companhia sobre esse pagamento.

1h — Escrevendo ao secretário Charles Glanvill mandando cópia da ordem para esse pagamento.

1½ — Na Inspetoria das Obras Públicas obtendo um lugar para o engenheiro C. A. Mourão do Vale.

2 horas — Respondendo à carta do presidente de Minas e agradecendo-lhe a recepção feita ao engenheiro C. A. Mourão do Vale.

2½ — Em sessão do conselho diretor do Clube de Engenharia.

4½ — De volta ao Hotel dos Estrangeiros.

8 horas — No Cassino Fluminense no concerto de beneficência da infância desamparada com os amigos Joaquim Nabuco, Adolfo de Barros, Taunay etc.

[2 *de setembro*]

Luar em céu estrelado; manhã belíssima; dia de sol; tarde clara e ventilada.

Temperatura de 17,0° a 22,8° centígrados.

5 horas — Acordar, toalete, banho, diário, balancete etc.

7 — Continuando o Resumo Autobiográfico até 7 setembro 1880, em que foi fundada a Sociedade Brasileira contra a Escravidão.

9½ — Na Escola Politécnica providenciando sobre a ausência no júri, para o qual fui ontem sorteado.

10h — No júri (Câmara Municipal) que não funcionou por falta de número.

11h — No Tesouro Nacional e no Banco do Brasil tratando do pagamento dos juros garantidos à companhia Minas Central pela delegacia em Londres.

12h — No Clube de Engenharia e com o amigo engenheiro José Américo dos Santos.

1h — Escrevendo ao presidente de Minas e ao Charles Glanvill secretário da companhia Minas Central.

2h — No Tesouro requerendo o pagamento a essa companhia dos juros garantidos (£ 3 293 — 7 — 5).

3h — Com os amigos J. F. Clapp e José do Patrocínio em trabalhos da propaganda abolicionista.

4h — De volta ao Hotel dos Estrangeiros.

7h — Visitando, em sua casa à rua São Clemente 165 C, o amigo Alfredo de Barros.

[*3 de setembro*]

Luar em céu estrelado; manhã incinerada; dia de sol mais ou menos encoberto; ameaças de chuva à tarde.

Temperatura de 16,9° a 23,3° centígrados.

5 horas — Acordar, toalete, banho, diário, balancete etc.
7 — Registrando o expediente da companhia Minas Central sobre o pagamento dos juros garantidos.
10 horas — No júri onde ainda não houve sessão por falta de número.
11½ — No Clube de Engenharia e com o amigo engenheiro J. A. dos Santos.
12½ — Escrevendo ao ministro da Fazenda conselheiro Dantas sobre o pagamento dos juros garantidos à companhia Minas Central.
2h — Em congregação da Escola Politécnica.
2½ — No Tesouro acelerando o pagamento pela delegacia do Tesouro em Londres das £ 3 293 — 7 — 5.
3 horas — Com os amigos Joaquim Nabuco, Joaquim Serra e J. F. Clapp em trabalhos da abolição.
4 horas — De volta ao Hotel dos Estrangeiros.
7 horas — Em casa do ministro Dantas tratando do pagamento dos juros garantidos à companhia Minas Central.

[*4 de setembro*]

Luar mais ou menos encoberto; manhã incinerada; dia muito escuro; ameaças de chuva à tarde.

Temperatura de 17,0° a 21,3° centígrados.

5 horas — Acordar, toalete, banho, diário, balancete etc.
7 — Tomando várias notas sobre arqueologia.
9¾ — Na Escola Politécnica avisando os alunos para lição antes das sessões do júri.
10¼ — No júri, onde ainda não houve sessão por falta de número.
12h — No Tesouro Nacional e no Banco do Brasil providenciando sobre a remessa das ordens para o pagamento dos juros garantidos à companhia Minas Central.
1 hora — No Clube de Engenharia e com o engenheiro José Américo dos Santos.
1½ — Escrevendo ao amigo Charles Neate em Londres, recomendando o engenheiro Jell da Conceição Júnior.
2 horas — Encetando o catálogo da biblioteca do Clube de Engenharia.
3h — Com os amigos Rohan e Taunay tratando da Sociedade Central de Imigração e com os amigos Joaquim Nabuco e Joaquim Serra sobre abolição.
4 — De volta ao Hotel dos Estrangeiros.

[*5 de setembro*]

Luar enublado; manhã incinerada; dia de sol encoberto; tarde dúbia.

Temperatura de 18,3° a 24,1° centígrados.

5 horas — Acordar, toalete, banho, diário, balancete etc.
7 — Carta ao amigo dr. J. C. Rodrigues em Londres sobre a companhia Minas Central.
8 — Escrevendo ao Charles Glanvill, secretário dessa companhia, sobre o pagamento de £ 3 293 — 7 — 5 de juros garantidos.
10½ — No júri, onde instala-se afinal a primeira sessão.
12 horas — No Tesouro Nacional verificando estar feito o expediente relativo ao pagamento dos juros garantidos à companhia Minas Central.
12½ — No Banco do Brasil verificando também estar feito no Tesouro o depósito da soma correspondente a £ 3 293 — 7 — 5 ao câmbio do dia.
1 hora — No Clube de Engenharia e com o amigo Adolfo de Barros no escritório do amigo engenheiro J. A. dos Santos.
2 horas — Na biblioteca do Clube de Engenharia continuando a fazer o catálogo.
4 horas — De volta ao Hotel dos Estrangeiros.

7 horas — Visitando o amigo Joaquim Nabuco em sua casa à rua Bela da Princesa do Catete n.º 1.

[*6 de setembro*]

Luar incinerado; manhã encoberta; dia de sol baço; tarde escura.
Temperatura de 18,0° a 25,3° centígrados.

5 horas — Acordar, toalete, banho, diário, balancete etc.
7 — Recordando e aperfeiçoando a lição LXXX (sexta de arquitetura civil).
9¾ — Dando-a na Escola Politécnica.
11 horas — No júri, onde teve lugar a segunda sessão.
12h — No Clube de Engenharia continuando a trabalhar no catálogo da sua biblioteca.
2h — Em sessão de conselho da Sociedade Central de Imigração, com os amigos Rohan, Taunay, Enes de Souza etc.
3h — Com os amigos Joaquim Serra e Joaquim Nabuco, o qual parte amanhã para uma excursão a São Paulo.
4h — De volta ao Hotel dos Estrangeiros.
6 horas — Visita-me o amigo engenheiro José Américo dos Santos e comunica-me que o engenheiro Fox desejava associar-se conosco e com o Carvalho Bastos para o cais de Santos.
11½ — Projeto uma comissão especial para providências contra

a seca, análoga à que em agosto de 1870 nomeou o meu bom amigo o visconde de Itaboraí. Como então, o Rio de Janeiro sofre hoje extraordinária falta d'água. O sistema de esgotos não funciona e a cidade está literalmente infestada.

[*7 de setembro*]

Luar incinerado; manhã escura; dia de sol baço; tarde ventilada e encoberta.

Temperatura de 18,3° a 24,0° centígrados.

5 horas — Acordar, toalete, banho, diário, balancete etc.
6 — Estudando um projeto para auxiliar o abastecimento d'água do Rio de Janeiro com as águas da Cascata Grande da Tijuca.
10 horas — Com o presidente do Conselho de Ministros senador Dantas comunicando-lhe a ideia da comissão especial para providências contra a seca.
11 horas — Em casa do inspetor das Obras Públicas engenheiro Raimundo Teixeira Belfort Roxo (143, rua do Resende) conferenciando sobre a seca e o projeto do engenheiro Antônio Rebouças em 1870 de um túnel para as águas da Cascata Grande da Tijuca.
12 horas — No Teatro Recreio Dramático assistindo à conferência abolicionista do José do Patrocínio.

2 horas — De volta ao Hotel dos Estrangeiros.
3 horas — Tirando a conta-corrente da companhia Minas Central e escrevendo ao seu secretário Charles Glanvill.
5 horas — Visita-me o amigo Francisco Pacheco de Souza, recém-chegado de Brumado (cidade de Entre Rios).

[*8 de setembro*]

Luar incinerado; manhã um pouco escura; dia de sol baço; tarde ventilada e um pouco encoberta.

Temperatura de 19,0° a 29,3° centígrados.

5 horas — Acordar, toalete, banho, diário, balancete etc.
7 — Continuando os estudos para minorar a falta d'água que ora sofre o Rio de Janeiro.
11 horas — Lendo a memória — *The Constant Supply and Waste of Water* — by George F. Deacon, M. Inst. C. E., inventor Deacon's Wade Water Meter — Londres, 1882.
3 horas — Visita-me o engenheiro D. M. Fox, ex-superintendente do Caminho de Ferro de São Paulo (Santos a Jundiaí) e hoje diretor de várias companhias brasileiras em Londres.
4 horas — Projeto um novo tipo de cais abobadado para o porto de Santos.

6½ — No Restaurante do Globo, no jantar de despedida dado pelo engenheiro José Américo dos Santos ao seu diretor D. M. Fox, e ao qual assistiram os engenheiros Pimenta Bueno, Carlos Alberto Morsing e empresário Carvalho Bastos.[14]

[*9 de setembro*]

Luar e manhã sempre incinerados; dia de sol baço; tarde ventilada e encoberta.

Temperatura de 19,5° a 29,1° centígrados.

5 horas — Acordar, toalete, banho, diário, balancete etc.
7 — Recordando e aperfeiçoando a lição LXXXI (sétima de arquitetura civil).
9¾ — Dando-a na Escola Politécnica.
11 horas — No júri onde teve lugar a terceira sessão.
12 horas — No Clube de Engenharia e com o amigo engenheiro José Américo dos Santos.
1 hora — No Ministério das Obras Públicas obtendo exemplares do relatório do engenheiro Antônio Rebouças sobre o abastecimento d'água ao Rio de Janeiro em 1870-71.
1½ — No Tesouro Nacional verificando terem sido remetidas para Londres as ordens para o pagamento dos juros garantidos à companhia Minas Central.

2 horas — Na biblioteca do Clube de Engenharia continuando a catalogar os seus livros.
4 horas — De volta ao Hotel dos Estrangeiros.
7 horas — Com o amigo Joaquim Nabuco preparando para ser impressa no *Jornal do Commercio* a sua correspondência "A razão" sobre a crise da escravidão.

[*10 de setembro*]

Noite e manhã enubladas; dia de sol encoberto; tarde escura com brisa forte.

Temperatura de 18,7° a 27,3° centígrados.

5 horas — Acordar, toalete, banho, diário, balancete etc.
7 — Continuando os estudos para auxiliar rapidamente o abastecimento d'água do Rio de Janeiro.
10½ — No júri onde teve lugar a quarta sessão.
12h — No Clube de Engenharia e com o amigo engenheiro José Américo dos Santos.
1h — Redigindo para a *Revista de Engenharia* uma notícia sobre a obra do engenheiro Adolfo José Del Vecchio — *Madeiras e granitos*.
2h — Na biblioteca do Clube de Engenharia continuando a catalogar seus livros.

3h — Na Sociedade Central de Imigração com o presidente Beaurepaire Rohan e segundo-secretário dr. Enes de Souza.
4h — De volta ao Hotel dos Estrangeiros.
7 horas — No Liceu de Artes e Ofícios, em sessão do conselho diretor da Sociedade Propagadora das Belas-Artes.

[*11 de setembro*]

Ameaças de chuva à noite; neblina pela manhã; dia e tarde muito escuros.

Temperatura de 17,5° a 23,8° centígrados.

5 horas — Acordar, toalete, banho, diário, balancete etc.
7 — Recordando e aperfeiçoando a lição LXXXII (oitava de arquitetura civil).
11 horas — No júri onde teve lugar a quinta sessão.
12h — Na Inspetoria das Obras Públicas vendo com os engenheiros Mourão do Vale e Raimundo Maia o projeto de túnel da Tijuca, projetado em 1870 pelo engenheiro Antônio Rebouças.
1 hora — No Tesouro com o dr. Antônio Veríssimo de Matos tratando dos negócios da família da Bahia.
1½ — No Clube de Engenharia com os amigos Miguel Antônio Dias e José Américo dos Santos.

2 horas — Na biblioteca do Clube de Engenharia continuando a catalogar os seus livros.
4 horas — De volta ao Hotel dos Estrangeiros.

[*12 de setembro*]

Trovoada e chuva à uma hora da madrugada; dia sempre encoberto; trovoada ao anoitecer.

Temperatura de 19,0° a 27,8° centígrados.

5 horas — Acordar, toalete, banho, diário, balancete etc.
7 — Escrevendo ao Francisco Bruno Pereira, procurador da família na Bahia.
10h — No júri onde teve lugar a sexta sessão.
12 — No Clube de Engenharia e com os amigos engenheiro José Américo dos Santos e Miguel Antônio Dias.
1 hora — Na Gazeta da Tarde, dando notícia da "Marcha popular" dedicada pelo Carlos Gomes ao Ceará Livre.
2h — Terminando um resumo do artigo, publicado pelo amigo dr. J. C. Rodrigues ao *Times* de 15 agosto sobre o movimento abolicionista no Brasil.
3h — Com os amigos Joaquim Serra e Gusmão Lobo conferenciando sobre esse artigo.
4h — Com o amigo dr. Pimenta Bueno, em sua casa no Catete

n.º 146, vendo os trabalhos do seu pai marquês de São Vicente, que precederam a Lei Rio Branco (28 setembro 1871).
5h — De volta ao Hotel dos Estrangeiros.

[*13 de setembro*]
Trovoada e chuva à noite; manhã escura e tempestuosa; dia dúbio; sol à tarde com fresca brisa.

Temperatura de 19,0° a 23,1° centígrados.

5 horas — Acordar, toalete, banho, diário, balancete etc.
7 — Recordando e aperfeiçoando a lição LXXXIII (nona de arquitetura civil).
11 horas — No júri onde teve lugar a sétima sessão.
12h — No Clube de Engenharia e com o amigo engenheiro José Américo dos Santos.
1 hora — Na biblioteca do Clube de Engenharia continuando a catalogar seus livros.
2 horas — Na Sociedade Central de Imigração com os amigos Rohan, Taunay, Enes de Souza, tesoureiro Wenceslau Guimarães, Saturnino Gomes, José Américo dos Santos etc.
4 horas — De volta ao Hotel dos Estrangeiros.

[*14 de setembro*]

Muito vento e alguns aguaceiros à noite; chuva pela manhã; dia interrompido por aguaceiros; sol à tarde.

Temperatura de 16,3° a 21,2° centígrados.

5 horas — Acordar, toalete, banho, diário, balancete etc.

7 — Escrevendo ao amigo Carlos Gomes em Lecco, participando-lhe a recepção dos quatro primeiros exemplares da sua "Marcha popular ao Ceará Livre".

8h — Respondendo à carta do amigo dr. J. C. Rodrigues em Londres sobre o seu artigo publicado no *Times* de 15 agosto a respeito do movimento abolicionista no Brasil.

9h — Respondendo à carta do presidente A. H. Phillpotts de Londres em 15 agosto sobre a extensão do Cabedelo.

10h — Preparando fórmulas para as experiências de resistência de madeiras à flexão que vai fazer o engenheiro Adolfo José Del Vecchio nas obras da alfândega.

12h — Em casa do inspetor das Obras Públicas engenheiro Raimundo Teixeira Belfort Roxo conferenciando sobre o abastecimento d'água ao Rio de Janeiro.

2 horas — De volta ao Hotel dos Estrangeiros.

3h — Continuando o Resumo Autobiográfico de 8 de junho de 1881 (distribuição do n.º 8 do *Abolicionista*, órgão da Sociedade Brasileira contra a Escravidão).

[*15 de setembro*]

Noite dúbia; aguaceiros pela manhã; alguns raios de sol durante o dia; tarde encoberta.

Temperatura de 14,7° a 20,7° centígrados.

5 horas — Acordar, toalete, banho, diário, balancete etc.
7 — Continuando a preparar as fórmulas para as experiências de resistência das madeiras à flexão.
10h — Na Câmara Municipal, à praça da Aclamação, no júri, onde teve lugar a oitava sessão.
12h — No Clube de Engenharia e com o amigo engenheiro José Américo dos Santos.
1 hora — Visita-me o amigo Francisco Pacheco de Souza de Brumado e Campo Novo. Escrevo por ele uma carta ao amigo João Batista de Oliveira e Souza.
2h — Na biblioteca do Clube de Engenharia continuando o seu catálogo.
3 horas — Em sessão da diretoria do Clube de Engenharia que não funcionou por falta de número.
4 horas — De volta ao Hotel dos Estrangeiros.

[*16 de setembro*]

Chuva à noite; manhã enublada; dia de sol; tarde clara e ventilada.
Temperatura de 14,8° a 20,6° centígrados.

5 horas — Acordar, toalete, banho, diário, balancete etc.

7 — Recordando e aperfeiçoando a lição LXXXIV (décima de arquitetura civil).

9¾ — Dando-a na Escola Politécnica.

11 — No júri, onde teve lugar a nona sessão.

11½ — No Tesouro com o dr. Veríssimo de Matos tratando dos negócios da família na Bahia.

12h — No Montepio Geral recebendo o saldo da pensão, estabelecida por meu bom pai em meu favor Rs. 6:213$700 em cinco apólices de um conto, uma de quinhentos e uma de 200$000 Rs.

1 hora — Fazendo a respectiva transferência na Caixa d'Amortização e depositando as apólices na casa Norton, Megaw & Co.

1½ — No Clube de Engenharia com os amigos José Américo dos Santos e Miguel Antônio Dias.

2½ — Na Sociedade Central de Imigração com o presidente Rohan.

3½ — Com os amigos Joaquim Serra e Gusmão Lobo tratando da propaganda abolicionista.

4½ — De volta ao Hotel dos Estrangeiros.

[*17 de setembro*]

Noite estrelada; manhã belíssima; dia de sol; tarde clara com fresca brisa.

Temperatura de 15,4° a 20,9° centígrados.

5 horas — Acordar, toalete, banho, diário, balancete etc.

7 horas — Recordando e aperfeiçoando a lição LXX (primeira de fundações).

10 horas — No júri, onde teve lugar a décima sessão.

11h — Com o dr. Antônio Veríssimo de Matos, no Tesouro Nacional, tratando de negócios da família na Bahia.

12h — No Clube de Engenharia e com o amigo engenheiro José Américo dos Santos.

12½ — Na Escola Politécnica dando a lição LXX (primeira de fundações).

2h — Na biblioteca do Clube de Engenharia continuando o catálogo dos seus livros.

3 horas — Com o amigo A. d'E. Taunay conferenciando sobre a Sociedade Central de Imigração.

4 horas — De volta ao Hotel dos Estrangeiros.

A *Germania* de São Paulo publica o meu Resumo Biográfico.[15]

[*18 de setembro*]

Noite estrelada; manhã clara; dia de sol; tarde um pouco incinerada.

Temperatura de 15,0° a 21,7° centígrados.

5 horas — Acordar, toalete, banho, diário, balancete etc.
7 horas — Recordando e aperfeiçoando a lição LXXXV (11.ª de arquitetura civil).
9¾ — Dando-a na Escola Politécnica.
11 horas — No júri onde teve lugar a 11.ª sessão.
12 horas — No Clube de Engenharia e com o negociante James Grainger Bellamy tratando da companhia Minas Central.
1½ — Em congregação de lentes da Escola Politécnica para o concurso de ciências naturais.
3 horas — Com os amigos Joaquim Nabuco, que chegou ontem à noite de São Paulo, Joaquim Serra, Miguel Antônio Dias e J. F. Clapp tratando da conferência feita no Teatro de São José, em São Paulo, pelo amigo Joaquim Nabuco e da propaganda abolicionista.
4½ — De volta ao Hotel dos Estrangeiros.

[*19 de setembro*]

Noite e manhã mais ou menos enubladas; dia escuro, chuviscos das duas [da] tarde em diante.

Temperatura de 16,9° a 21,4° centígrados.

5 horas — Acordar, toalete, banho, diário, balancete etc.
7 — Preparando uns exercícios sobre traçado de curvas policêntricas para os alunos de engenharia civil.
10h — No júri que não funcionou por falta de número.
11 horas — Visitando ao negociante J. Henry de Castro Bellamy, que chegou ontem de Londres e tratando com o seu irmão James Grainger Bellamy de negócios da companhia Minas Central.
12 horas — No Clube de Engenharia e com o amigo José Américo dos Santos.
1 hora — Preparando para a *Revista de Engenharia* um artigo sobre as plantas próprias para fixar dunas.
2 — Na biblioteca do Clube de Engenharia trabalhando no catálogo dos seus livros.
3 horas — Com o amigo Joaquim Nabuco em trabalhos da propaganda abolicionista.
4h — De volta ao Hotel dos Estrangeiros.

[20 *de setembro*]

Chuviscos à noite; manhã encoberta; dia sempre escuro; alguns raios de sol à tarde.

Temperatura de 17,9° a 24,3° centígrados.

5 horas — Acordar, toalete, banho, diário, balancete etc.
7 — Recordando e aperfeiçoando a lição LXXXVI (12.ª de arquitetura civil).
9¾ — Dando-a na Escola Politécnica.
11 horas — No júri onde teve lugar a 12.ª sessão.
12 — No Clube de Engenharia e com os amigos Miguel Antônio Dias e engenheiro José Américo dos Santos.
12½ — Na biblioteca do Clube de Engenharia continuando a catalogar seus livros.
2 horas — Na Sociedade Central de Imigração em conselho da diretoria com os amigos Rohan, Taunay, Enes de Souza, tesoureiro Wenceslau Guimarães etc.
3h — Com os amigos Joaquim Nabuco e Joaquim Serra conferenciando sobre a propaganda abolicionista.
4 horas — De volta ao Hotel dos Estrangeiros.

[*21 de setembro*]

Noite e manhã mais ou menos encobertas; dia de sol incinerado; tarde clara e ventilada.

Temperatura de 17,9° a 25,3° centígrados.

5 horas — Acordar, toalete, banho, diário, balancete etc.
7 — Respondendo à carta de 23 agosto do Charles Glanvill, secretário da companhia The Minas Central Railway of Brazil, Limited.
8 — Escrevendo ao engenheiro William Martineau, consultor da mesma companhia em Londres.
9 horas — Continuando a preparar exercícios sobre curvas policêntricas para os alunos de engenharia civil.
11 horas — No Teatro Recreio Dramático, dirigindo a conferência abolicionista com os amigos Miguel Antônio Dias, J. F. Clapp, José do Patrocínio (orador), engenheiro José Agostinho dos Reis etc.
3 horas — De volta ao Hotel dos Estrangeiros.
4 horas — Fazendo novos estudos sobre o traçado das ogivas para o curso de arquitetura.

[*22 de setembro*]

Noite encoberta; raras nuvens pela manhã; dia de sol; tarde clara e muito ventilada.

Temperatura de 17,3° a 23,8° centígrados.

5 horas — Acordar, toalete, banho, diário, balancete etc.
7 — Concluindo os exercícios sobre curvas policêntricas para os alunos de engenharia civil.
10 horas — No júri onde teve lugar a 13.ª e última sessão.
11 horas — No Clube de Engenharia continuando a preparar o catálogo da sua biblioteca.
1 hora — Trabalhando no artigo sobre fixação de dunas para a *Revista de Engenharia*.
3 horas — Com os engenheiros José Américo dos Santos e Derby iniciando os trabalhos da comissão nomeada para estudar os calcários de Minas, São Paulo e Rio de Janeiro.
3½ — Com os amigos Joaquim Nabuco, Joaquim Serra e J. F. Clapp em trabalhos da propaganda abolicionista.
4½ — De volta ao Hotel dos Estrangeiros.
7h — Em casa do amigo Gusmão Lobo tratando da impressão no *Jornal do Commercio* do discurso proferido pelo amigo Joaquim Nabuco em São Paulo.

[*23 de setembro*]

Delgado crescente ao anoitecer; manhã enublada; dia de sol entremeado de chuviscos; céu claro ao anoitecer.

Temperatura de 18,3° a 23,1° centígrados.

5 horas — Acordar, toalete, banho, diário, balancete etc.

7 — Recordando e aperfeiçoando a lição LXXXVII (13.ª de arquitetura civil).

9¾ — Dando-a na Escola Politécnica.

11 horas — No Tesouro para falar ao dr. Antônio Veríssimo de Matos e com o amigo Adolfo de Barros.

1 hora — Respondendo a um telegrama da companhia Minas Central sobre o pagamento dos juros garantidos.

1½ — No Clube de Engenharia e com o amigo engenheiro José Américo dos Santos.

3 horas — Terminando o artigo sobre fixação de dunas para a *Revista de Engenharia*.

3½ — Com os amigos Joaquim Serra, Joaquim Nabuco e J. F. Clapp tratando da propaganda abolicionista.

4½ — De volta ao Hotel dos Estrangeiros.

7 horas — Com o amigo Joaquim Nabuco em preparativos de viagem para Pernambuco.

4. CALMARIA QUE ANUNCIA TEMPESTADES

24/9 a 28/10/1884

Partida do Joaquim Nabuco

[*24 de setembro*]

Luar ao anoitecer; manhã enublada; dia encoberto; chuvisco das duas da tarde em diante.

Temperatura de 17,5° a 22,7° centígrados.

5 horas — Acordar, toalete, banho, diário, balancete etc.
7 — Fazendo acréscimos ao curso de engenharia civil, professado na Escola Politécnica.
10h — Em casa do amigo Joaquim Nabuco em viagem para a província de Pernambuco.
11 horas — Com o dr. Veríssimo de Matos, no Tesouro Nacional, tratando de negócios da família.
12h — No Clube de Engenharia continuando o catálogo da sua biblioteca.
1½ — Na Sociedade Central de Imigração com os amigos Rohan, Taunay, engenheiro José Américo dos Santos, Enes de Souza etc.
2½ — Com os amigos Derby e engenheiro José Américo dos Santos trabalhando na comissão de calcários.

3¼ — No Arsenal de Marinha com a Confederação Abolicionista e vários amigos, despedindo-me do amigo Joaquim Nabuco.
4½ — De volta ao Hotel dos Estrangeiros.

[*25 de setembro*]

Lua e céu estrelado; manhã clara; dia de sol; tarde limpa e ventilada.

Temperatura de 16,0° a 22,4° centígrados.

5 horas — Acordar, toalete, banho, diário, balancete etc.
7 — Recordando e aperfeiçoando a lição LXXXVIII (14.ª de arquitetura civil).
9¾ — Dando-a na Escola Politécnica.
11h — Em conferência com o engenheiro Adolfo José Del Vecchio sobre o prêmio, que deve propor para o seu livro sobre resistência de madeiras à congregação da Escola Politécnica.
12 horas — À rua do Lavradio n.º 13, com o escrivão Costa Leite, recusando servir de árbitro no pleito entre a Flora e o arquiteto Schreiner.
1 hora — No Clube de Engenharia e com o amigo Adolfo de Barros.
2h — Na biblioteca do clube continuando a catalogar os seus livros.

3 horas — Com os amigos Joaquim Serra, J. F. Clapp e José do Patrocínio conferenciando sobre a propaganda abolicionista.
4½ — De volta ao Hotel dos Estrangeiros.

[*26 de setembro*]

Luar mais ou menos enublado; manhã encoberta; dia de sol; ameaças de chuva ao anoitecer.

Temperatura de 16,5° a 21,8° centígrados.

5 horas — Acordar, toalete, banho, diário, balancete etc.
7 — Fazendo acréscimos ao curso de arquitetura.
10h — Na biblioteca da Escola Politécnica tomando várias notas sobre o traçado de curvas.
12 — Na Gazeta da Tarde com os amigos José do Patrocínio e dr. Enes de Souza em trabalhos da propaganda abolicionista.
1h — No Clube de Engenharia e com o amigo engenheiro José Américo dos Santos.
2h — Na biblioteca do Clube de Engenharia, melhorando sua organização.
3h — Com os amigos Joaquim Serra e A. d'E. Taunay em conferência sobre abolição e imigração.
4h — De volta ao Hotel dos Estrangeiros.

[*27 de setembro*]

Ameaças de chuva à noite; manhã incinerada; dia sempre encoberto; tarde dúbia.

Temperatura de 17,5° a 21,3° centígrados.

5 horas — Acordar, toalete, banho, diário, balancete etc.
7 — Recordando e aperfeiçoando a lição LXXXIX (15.ª de arquitetura civil).
9¾ — Dando-a na Escola Politécnica.
11h — Na Gazeta da Tarde com o José do Patrocínio em conferência sobre a propaganda abolicionista.
12h — No Ministério das Obras Públicas, obtendo uma coleção de seus impressos para a biblioteca do Clube de Engenharia.
1½ — Na Sociedade Central de Imigração, em sessão do conselho diretor com os amigos Taunay, engenheiro José Américo dos Santos, dr. Enes de Souza, tesoureiro Wenceslau Guimarães etc.
3 horas — No Clube de Engenharia fazendo o expediente como primeiro-vice-presidente.
4 horas — De volta ao Hotel dos Estrangeiros.

[*28 de setembro*]

Noite enublada; chuviscos pela manhã; dia escuro e chuvoso; pequenos aguaceiros à tarde.

Temperatura de 17,2° a 19,6° centígrados.

5 horas — Acordar, toalete, banho, diário, balancete etc.
7 — Respondendo à carta do amigo Carlos Gomes, de Lecco (Lombardia) em 26 de agosto, que acompanhou os 3 mil exemplares da "Marcha popular ao Ceará Livre".
8h — Escrevendo ao G. Gladstone Turner, secretário da companhia Conde d'Eu Railway.
9 horas — Determinando as fórmulas correspondentes ao traçado Muhal [?] para curvas tricêntricas.
12h — Continuando o Resumo Autobiográfico até 7 de dezembro 1881 — distribuição do *Abolicionista* n.º 14. — "Origem da Sociedade Brasileira contra a Escravidão".

[*29 de setembro*]

Chuva à noite e pela manhã; grandes aguaceiros durante o dia; tarde escura e chuvosa.

Temperatura de 18,6° a 18,8° centígrados.

5 horas — Acordar, toalete, banho, diário, balancete etc.
7 — Determinando as fórmulas para o traçado dos arcos do tipo Tudor com três centros.
10 horas — Em casa dos correspondentes Norton, Megaw & Co. encomendando um saque de £ 52 sobre a companhia Conde d'Eu Railway.
11 horas — No Clube de Engenharia determinando o expediente.
12h — Na Escola Politécnica assistindo à prova oral do concurso de ciências naturais do dr. Wenceslau de Oliveira Bello.
3 horas — Revendo provas do artigo sobre fixação de dunas, destinado à *Revista de Engenharia*, que entreguei ao redator proprietário o amigo engenheiro José Américo dos Santos.
4 horas — De volta ao Hotel dos Estrangeiros.

[*30 de setembro*]

Noite e manhã enubladas com alguns aguaceiros; tempo claro do meio em diante; sol brilhante à tarde.

Temperatura de 18,3° a 21,7° centígrados.

5 horas — Acordar, toalete, banho, diário, balancete etc.
7 — Recordando e aperfeiçoando a segunda lição de fundações.
9¾ — Dando-a na Escola Politécnica.
11h — No Clube de Engenharia fazendo o expediente.

12h — Na Escola Politécnica redigindo o parecer sobre o prêmio ao engenheiro Adolfo José Del Vecchio pelo seu livro sobre resistência de madeiras e granitos.
1 hora — Com os colegas Álvaro e Frontin conferenciando sobre o regulamento para as medalhas de ouro, deixadas em testamento aos alunos da escola pelo dr. R. Jardim.
1½ — Em congregação de lentes da Escola.
3h — Com os amigos Miguel Antônio Dias e J. F. Clapp em trabalhos da abolição.
3½ — Com o amigo engenheiro José Américo dos Santos concordando na viagem amanhã para avaliação da Estrada de Ferro Comércio e Rio das Flores.
4½ — De volta ao Hotel dos Estrangeiros.

Estrada de Ferro Comércio e Rio das Flores
[***1.º de outubro***]

Lua em céu estrelado; neblina pela manhã; dia de sol; tarde um pouco enublada.
Temperatura de 18,2° a 24,2° centígrados.

4 horas — Saindo do Hotel dos Estrangeiros.
5 horas — Partindo com o amigo engenheiro José Américo dos Santos no trem expresso do Caminho de Ferro de D. Pedro II.

9 horas — Chegando à Estação do Comércio. Exame da ponte de ferro sobre o rio Paraíba.

9h25 — Partindo da Estação do Comércio pela linha de bitola estreita ([primeira] entre trilhos) para Santa Teresa.

10h30 — Na Estação de Taboas examinando o perfil da linha no escritório do engenheiro Luiz Afonso Braga.

11 horas — Chegando à estação particular da Saudade, onde para o serviço com locomotivas. Daí em trole e a pé até a ponta dos trilhos além da freguesia de Santa Teresa de Valença, examinando o aterro levado pelas enchentes do ano passado.

12 horas — Voltando à Estação das Taboas e ali examinando as locomotivas, carros, oficinas etc.

2h40 — Na Estação do Comércio.

3h — Voltando ao Rio de Janeiro pela Estrada de Ferro de D. Pedro II.

7h15 — Chegando à Estação Central.

8 horas — De volta ao Hotel dos Estrangeiros.

[**2 de outubro**]

Luar um pouco enublado; manhã clara; dia de sol; tarde brilhante; noite ventilada.

Temperatura de 17,3° a 21,9° centígrados.

5 horas — Acordar, toalete, banho, diário, balancete etc.
7 — Recordando e aperfeiçoando a terceira lição de fundações.
9¾ — Dando-a na Escola Politécnica.
11 horas — No Clube de Engenharia com o tesoureiro Conrado Niemeyer informando-me sobre a sessão da diretoria de ontem.
12 horas — No escritório do amigo engenheiro José Américo dos Santos coordenando as notas tomadas na excursão de ontem e extratando os relatórios e balancetes sobre a Companhia da Estrada de Ferro Comércio e Rio das Flores.
3 horas — Com os amigos Miguel Antônio Dias e J. F. Clapp em trabalhos da propaganda abolicionista.
4 horas — De volta ao Hotel dos Estrangeiros.

[*3 de outubro*]

Luar em céu estrelado; manhã clara; dia de sol mais ou menos encoberto; tarde incinerada e ventosa.

Temperatura de 17,0° a 23,0° centígrados.

5 horas — Acordar, toalete, banho, diário, balancete etc.
7 — Determinando as fórmulas para quatro tipos de arcos trilobados.
9¾ — Na Gazeta da Tarde e com os amigos J. F. Clapp e Miguel Antônio Dias em trabalhos da abolição.

10½ — Na Escola Politécnica passando a limpo e entregando ao secretário o parecer sobre o prêmio ao engenheiro Adolfo José Del Vecchio.

11½ — Entregando ao dr. José de Saldanha da Gama a informação que pedira sobre o Gabinete de Engenharia Civil da Escola Politécnica.

12 horas — No Clube de Engenharia fazendo o expediente.

12½ — No escritório do amigo engenheiro José Américo dos Santos procedendo à avaliação das obras e do material da Estrada de Ferro Comércio e Rio das Flores.

4½ — De volta ao Hotel dos Estrangeiros.

7 horas — Visitando o amigo engenheiro Antônio Paulo de Melo Barreto.

8½ — No Clube Beethoven assistindo ao concerto com os amigos engenheiro José Américo dos Santos, Taunay, Derby etc.

Eclipse da lua

[*4 de outubro*]

Luar encoberto; manhã enublada; dia de sol mais ou menos encoberto; ameaças de chuva à tarde.

Temperatura de 17,4° a 24,1° centígrados.

5 horas — Acordar, toalete, banho, diário, balancete etc.

7 — Recordando e aperfeiçoando a quarta lição de fundações (detalhes sobre estacadas).

$9\frac{3}{4}$ — Dando-a na Escola Politécnica.

11h — Na Gazeta da Tarde com o amigo José do Patrocínio infelizmente um pouco adoentado.

12 — No Clube de Engenharia fazendo o expediente.

$12\frac{1}{2}$ — No escritório do amigo engenheiro José Américo dos Santos redigindo o parecer sobre a avaliação das obras e do material da Estrada de Ferro Comércio e Rio das Flores.

$1\frac{1}{2}$ — Na Sociedade Central de Imigração em sessão da diretoria com os amigos Taunay, Enes de Souza, Wenceslau Guimarães etc.

4h — De volta ao Hotel dos Estrangeiros.

Foi inteiramente impossível observar o eclipse da lua. O céu incinerado, desde ontem, cobriu-se de nuvens ao anoitecer com trovoada a nordeste. Às oito horas da noite começaram os primeiros aguaceiros.

[*5 de outubro*]

Trovoada e aguaceiros à noite; chuva pela manhã; sol do meio-dia em diante; tarde esplêndida.

Temperatura de 16,5° a 20,3° centígrados.

5 horas — Acordar, toalete, banho, diário, balancete etc.
7 — Respondendo à carta de 29 de setembro do amigo João Batista de Oliveira e Souza, de Brumado (cidade de Entre Rios) sobre a companhia Minas Central.
8 horas — Respondendo à carta de 28 agosto do presidente A. H. Phillpotts da companhia Conde d'Eu.
11 — Continuando a determinar os traçados e as fórmulas para os arcos de construção e de ornamentação empregados em estilo ogival.
3 horas — Registrando alguns documentos das companhias Conde d'Eu Railway e Minas Central.
4 horas — Lendo alguns artigos da obra de Pierre Chabat — *Dictionnaire des Termes Employés dans la Construction* (*Architecture etc.*).

Júpiter Regulus Vênus [desenho]
[***6 de outubro***]

Luar em céu estrelado; manhã belíssima com Vênus, Regulus e Júpiter quase a um grau de distância; dia de sol; ventania à tarde com algumas nuvens de chuva.

Temperatura de 14,9° a 21,9° centígrados.

5 horas — Acordar, toalete, banho, diário, balancete etc.
7 — Recordando hidráulica — teoria do escoamento dos líquidos em parede delgada.
10 horas — No escritório do amigo engenheiro José Américo dos Santos assinando com ele e com o engenheiro Joaquim José Barrão o relatório e avaliação da Estrada Comércio e Rio das Flores.
12h — No Clube de Engenharia e com o amigo Miguel Antônio Dias.
1 hora — No gabinete da Escola Politécnica redigindo o parecer com o regulamento para concessão das medalhas de ouro legadas pelo conselheiro José Ricardo Gomes Jardim.
2h — Em congregação na qual foi lido esse parecer e o do prêmio ao livro do engenheiro Adolfo José Del Vecchio.
3 horas — Respondendo à carta do dr. Queiroz Carreira, em Ouro Preto sobre a companhia Minas Central.
3½ — Com os amigos Joaquim Serra e Adolfo de Barros em conferência sobre a propaganda abolicionista.
4 horas — De volta ao Hotel dos Estrangeiros.

Regulus Júpiter Vênus [desenho]

[*7 de outubro*]

Madrugada belíssima com Lua ao ocidente e Vênus, Júpiter e Regulus ao oriente; dia de sol, tarde clara e muito ventosa.

Temperatura de 14,5° a 22,1° centígrados.

5 horas — Acordar, toalete, banho, diário, balancete etc.
7 — Recordando e aperfeiçoando a quinta lição de fundações.
9¾ — Dando-a na Escola Politécnica.
11 horas — No Tesouro Nacional com o dr. Antônio Veríssimo de Matos, escrevendo e passando procuração ao Francisco Bruno Pereira para transferência de uma apólice à órfã Maria Carolina Rebouças.
12 horas — No Clube de Engenharia com o amigo José Américo dos Santos, com o presidente Bulhões que chegou ontem das Águas de Caxambu etc.
1 hora — Na biblioteca do Clube de Engenharia encetando a obra — *Guia para os alunos da primeira cadeira do primeiro ano de engenharia civil — bibliografia, tecnologia etc.*
3 horas — Com os amigos Taunay e Enes de Souza conferenciando sobre a Sociedade Central de Imigração.
4 horas — De volta ao Hotel dos Estrangeiros.

Júpiter Regulus Vênus [desenho]

[***8 de outubro***]

Madrugada belíssima com Lua, Vênus, Júpiter e Regulus; dia de sol um pouco enublado; tarde clara e muito ventosa.

Temperatura de 15,3° a 21,1° centígrados.

5 horas — Acordar, toalete, banho, diário, balancete etc.
7 — Respondendo à carta do 1.º de outubro do correspondente na Bahia Francisco Bruno Pereira.
8h — Fazendo a conta mensal da companhia Minas Central e escrevendo ao seu secretário Charles Glanvill.
10 horas — Na Gazeta da Tarde, com o amigo José do Patrocínio, que completa hoje trinta anos.
11h — No Ministério das Obras Públicas reiterando o pedido das suas publicações para a biblioteca do Clube de Engenharia que estou organizando.
12 horas — No Clube de Engenharia com o tesoureiro Niemeyer fazendo o expediente.
1 hora — Continuando a trabalhar na obra — *Guia para os alunos da primeira cadeira do primeiro ano de engenharia civil — bibliografia, tecnologia etc.*
3 horas — Com os amigos J. F. Clapp, e Joaquim Serra, atual redator do novo jornal — *O Paiz* — conferenciando sobre a propaganda abolicionista.

4 horas — De volta ao Hotel dos Estrangeiros.
7½ — Em casa do ministro da Agricultura conselheiro Carneiro da Rocha tratando da extensão ao Cabedelo do Caminho de Ferro Conde d'Eu e de empregar o engenheiro Antônio Alves da Silva e Sá como fiscal das obras do porto do Ceará.

[*9 de outubro*]

Noite e manhã enubladas; dia encoberto; ameaças de chuva à tarde.

Temperatura de 14,9° a 21,9° centígrados.

5 horas — Acordar, toalete, banho, diário, balancete etc.
7 — Recordando e aperfeiçoando a sexta e última lição de fundações.
9¾ — Dando-a na Escola Politécnica.
11 horas — Preparando com os alunos os pontos para os exames escritos e orais de fim do ano.
12 horas — No Clube de Engenharia e com o amigo engenheiro José Américo dos Santos.
1 hora — Na biblioteca do Clube de Engenharia continuando a trabalhar na obra — *Guia para os alunos da primeira cadeira do primeiro ano de engenharia civil.*

3 horas — Com o amigo Miguel Antônio Dias, conferenciando sobre a propaganda abolicionista.
4 horas — De volta ao Hotel dos Estrangeiros.

[*10 de outubro*]

Noite e manhã enubladas; dia escuro ameaçando chuva; tarde muito incinerada.

Temperatura de 15,1° a 20,9° centígrados.

5 horas — Acordar, toalete, banho, diário, balancete etc.
7 — Completando os sumários das últimas lições de arquitetura.
8 — Fazendo o vocabulário técnico da primeira lição de fundações.
10h — Na Gazeta da Tarde com o José do Patrocínio tratando da propaganda abolicionista.
11 horas — Na biblioteca da Escola Politécnica tomando várias notas bibliográficas.
12h — No Tesouro Nacional com o dr. Antônio Veríssimo de Matos tratando de negócios da família na Bahia.
12½ — No Clube de Engenharia e com o amigo engenheiro José Américo dos Santos.
1 hora — Continuando a trabalhar na obra — *Guia para os alunos da primeira cadeira do primeiro ano de engenharia civil.*

3h — Com o amigo J. F. Clapp fazendo o expediente da Confederação Abolicionista.
4 horas — De volta ao Hotel dos Estrangeiros.

Regulus Júpiter Vênus [desenho]
[***11 de outubro***]

Noite encoberta; Lua, Regulus, Júpiter e Vênus pela madrugada; dia de sol; tarde clara e ventilada.

Temperatura de 16,3° a 22,4° centígrados.

5 horas — Acordar, toalete, banho, diário, balancete etc.
7 horas — Recordando e aperfeiçoando a 11.ª lição de arquitetura civil (lição XC do programa).
9¾ — Dando-a na Escola Politécnica.
11h — Na Gazeta da Tarde com os amigos J. F. Clapp e José do Patrocínio conferenciando sobre a abolição.
12h — No Clube de Engenharia e com os amigos Miguel Antônio Dias e engenheiro José Américo dos Santos.
12½ — Continuando a trabalhar na obra — *Guia para os alunos da primeira cadeira do primeiro ano de engenharia civil.*
2 horas — Na Sociedade Central de Imigração com o presidente Beaurepaire Rohan, vice-presidente Taunay, segundo-secretário Enes de Souza em sessão da diretoria.

4 horas — De volta ao Hotel dos Estrangeiros.
7 horas — No Liceu de Artes e Ofícios em sessão do conselho da Sociedade Propagadora das Belas-Artes.

[*12 de outubro*]

Noite e manhã encobertas; dia de sol; tarde clara com brisa fresca.

Temperatura de 17,5° a 22,3° centígrados.

5 horas — Acordar, toalete, banho, diário, balancete etc.
7 — Continuando o vocabulário técnico das lições sobre fundações para a obra — *Guia para os alunos da primeira cadeira do primeiro ano de engenharia civil*.
11h — No Recreio Dramático dirigindo a conferência da Confederação Abolicionista com o amigo Clapp e José do Patrocínio.
3 horas — De volta ao Hotel dos Estrangeiros.
3½ — Terminando o vocabulário técnico das lições sobre fundações e encetando o das lições de arquitetura.

Regulus Júpiter Vênus [desenho]
[***13 de outubro***]

Noite estrelada; ao amanhecer Lua, Regulus, Júpiter e Vênus quase alinhados; dia de sol; tarde incinerada.

Temperatura de 17,5° a 25,1° centígrados.

5 horas — Acordar, toalete, banho, diário, balancete etc.
7 — Fazendo o vocabulário técnico das lições de arquitetura para a obra — *Guia para os alunos da primeira cadeira de engenharia civil.*
10 horas — Na Gazeta da Tarde com o amigo José do Patrocínio na propaganda abolicionista.
11h — Na biblioteca da Escola Politécnica tomando várias notas sobre tecnologia.
12h — No Ministério das Obras Públicas tratando da Estrada de Ferro Conde d'Eu.
1 hora — No Clube de Engenharia e com os amigos engenheiro José Américo dos Santos e Miguel Antônio Dias.
1½ — Continuando a preparar a obra — *Guia para os alunos da primeira cadeira de engenharia civil.*
3 horas — Com o amigo J. F. Clapp tratando da eleição do amigo Joaquim Nabuco pelo 1.º distrito de Pernambuco.
4 horas — De volta ao Hotel dos Estrangeiros.

4½ — Respondendo à carta do amigo Joaquim Nabuco, do Recife em 6 de outubro.
5 horas — E à do dr. Queiroz Carreira de 8 de outubro de Ouro Preto.

Lua Regulus Júpiter Vênus [desenho]
[***14 de outubro***]

Noite um pouco encoberta; ao amanhecer esta situação; dia de sol incinerado; tarde enublada.

Temperatura de 18,9° a 26,7° centígrados.

5 horas — Acordar, toalete, banho, diário, balancete etc.
7 horas — Redigindo uma mensagem, recomendando a candidatura do amigo Joaquim Nabuco aos abolicionistas de Pernambuco João Ramos, dr. Francisco Gomes de Matos.
8 horas — Recordando e aperfeiçoando a 17.ª lição de arquitetura.
9¾ — Dando-a na Escola Politécnica.
11h — Com os amigos J. F. Clapp e José do Patrocínio conferenciando sobre a mensagem recomendando o Joaquim Nabuco em nome da Confederação Abolicionista.
12 horas — No Clube de Engenharia e com o amigo engenheiro José Américo dos Santos.

1 hora — Continuando a trabalhar na obra — *Guia para os alunos da primeira cadeira de engenharia civil.*
3 horas — Com o amigo Adolfo de Barros encetando de recomendar para Pernambuco a candidatura do amigo Joaquim Nabuco.
4h — De volta ao Hotel dos Estrangeiros.

[***15 de outubro***]

Chuviscos à noite e pela manhã; fortes aguaceiros durante o dia e à tarde.

Temperatura de 20,7° a 24,1° centígrados.

5 horas — Acordar, toalete, banho, diário, balancete etc.
7 — Respondendo às cartas do presidente A. H. Phillpotts e do secretário G. Gladstone do Caminho de Ferro Conde d'Eu (Paraíba do Norte).
8 — Continuando a trabalhar no vocabulário técnico das lições de arquitetura.
10½ — Com o Bevilacqua e o Castelões tratando da venda da marcha popular do Carlos Gomes "Ao Ceará Livre".
11½ — No Clube de Engenharia e no escritório do amigo engenheiro José Américo dos Santos.
12½ — Continuando a preparação da obra — *Guia para os alunos da primeira cadeira de engenharia civil.*

3 horas — Em sessão do conselho do Clube de Engenharia.
4½ — De volta ao Hotel dos Estrangeiros.

[*16 de outubro*]

Chuva à noite; manhã enublada; chuviscos durante o dia; ameaças de chuva à tarde.

Temperatura de 19,1° a 23,1° centígrados.

5 horas — Acordar, toalete, banho, diário, balancete etc.
7 — Recordando a 18.ª lição de arquitetura.
9¾ — Dando-a na Escola Politécnica.
11h — Na Gazeta da Tarde na propaganda abolicionista.
12 — No Clube de Engenharia e no escritório do amigo engenheiro José Américo dos Santos.
1 hora — Continuando a preparar a obra — *Guia para os alunos da primeira cadeira de engenharia civil*.
2½ — Começando a redigir o programa para o 2.° Congresso de Estradas de Ferro que pretende realizar o Clube de Engenharia.
3h — No escritório do amigo J. F. Clapp fazendo o expediente da Confederação Abolicionista e assinando a mensagem recomendando a candidatura do amigo Joaquim Nabuco pelo 1.° distrito de Pernambuco.
4h — De volta ao Hotel dos Estrangeiros.

[*17 de outubro*]

Chuviscos à noite; manhã enublada; dia de sol; tarde clara e ventilada.

Temperatura de 18,0° a 24,0° centígrados.

5 horas — Acordar, toalete, banho, diário, balancete etc.
7 — Continuando a trabalhar no vocabulário técnico das lições de arquitetura.
10 horas — Na Gazeta da Tarde com o José do Patrocínio e com o J. F. Clapp na propaganda abolicionista.
11h — Na Escola Politécnica assistindo com a congregação à prova oral — "Família das leguminosas" — do candidato Wenceslau de Oliveira Bello.
12½ — No Clube de Engenharia e com o amigo engenheiro José Américo dos Santos.
1 hora — Continuando a trabalhar na obra — *Guia para os alunos da primeira cadeira de engenharia civil*.
2½ — Na Sociedade Central de Imigração com os amigos Rohan, Taunay e Enes de Souza.
4 horas — De volta ao Hotel dos Estrangeiros.

[*18 de outubro*]

Noite estrelada; manhã clara; dia de sol; tarde clara e ventilada.

Temperatura de 17,1° a 23,1° centígrados.

5 horas — Acordar, toalete, banho, diário, balancete etc.
7 — Recordando a 19.ª lição de arquitetura.
9¾ — Dando-a na Escola Politécnica.
11 — Com os amigos J. F. Clapp e Miguel Antônio Dias, tratando da propaganda abolicionista.
12 — No Clube de Engenharia e com o amigo engenheiro José Américo dos Santos.
1 hora — Continuando a trabalhar na obra — *Guia para os alunos da primeira cadeira de engenharia civil*.
2h — Na Sociedade Central de Imigração, em sessão da diretoria, com os amigos Enes de Souza, Wenceslau Guimarães etc.
4 horas — De volta ao Hotel dos Estrangeiros.

[*19 de outubro*]

Noite dúbia; chuviscos pela madrugada; dia de sol mais ou menos enublado; ameaças de chuva à tarde.

Temperatura de 18,3° a 24,8° centígrados.

5 horas — Acordar, toalete, banho, diário, balancete etc.
7 — Acrescentando ao curso de arquitetura as descrições do ascensor Edoux e do elevador hidráulico de Hale.
9h — Continuando o vocabulário técnico para a obra — *Guia para os alunos da primeira cadeira de engenharia civil.*
12h — No Teatro Recreio Dramático, dirigindo a conferência abolicionista com os amigos — Clapp e José do Patrocínio.
3½ — De volta ao Hotel dos Estrangeiros.

[*20 de outubro*]

Chuviscos à noite; manhã enublada; dia de sol mais ou menos encoberto; tarde dúbia.

Temperatura de 19,0° a 23,1° centígrados.

5 horas — Acordar, toalete, banho, diário, balancete etc.
7 — Continuando o vocabulário técnico do curso de engenharia civil.
10½ — Na Gazeta da Tarde e na Confederação Abolicionista tratando da propaganda.
11½ — Na alfândega tratando da transferência das apólices para o fiel Roberto Carr Bustamante, requerida a 21 de agosto de 1884.
12h — No escritório do amigo engenheiro José Américo dos

Santos, ausente em trabalhos da Estrada de Ferro Comércio e Rio das Flores.

1 hora — Continuando a trabalhar na obra — *Guia para os alunos da primeira cadeira de engenharia civil*.

3 horas — Na Sociedade Central de Imigração com o diretor Gustavo Trinks.

4 horas — De volta ao Hotel dos Estrangeiros.

[***21 de outubro***]

Noite e manhã enubladas; alguns raios de sol durante o dia; chuviscos à tarde; trovoada ao anoitecer.

Temperatura de 19,9° a 24,7° centígrados.

5 horas — Acordar, toalete, banho, diário, balancete etc.

7 — Recordando e aperfeiçoando a 20.ª lição de arquitetura civil.

9¾ — Dando-a na Escola Politécnica.

11½ — Na Caixa d'Amortização efetuando a transferência das três apólices ao fiel da alfândega Roberto Carr de Bustamante.

12h — No escritório do amigo engenheiro José Américo dos Santos.

12½ — Na biblioteca do Clube de Engenharia continuando a trabalhar na obra — *Guia para os alunos da primeira cadeira de engenharia civil*.

2½ — Com o Evaristo Juliano de Sá, recém-chegado de Londres e com o dr. Carlos Teodoro Bustamante, concessionários e atualmente empreiteiros do Caminho de Ferro de Pitangui, tratando de começar as obras da primeira seção.
4 horas — De volta ao Hotel dos Estrangeiros.

[***22 de outubro***]

Trovoada e aguaceiros à noite; chuva pela manhã; dia escuro e chuvoso; tarde encoberta.

Temperatura de 19,8° a 22,4° centígrados.

5 horas — Acordar, toalete, banho, diário, balancete etc.
7 — Continuando a preparar o vocabulário técnico do curso de engenharia civil.
10½ — Na biblioteca da Escola Politécnica tomando algumas notas de Ernest Bosc — *Dictionnaire raisonné de l'Architecture.*[16]
12h — No escritório do amigo engenheiro José Américo dos Santos tratando dos caminhos de ferro Comércio e Rio das Flores e Minas Central.
1 hora — Na biblioteca do Clube de Engenharia continuando a trabalhar na obra — *Guia para os alunos da primeira cadeira de engenharia civil.*

3 horas — Com o amigo J. F. Clapp fazendo expediente da Confederação Abolicionista.
4 horas — De volta ao Hotel dos Estrangeiros.

[*23 de outubro*]

Chuva à noite; pequenos aguaceiros pela manhã e durante o dia; tarde dúbia; chuviscos ao anoitecer.

Temperatura de 20,5° a 28,5° centígrados.

5 horas — Acordar, toalete, banho, diário, balancete etc.
7 — Recordando e aperfeiçoando a 21.ª lição de arquitetura civil.
9¾ — Dando-a na Escola Politécnica.
11 horas — No escritório do amigo engenheiro José Américo dos Santos.
12 horas — Na biblioteca do Clube de Engenharia continuando a trabalhar na obra — *Guia para os alunos da primeira cadeira de engenharia civil*.
2 horas — Na Escola Politécnica assistindo à prova oral de improviso — "Protoplasma" — do candidato Wenceslau de Oliveira Bello.
3 horas — Em congregação dos lentes catedráticos para ouvir a leitura do relatório sobre a prova prática desse candidato.
4 horas — De volta ao Hotel dos Estrangeiros.

[*24 de outubro*]

Chuviscos à noite; manhã enublada; dia de sol; tarde clara e ventilada.

Temperatura de 20,5° a 26,0° centígrados.

5 horas — Acordar, toalete, banho, diário, balancete etc.
7 — Continuando a preparar o vocabulário técnico do curso de engenharia civil.
10h — No escritório do amigo engenheiro José Américo dos Santos respondendo ao Charles Glanvill, secretário da companhia Minas Central.
12h — No Banco do Brasil, remetendo ao engenheiro José Rebouças em Piracicaba (São Paulo) 3:000$000 Rs. e respondendo a sua carta de 21 de outubro.
1 hora — Na biblioteca do Clube de Engenharia, continuando a trabalhar na obra — *Guia para os alunos da primeira cadeira de engenharia civil*.
2h — Na Sociedade Central de Imigração com os amigos Taunay, Enes de Souza, Saturnino Gomes etc.
3 horas — Com os amigos J. F. Clapp e José do Patrocínio em conferência sobre a propaganda abolicionista.
4 horas — De volta ao Hotel dos Estrangeiros.

[*25 de outubro*]

Lua e noite estrelada; manhã clara; dia de sol; tarde clara e ventilada.

Temperatura de 20,8° a 28,7° centígrados.

5 horas — Acordar, toalete, banho, diário, balancete etc.
7 — Recordando e aperfeiçoando a 22.ª lição de arquitetura civil, ponto XCVI do curso.
9¾ — Dando-a na Escola Politécnica.
11½ — Entregando ao secretário da escola um ofício ao diretor para aplicação dos favores do artigo 110 dos estatutos à obra — *Guia para os alunos da primeira cadeira de engenharia civil.*
12h — Remetendo ao engenheiro José Rebouças segunda via da letra de 3:000$000 Rs. do Banco do Brasil.
12½ — Na biblioteca do Clube de Engenharia continuando a trabalhar no guia para os alunos do curso de engenharia civil.
2 horas — Na Sociedade Central de Imigração, em sessão do conselho com os amigos Rohan, Taunay, Wenceslau Guimarães, Saturnino Gomes etc.
3½ — Com o amigo engenheiro José Américo dos Santos, que estivera no júri acompanhando o amigo dr. Ferreira de Araújo, redator da *Gazeta de Notícias*, processado pelo conselheiro Moreira de Barros.

[*26 de outubro*]

Lua e noite estrelada; algumas nuvens pela manhã; dia de sol; ameaças de trovoada à tarde.

Temperatura de 22,0° a 32,8° centígrados.

5 horas — Acordar, toalete, banho, diário, balancete etc.
7 — Respondendo à carta de 23 setembro do amigo dr. José Carlos Rodrigues, de Londres, em sua casa New Bond Street, W.
8 — E à de 29 setembro do presidente A. H. Phillpotts da companhia Conde d'Eu.
9 — E à do amigo Charles Neate, engenheiro consultor dessa mesma companhia.
11 — Continuando a trabalhar no vocabulário técnico para a obra — *Guia para os alunos do curso de engenharia civil.*

[*27 de outubro*]

Noite e manhã enubladas, dia encoberto com chuviscos à tarde; ameaças de chuva ao anoitecer.

Temperatura de 23,4° a 29,2° centígrados.

5 horas — Acordar, toalete, banho, diário, balancete etc.

7 — Continuando a trabalhar no vocabulário técnico do curso de engenharia civil.
10½ — Na Gazeta da Tarde com o amigo José do Patrocínio conferenciando sobre a propaganda abolicionista.
11½ — No Clube de Engenharia e no escritório do amigo engenheiro José Américo dos Santos.
1½ — Na Sociedade Central de Imigração com os amigos Rohan, Enes de Souza e Taunay, que parte amanhã para Santa Catarina.
2½ — Em congregação de lentes da Escola Politécnica para julgamento do candidato à vaga de substituto da primeira sessão do curso de ciências físicas e naturais Wenceslau Alves Leite de Oliveira Bello.
3½ — Com o amigo Miguel Antônio Dias tratando da eleição do amigo Joaquim Nabuco pelo 1.º distrito do Recife.
4½ — De volta ao Hotel dos Estrangeiros.

[*28 de outubro*]

Noite e manhã encobertas; dia de sol; ameaças de trovoada à tarde; chuviscos ao anoitecer.

Temperatura de 22,8° a 30,0° centígrados.

5 horas — Acordar, toalete, banho, diário, balancete etc.

7 — Recordando e aperfeiçoando a 23.ª lição de arquitetura (ponto XCVII do curso).

8½ — No Arsenal de Guerra, despedindo-me do amigo Taunay com a diretoria da Sociedade Central de Imigração (Rohan, Enes de Souza, W. Guimarães etc.).

9¾ — Dando a lição na Escola Politécnica.

11½ — Recebendo participação do Charles Glanvill, secretário da companhia Minas Central de estar nomeado o engenheiro José Ewbank da Câmara para suceder-me.

12½ — Em congregação de lentes da Escola Politécnica para assinatura dos documentos relativos ao concurso do dr. Wenceslau Alves Leite de Oliveira Bello.

1½ — Na biblioteca do Clube de Engenharia trabalhando na obra — *Guia para os alunos do curso de engenharia civil*.

3 horas — Com os amigos engenheiro José Américo dos Santos e Miguel A. Dias.

4 horas — De volta ao Hotel dos Estrangeiros.[17]

5.

PARA MÁS NOTÍCIAS, MUITA ROTINA E UMA ELEIÇÃO

29/10 a 1/12/1884

[*29 de outubro*]

Chuviscos à noite e pela manhã; aguaceiros durante o dia; tarde encoberta.

Temperatura de 21,9° a 23,9° centígrados.

5 horas — Acordar, toalete, banho, diário, balancete etc.
7 — Continuando a trabalhar no vocabulário técnico para o curso de engenharia civil.
10½ — Na Gazeta da Tarde com o José do Patrocínio tratando da propaganda abolicionista.
11½ — Na Escola Politécnica melhorando o Gabinete de Engenharia Civil.
12½ — No Clube de Engenharia trabalhando na obra — *Guia para os alunos da primeira cadeira de engenharia civil.*
2 horas — Na Sociedade Central de Imigração com o diretor Saturnino Gomes.
3 horas — Com os amigos Miguel Antônio Dias e J. F. Clapp fazendo o expediente da Confederação Abolicionista e providenciando sobre a eleição de Joaquim Nabuco.
4 horas — De volta ao Hotel dos Estrangeiros.

[*30 de outubro*]

Muita chuva à noite; manhã encoberta; dia de sol mais ou menos enublado; trovoada e aguaceiros às quatro da tarde.

Temperatura de 20,5° a 24,7° centígrados.

5 horas — Acordar, toalete, banho, diário, balancete etc.
7 — Recordando e aperfeiçoando a 24.ª lição de arquitetura (ponto XCVIII do curso).
9¾ — Dando-a na Escola Politécnica.
11 horas — Encerrando o curso de engenharia civil deste ano.
11½ — No Tesouro Nacional com o dr. Antônio Veríssimo de Matos tratando dos negócios da família na Bahia.
12 — Na biblioteca do Clube de Engenharia continuando a trabalhar na obra — *Guia para os alunos da primeira cadeira de engenharia civil*.
2 horas — Em congregação da Escola Politécnica, onde foi aprovado o regulamento, que redigi para a concessão das medalhas Gomes Jardim.
3 horas — Com o amigo engenheiro José Américo dos Santos conferenciando sobre a companhia Minas Central.
4 horas — De volta ao Hotel dos Estrangeiros.

[*31 de outubro*]

Muita chuva à noite; manhã enublada; dia sempre encoberto; ameaças de chuva à tarde.

Temperatura de 19,7° a 23,4° centígrados.

5 horas — Acordar, toalete, banho, diário, balancete etc.
7 — Continuando a trabalhar no vocabulário técnico para o curso de engenharia civil.
10¼ — No Ministério da Agricultura tratando do Caminho de Ferro Conde d'Eu e recomendando o engenheiro José Joaquim de Pinho, amigo de nosso procurador na Bahia Francisco Bruno Pereira.
11½ — No escritório, 47 rua do Carmo, revendo alguns documentos da família.
12 horas — No Clube de Engenharia continuando a trabalhar na obra — *Guia para os alunos da primeira cadeira de engenharia civil.*
2 horas — Na Sociedade Central de Imigração com os amigos presidente Rohan e segundo-secretário Enes de Souza.
3 horas — No escritório do amigo engenheiro José Américo dos Santos e no Clube de Engenharia com o presidente Bulhões e tesoureiro Conrado J. de Niemeyer.
4 horas — De volta ao Hotel dos Estrangeiros.

[*1.º de novembro*]

Noite e manhã enubladas; aguaceiros durante o dia; ameaças de chuva à tarde.

Temperatura de 19,7° a 22,3° centígrados.

5 horas — Acordar, toalete, banho, diário, balancete etc.
7 — Escrevendo ao amigo João Batista de Oliveira e Souza, de Brumado, cidade de Entre Rios, sobre a companhia Minas Central.
8 horas — Toda a manhã e todo o dia passei trabalhando no vocabulário técnico do *Guia para os alunos da primeira cadeira de engenharia civil*.

[*2 de novembro*]

Chuva à noite; manhã encoberta; dia sempre escuro e chuvoso; tarde enublada.

Temperatura de 19,0° a 21,8° centígrados.

5 horas — Acordar, toalete, banho, diário, balancete etc.
7 — Toda a manhã e todo o dia foram ocupados na preparação do vocabulário técnico para a obra — *Guia para os alunos da primeira cadeira de engenharia civil*.

[*3 de novembro*]

Noite enublada; manhã clara; dia de sol; ameaças de chuva à tarde.

Temperatura de 18,6° a 23,9° centígrados.

5 horas — Acordar, toalete, banho, diário, balancete etc.
7 — Continuando a trabalhar no vocabulário técnico do curso de engenharia civil.
10 horas — Na Gazeta da Tarde, com o José do Patrocínio, conferenciando sobre a propaganda abolicionista.
11h — No escritório do amigo engenheiro José Américo dos Santos, respondendo à carta de 8 de outubro do Charles Glanvill secretário da companhia Minas Central.
12h — Na biblioteca do Clube de Engenharia continuando a trabalhar na obra — *Guia para os alunos da primeira cadeira de engenharia civil.*
2h — Na Sociedade Central de Imigração com os diretores Enes de Souza e Saturnino Gomes respondendo ao ofício de instalação da Sociedade de Imigração de Porto Alegre.
4 horas — De volta ao Hotel dos Estrangeiros.

[4 *de novembro*]

Luar mais ou menos enublado; algumas nuvens pela manhã; dia de sol; tarde clara.

Temperatura de 19,5° a 25,9° centígrados.

5 horas — Acordar, toalete, banho, diário, balancete etc.
7 — Continuando a trabalhar no vocabulário técnico do curso de engenharia civil.
10½ — Na Escola Politécnica apresentando aos membros da comissão nomeada pelo diretor em virtude da petição de 25 de outubro — dr. Paula Freitas e Frontin, a parte já pronta do *Guia para os alunos da primeira cadeira de engenharia civil*.
11½ — Dirigindo os exames escritos do meu curso.
1½ — Na Sociedade Central de Imigração, com os amigos Rohan, Enes de Souza e Saturnino Gomes, fazendo o expediente.
2½ — Em sessão do conselho diretor do Clube de Engenharia com os amigos José Américo dos Santos, Niemeyer, Bulhões etc. — Foi lido o meu projeto de programa para o 2.º Congresso de Estradas de Ferro.
4½ — De volta ao Hotel dos Estrangeiros.

[*5 de novembro*]

Luar à noite; manhã clara; dia de sol; tarde ventilada com raras nuvens.

Temperatura de 19,9° a 16,7° centígrados.

5 horas — Acordar, toalete, banho, diário, balancete etc.
7 — Continuando a trabalhar no vocabulário técnico do curso de engenharia civil.
10½ — Na Escola Politécnica providenciando sobre os exames escritos dos meus alunos.
11 horas — Apresentando ao conselheiro Maia, terceiro membro da comissão a parte pronta do — *Guia para os alunos da primeira cadeira de engenharia civil.*
12 horas — Na biblioteca do Clube de Engenharia fazendo acréscimos a esta obra.
2 horas — Na Sociedade Central de Imigração com o presidente Rohan em trabalho de expediente.
3 horas — Com os amigos engenheiro José Américo dos Santos e J. F. Clapp no expediente da Confederação Abolicionista.
4 horas — De volta ao Hotel dos Estrangeiros.

[*6 de novembro*]

Noite de luar; manhã clara; dia de sol; tarde ventilada com algumas nuvens.

Temperatura de 20,0° a 28,5° centígrados.

5 horas — Acordar, toalete, banho, diário, balancete etc.
7 — Continuando a trabalhar no vocabulário técnico do curso de engenharia civil.
10½ — Na Escola Politécnica providenciando sobre os exames dos meus alunos.
11½ — No Ministério das Obras Públicas tratando do Caminho de Ferro Conde d'Eu e obtendo alguns documentos sobre engenhos centrais pedidos pelo engenheiro José Rebouças.
12½ — No escritório do amigo engenheiro José Américo dos Santos e no Clube de Engenharia preparando um diagrama para orientação dos edifícios.
2 horas — Na Sociedade Central de Imigração fazendo o expediente com os diretores Enes de Souza e Saturnino Gomes.
3 horas — No escritório do amigo J. F. Clapp fazendo o expediente da Confederação Abolicionista.
4 horas — De volta ao Hotel dos Estrangeiros.
4½ — Respondendo à carta de 25 outubro do amigo Francisco Bruno Pereira.

[*7 de novembro*]

Luar para minguante; manhã clara; dia de sol; ameaças de trovoada à tarde.

Temperatura de 20,5° a 28,8° centígrados.

5 horas — Acordar, toalete, banho, diário, balancete etc.
7 — Continuando a trabalhar no vocabulário técnico do curso de engenharia civil.
10½ — Na Escola Politécnica dando prova prática para exame escrito de mais dois alunos.
11h — Apresentando ao diretor conselheiro Ignácio da Cunha Galvão a parte pronta do — *Guia para os alunos da primeira cadeira de engenharia civil*.
12h — No escritório do amigo engenheiro José Américo dos Santos e na biblioteca do Clube de Engenharia trabalhando no acréscimo ao catálogo.
2h — Na Sociedade Central de Imigração fazendo o expediente com o dr. Enes de Souza, segundo-secretário.
3½ — Em casa do engenheiro Cândido Alves Mourão do Vale, convidando-o para uns estudos a fazer no rio Pomba (Leopoldina — Minas Gerais) por indicação do senador Cristiano Otoni.
4½ — De volta ao Hotel dos Estrangeiros.

[*8 de novembro*]

Luar para minguante; manhã um pouco incinerada; dia de sol; brisa fresca à tarde.

Temperatura de 20,9° a 31,9° centígrados.

5 horas — Acordar, toalete, banho, diário, balancete etc.
7 — Continuando a trabalhar no vocabulário técnico do *Guia para os alunos da primeira cadeira de engenharia civil*.
10 — Na Escola Politécnica dando ponto aos quatro primeiros alunos do meu curso.
11 horas — No Clube de Engenharia com o amigo tesoureiro Conrado Jacob de Niemeyer fazendo o expediente.
12 horas — Na Escola Politécnica nos exames orais da primeira turma de meu ano.
2½ — Na Sociedade Central de Imigração, em sessão da diretoria com os amigos Rohan, José Américo dos Santos, Wenceslau Guimarães, Saturnino Gomes etc.
3½ — No escritório do amigo J. F. Clapp em expediente da Confederação Abolicionista.
4½ — De volta ao Hotel dos Estrangeiros.

[*9 de novembro*]

Luar em minguante; manhã incinerada; dia de sol; tarde clara e muito ventilada.

Temperatura de 20,1° a 28,3° centígrados.

5 horas — Acordar, toalete, banho, diário, balancete etc.
7 — Respondendo à carta do engenheiro Lopo Neto, do Rio Grande do Sul, no 1.º de novembro.
8 — Redigindo a resposta, que o amigo J. F. Clapp, em nome da Confederação Abolicionista, deve dar ao ofício de 7 de novembro do sr. A. J. Lamoreux, redator e proprietário do — *The Rio News* — comunicando pretender partir para os Estados Unidos a 17 do corrente mês.
11 horas — Passei todo o dia trabalhando no vocabulário técnico do *Guia para os alunos da primeira cadeira de engenharia civil*.

[*10 de novembro*]

Noite estrelada; manhã encoberta; dia sempre enublado; temporal à tarde.

Temperatura de 21,7° a 27,6° centígrados.

5 horas — Acordar, toalete, banho, diário, balancete etc.

7 — Continuando a trabalhar no vocabulário técnico do *Guia para os alunos da primeira cadeira de engenharia civil.*

10 horas — Na Escola Politécnica dando ponto para os exames.

11 — No Ministério das Obras Públicas entregando uma reclamação, recebida da Paraíba sobre uma multa de 3:000$000 na companhia Conde d'Eu.

12h — Na Escola Politécnica nos exames da segunda turma de meus alunos.

2½ — Com o engenheiro José Ewbank da Câmara, nomeado diretor da Estrada de Ferro de D. Pedro II, que recusa receber a representação da companhia Minas Central.

3 horas — No Clube de Engenharia e com o amigo engenheiro José Américo dos Santos.

3½ —- Entregando ao amigo J. F. Clapp o ofício ontem redigido em nome da Confederação Abolicionista.

4½ — De volta ao Hotel dos Estrangeiros.

[***11 de novembro***]

Chuva à noite e pela manhã; dia escuro e chuvoso; pequenos aguaceiros à tarde.

Temperatura de 18,5° a 22,5° centígrados.

5 horas — Acordar, toalete, banho, diário, balancete etc.

7 — Respondendo à carta de 2 novembro do amigo Joaquim Nabuco, atualmente no Recife.[18]
8 — E à de 27 outubro de J. P. H. Dunsmure, superintendente do Caminho de Ferro Conde d'Eu, sobre a multa de 3:000$000 Rs. imposta pelo engenheiro fiscal.
9 — Escrevendo sobre este assunto ao presidente da companhia em Londres A. H. Phillpotts.
10h — Na Escola Politécnica dando ponto para exames.
10¾ — Na Gazeta da Tarde e com o amigo Miguel Antônio Dias em trabalhos da propaganda abolicionista.
11½ — No Clube de Engenharia e com o amigo engenheiro José Américo dos Santos.
12½ — Na Escola Politécnica nos exames da terceira turma de meus alunos.
2½ — Na Sociedade Central de Imigração tomando conhecimento da resolução votada sobre o auxílio de 5:000$000, mandado dar pelo Ministério da Agricultura ao Hugo A. Gruber.
4½ — De volta ao Hotel dos Estrangeiros.

[*12 de novembro*]

Chuviscos à noite e pela manhã; dia escuro e chuvoso; fortes aguaceiros à tarde.

Temperatura de 18,2° a 19,6° centígrados.

5 horas — Acordar, toalete, banho, diário, balancete etc.

7 — Continuando a trabalhar no vocabulário técnico do — *Guia para os alunos da primeira cadeira de engenharia civil.*

10h — Na Escola Politécnica, dando ponto para exames.

11h — No Montepio Geral pagando 310$823 e recebendo as apólices n.os 108412 e 108413 de conto de réis e 6% de juros, pertencentes ao irmão Pedro Pereira Rebouças.

11½ — Efetuando a transferência dessas apólices na Caixa d'Amortização.

12 horas — Na Escola Politécnica nos exames da quarta turma de meus alunos, sendo o do último assistido pelo diretor conselheiro Ignácio da Cunha Galvão.

3½ — De volta ao Hotel dos Estrangeiros.

4 horas — Escrevendo ao engenheiro José Rebouças em Piracicaba, província de São Paulo, participando-lhe o recebimento das suas apólices do irmão Pedro.

4½ — Respondendo à carta de 14 outubro do Emil Oppert, de Londres, sobre a companhia Minas Central.

[*13 de novembro*]

Chuva à noite e pela manhã; alguns raios de sol durante o dia; tarde encoberta.

Temperatura de 17,5° a 21,6° centígrados.

5 horas — Acordar, toalete, banho, diário, balancete etc.

7 — Continuando a trabalhar no vocabulário técnico do *Guia para os alunos da primeira cadeira de engenharia civil*.

10h — Na Escola Politécnica dando ponto para exames.

11h — Em casa dos meus correspondentes Norton, Megaw & Co., rua Primeiro de Março n.º 82, depositando as duas apólices do irmão Pedro Pereira Rebouças.

11½ — No Clube de Engenharia e no escritório do amigo engenheiro José Américo dos Santos.

12h — Na Escola Politécnica nos exames da quinta turma dos meus alunos.

2½ — Na Sociedade Central de Imigração com o presidente general Henrique de Beaurepaire Rohan.

4 horas — De volta ao Hotel dos Estrangeiros.

[*14 de novembro*]

Noite e manhã encobertas; dia de sol mais ou menos enublado; tarde esplêndida.

Temperatura de 19,1° a 24,4° centígrados.

5 horas — Acordar, toalete, banho, diário, balancete etc.

7 — Continuando a trabalhar no vocabulário técnico do — *Guia para os alunos da primeira cadeira de engenharia civil*.

10 — Na Escola Politécnica para os pontos de exames.
10½ — No Tesouro Nacional participando ao dr. Veríssimo de Matos quanto ocorrera sobre as apólices do irmão Pedro Pereira Rebouças.
11 horas — Escrevendo para a *Revista de Engenharia*, a pedido do engenheiro Benjamin Franklin, o artigo — "Melhoramentos do rio Parnaíba — Cachoeira da Vargem da Cruz".
12½ — Na Escola Politécnica em exames da sexta turma dos meus alunos.
2½ — No Clube de Engenharia e no escritório do amigo engenheiro José Américo dos Santos.
3½ — Com os amigos Miguel Antônio Dias e J. F. Clapp em trabalhos da propaganda abolicionista.
4½ — De volta ao Hotel dos Estrangeiros.

[**15 *de novembro***]

Noite enublada; manhã clara; dia de sol; algumas nuvens à tarde.
Temperatura de 19,4° a 25,5° centígrados.

5 horas — Acordar, toalete, banho, diário, balancete etc.
7 — Continuando a trabalhar no vocabulário técnico do *Guia para os alunos da primeira cadeira de engenharia civil*.
10 — Na Escola Politécnica dando pontos para os exames.

11 — No Ministério das Obras Públicas entregando a petição para pagamento dos juros garantidos.

11½ — Escrevendo ao engenheiro Francisco Picanço em elogio à sua obra — *Viação férrea do Brasil.*

12½ — Na Escola Politécnica em exames da sétima turma de meus alunos.

2½ — Na Sociedade Central de Imigração com os diretores Rohan, Wenceslau Guimarães e Saturnino Gomes.

3h — Em sessão do conselho do Clube de Engenharia com o amigo engenheiro José Américo dos Santos.

4h — Com os amigos Adolfo de Barros e Joaquim Serra tratando da eleição pelo Recife do amigo Joaquim Nabuco.

5h — De volta ao Hotel dos Estrangeiros.

[*16 de novembro*]

Noite enublada; manhã clara; dia de sol; tarde brilhante.

Temperatura de 19,0° a 25,8° centígrados.

5 horas — Acordar, toalete, banho, diário, balancete etc.

7 — Respondendo à carta do amigo Carlos Gomes, de Lecco (Lombardia) em 16 de outubro.

8 — E à de 10 de outubro do amigo Charles Neate em Londres sobre a companhia Conde d'Eu.

9 — E à da mesma data do presidente dessa companhia A. H. Phillpotts.
11 horas — Passei todo o dia trabalhando no vocabulário técnico do *Guia para os alunos da primeira cadeira de engenharia civil*.

[*17 de novembro*]

Noite estrelada; algumas nuvens pela manhã; dia mais ou menos encoberto; ameaças de chuva à tarde.

Temperatura de 19,7° a 26,3° centígrados.

5 horas — Acordar, toalete, banho, diário, balancete etc.
7 — Continuando a trabalhar no vocabulário técnico.
10 — Na Escola Politécnica dando ponto para exames.
10½ — Com o engenheiro Cândido Alves Mourão do Vale, recém-chegado de sua exploração ao rio Pomba (Leopoldina — Minas).
11h — Com o José do Patrocínio na Gazeta da Tarde em trabalhos da propaganda abolicionista.
11½ — Autorizando o amigo J. F. Clapp a receber dos livreiros Faro e Lino os volumes restantes da edição de quinhentos exemplares do meu livro — *Agricultura nacional* — oferecido e doado à Confederação Abolicionista.

12½ — Na Escola Politécnica em exames da oitava turma de meus alunos de engenharia civil.
2½ — Na Sociedade Central de Imigração com o presidente H. de B. Rohan e segundo-secretário dr. Enes de Souza.
3 horas — No Clube de Engenharia e com o amigo engenheiro José Américo dos Santos revendo provas do artigo — "Melhoramento do rio Parnaíba — Cachoeira da Vargem da Cruz" — escrito a 14 novembro para a *Revista de Engenharia*.
4½ — De volta ao Hotel dos Estrangeiros.

[***18 de novembro***]

Noite encoberta; chuviscos pela manhã; dia de sol mais ou menos enublado; chuviscos à tarde.

Temperatura de 21,7° a 31,5° centígrados.

5 horas — Acordar, toalete, banho, diário, balancete etc.
7 — Continuando a trabalhar no vocabulário técnico do — *Guia para os alunos da primeira cadeira de engenharia civil*.
10h — Na Escola Politécnica dando ponto para exames.
11h — Na Gazeta da Tarde com os amigos J. F. Clapp e José do Patrocínio na propaganda abolicionista.
12h — Na Escola Politécnica examinando a nona turma de meus alunos.

2½ — Na Sociedade Central de Imigração vendo o expediente.
3 horas — No Clube de Engenharia e com o amigo engenheiro José Américo dos Santos.
4h — De volta ao Hotel dos Estrangeiros.

[*19 de novembro*]

Noite estrelada; manhã clara; dia de sol; ameaças de trovoada à tarde.

Temperatura de 22,9° a 33,1° centígrados.

5 horas — Acordar, toalete, banho, diário, balancete etc.
7 — Continuando a trabalhar no vocabulário técnico do — *Guia para os alunos da primeira cadeira de engenharia civil*.
10 — Na Escola Politécnica dando ponto para exames.
11 — Na Gazeta da Tarde com os amigos Miguel Antônio Dias e José do Patrocínio na propaganda abolicionista.
12 — Na Escola Politécnica, examinando a décima turma de meus alunos.
2½ — Com o general Henrique de Beaurepaire Rohan, conferenciando sobre a Sociedade Central de Imigração.
3 horas — No Clube de Engenharia e no escritório do amigo engenheiro José Américo dos Santos sorteado para o júri.
4 horas — De volta ao Hotel dos Estrangeiros.

[*20 de novembro*]

Noite enublada; manhã clara; dia de sol; forte viração à tarde.
Temperatura de 23,0° a 32,9° centígrados.

5 horas — Acordar, toalete, banho, diário, balancete etc.
7 — Continuando a trabalhar no vocabulário técnico do *Guia para os alunos da primeira cadeira de engenharia civil.*
10 — Na Escola Politécnica dando ponto para exames.
11 horas — No Clube de Engenharia respondendo a uma consulta sobre construção de uma terceira ponte de ferro nas Docas de D. Pedro II.
12h — Na Escola Politécnica examinando a 11.ª turma de meus alunos.
2½ — Na Sociedade Central de Imigração, com o dr. Enes de Souza, respondendo ao ofício inaugural da Sociedade de Imigração do Rio Grande do Sul.
3½ — No escritório do amigo engenheiro José Américo dos Santos recebendo a *Revista de Engenharia* de 14 de novembro com o meu artigo — "Melhoramento do rio Parnaíba — Cachoeira da Vargem da Cruz".
4½ — De volta ao Hotel dos Estrangeiros.

[*21 de novembro*]

Noite estrelada com delgado crescente; manhã encoberta; dia de sol mais ou menos enublado; tarde dúbia.

Temperatura de 19,4° a 24,1° centígrados.

5 horas — Acordar, toalete, banho, diário, balancete etc.
7 — Respondendo às cartas de 12 novembro de J. P. H. Dunsmure, superintendente do Caminho de Ferro Conde d'Eu (Paraíba do Norte).
8 — Continuando a trabalhar no vocabulário técnico do *Guia para os alunos da primeira cadeira de engenharia civil.*
10h — Na Escola Politécnica dando ponto para exames.
11h — Com o amigo Francisco Castelões tratando de negócios do maestro Carlos Gomes.
12h — Na Escola Politécnica examinando a 12.ª turma de meus alunos; o imperador assistiu parte do exame do aluno João Freire Alemão.
2 horas — Presidindo os exames de mecânica aplicada; o imperador assistiu parte do exame do aluno Shalders.
3 horas — Na Sociedade Central de Imigração fazendo o expediente com o segundo-secretário dr. Enes de Souza.
3½ — No Clube de Engenharia e com o amigo engenheiro José Américo dos Santos.
4½ — De volta ao Hotel dos Estrangeiros.

[*22 de novembro*]

Ameaças de chuva à noite; manhã enublada; dia encoberto; aguaceiros à tarde.

Temperatura de 21,3° a 27,9° centígrados.

5 horas — Acordar, toalete, banho, diário, balancete etc.
7 — Continuando a trabalhar no vocabulário técnico do *Guia para os alunos da primeira cadeira de engenharia civil*.
10h — Na Escola Politécnica dando ponto para exames.
11h — Visitando com o diretor Silveira as Docas de D. Pedro II para resolver sobre a construção de uma terceira ponte de ferro.
12½ — Na Escola Politécnica examinando a 13.ª turma de meus alunos.
2½ — Na Sociedade Central de Imigração com os amigos diretores Enes de Souza e engenheiro José Américo dos Santos.
3½ — No Clube de Engenharia com os diretores Oliveira Bulhões e Van Erven.
4½ — De volta ao Hotel dos Estrangeiros.

[*23 de novembro*]

Pequenos aguaceiros à noite; manhã enublada; dia de sol encoberto; aguaceiros das duas da tarde em diante.

Temperatura de 22,7° a 33,3° centígrados.

5 horas — Acordar, toalete, banho, diário, balancete etc.
7 — Respondendo à carta do amigo Carlos Gomes, de Lecco (Lombardia) em 19 de outubro.
9h — Passei a manhã e o dia trabalhando no vocabulário técnico do *Guia para os alunos da primeira cadeira de engenharia civil*.

[*24 de novembro*]

Chuva à noite; manhã enublada; dia borrifado com alguns chuviscos; tarde dúbia.

Temperatura de 22,8° a 29,3° centígrados.

5 horas — Acordar, toalete, banho, diário, balancete etc.
7 — Continuando a trabalhar no vocabulário técnico para acompanhar o *Guia para os alunos da primeira cadeira de engenharia civil*.
10h — Na Escola Politécnica. Suspenderam-se os exames pelo falecimento do lente de biologia industrial Louis Couty.
11 horas — No Clube de Engenharia tomando várias notas sobre tecnologia.

1 hora — Na Sociedade Central de Imigração com o presidente Beaurepaire Rohan e diretor Saturnino Gomes.
2 horas — No escritório do amigo engenheiro José Américo dos Santos ainda impedido no júri.
3 horas — Na Confederação Abolicionista, com o presidente J. F. Clapp fazendo o expediente.
4 horas — De volta ao Hotel dos Estrangeiros.

[*25 de novembro*]

Noite encoberta; aguaceiros pela manhã; dia escuro e chuvoso; tarde tempestuosa.

Temperatura de 24,1° a 30,0° centígrados.

5 horas — Acordar, toalete, banho, diário, balancete etc.
7 — Continuando a trabalhar no vocabulário técnico do *Guia para os alunos da primeira cadeira de engenharia civil.*
10 horas — Na Escola Politécnica melhorando o Gabinete de Engenharia Civil.
11 horas — No Clube de Engenharia e no escritório do amigo engenheiro José Américo dos Santos tomando várias notas sobre tecnologia.
1½ — Na Sociedade Central de Imigração fazendo o expediente com o segundo-secretário dr. Enes de Souza.

3 horas — Com o amigo J. F. Clapp em conferência sobre a eleição do amigo Joaquim Nabuco pelo 1.º distrito do Recife.
4 horas — De volta ao Hotel dos Estrangeiros.

[*26 de novembro*]

Muita chuva à noite e pela manhã; dia tempestuoso; muito vento e fortes aguaceiros à tarde.

Temperatura de 19,0° a 22,7° centígrados.

5 horas — Acordar, toalete, banho, diário, balancete etc.
7 — Continuando a trabalhar no vocabulário técnico do *Guia para os alunos da primeira cadeira de engenharia civil.*
12 — Impedido de sair pelo mau tempo; continuo a trabalhar no vocabulário, e preparo cálculos para os exercícios práticos dos meus alunos.

[*27 de novembro*]

Chuva à noite e pela manhã; dia mais ou menos enublado; alguns raios de sol à tarde.

Temperatura de 16,7° a 22,7° centígrados.

5 horas — Acordar, toalete, banho, diário, balancete etc.
7 — Continuando a trabalhar no vocabulário técnico do *Guia para os alunos da primeira cadeira de engenharia civil.*
10h — Na Escola Politécnica, melhorando o Gabinete de Engenharia Civil.
12h — No Clube de Engenharia e com o amigo engenheiro José Américo dos Santos, resumindo umas experiências de resistência da cal de Carandaí feitas pelo engenheiro Tigna.
1½ — Na Sociedade Central de Imigração fazendo o expediente com o presidente Rohan e segundo-secretário dr. Enes de Souza.
3h — Na Confederação Abolicionista com os amigos Miguel Antônio Dias e J. F. Clapp.
4 horas — De volta ao Hotel dos Estrangeiros.

[***28 de novembro***]

Noite enublada; manhã clara; dia de sol mais ou menos encoberto; ameaças de chuva à tarde.

Temperatura de 18,0° a 24,6° centígrados.

5 horas — Acordar, toalete, banho, diário, balancete etc.
7 — Preparando cálculos para os exercícios práticos.
8 — Continuando a trabalhar no vocabulário técnico do — *Guia para os alunos da primeira cadeira de engenharia civil.*

10½ — Na biblioteca da escola completando a bibliografia da teoria do empuxo de terras aos *Anais de Pontes e Calçadas* de 1882 e 1883.
12 horas — No Clube de Engenharia e no escritório do amigo engenheiro José Américo dos Santos.
1½ — Na Sociedade Central de Imigração fazendo o expediente.
3 horas — Recebendo cartas do presidente e secretário da companhia Conde d'Eu, em Londres.
4 horas — De volta ao Hotel dos Estrangeiros.

[*29 de novembro*]

Luar mais ou menos encoberto; manhã clara; dia de sol esplêndido; tarde ventilada e brilhante.

Temperatura de 18,5° a 26,8° centígrados.

5 horas — Acordar, toalete, banho, diário, balancete etc.
7 — Redigindo o programa dos exercícios práticos de dezembro 1884 a fevereiro de 1885.
8 — Continuando a trabalhar no vocabulário técnico do *Guia para os alunos da primeira cadeira de engenharia civil*.
10½ — Na Escola Politécnica melhorando o Gabinete de Engenharia Civil.

11½ — A congregação vota unanimemente o parecer do dr. Paula Freitas (redator), conselheiro Maia e dr. A. G. Paulo de Frontin, concedendo impressão na Tipografia Nacional e o prêmio de Rs. 2:000$000 à minha obra — *Guia para os alunos*.
1½ — Na Sociedade Central de Imigração, em sessão da diretoria, com os amigos Rohan, Enes de Souza e tesoureiro Wenceslau Guimarães.
2½ — No Clube de Engenharia e no escritório do amigo engenheiro José Américo dos Santos.
3¼ — Na Confederação Abolicionista com o amigo J. F. Clapp.
4h — De volta ao Hotel dos Estrangeiros.
5 horas — Redigindo uma petição ao Governo imperial sobre a liquidação das contas do Caminho de Ferro Conde d'Eu até junho 1884.

[*30 de novembro*]

Luar à noite; manhã clara; dia de sol; tarde brilhante e ventilada.
Temperatura de 20,7° a 30,8° centígrados.

5 horas — Acordar, toalete, banho, diário, balancete etc.
7 — Respondendo às cartas de Londres em 7 novembro do presidente A. H. Phillpotts e do secretário G. Gladstone Turner do Caminho de Ferro Conde d'Eu (Paraíba do Norte).

12h — Passo todo o dia trabalhando no vocabulário técnico do *Guia para os alunos da primeira cadeira de engenharia civil.*

Eleição para deputados
[***1.º de dezembro***]

Noite de luar; manhã clara; dia de sol; algumas nuvens à tarde.
Temperatura de 18,5° a 32,2° centígrados.

5 horas — Acordar, toalete, banho, diário, balancete etc.
7 — Continuando a trabalhar no vocabulário técnico do *Guia para os alunos da primeira cadeira de engenharia civil.*
10½ — No Instituto dos Meninos Cegos, ao Campo da Aclamação, votando para deputado no general Henrique de Beaurepaire Rohan.
11½ — No Clube de Engenharia e no escritório do amigo engenheiro José Américo dos Santos, preparando a correspondência do Caminho de Ferro Conde d'Eu.
1½ — Na Sociedade Central de Imigração enviando para Paris ao engenheiro Zózimo Barroso uma coleção dos boletins desta sociedade.
2½ — Com os amigos Adolfo de Barros, J. F. Clapp, na ansiedade produzida pelos telegramas do Recife sobre a eleição do amigo Joaquim Nabuco.

4h — No escritório do amigo engenheiro José Américo dos Santos com o amigo dr. A. G. Paulo de Frontin dirigindo um telegrama de felicitações ao Joaquim Nabuco em nome do Centro Abolicionista da Escola Politécnica.
5 horas — De volta ao Hotel dos Estrangeiros.

2/12 a 31/12/1884

6.
OCASO DO HOMEM DE NEGÓCIOS

Vocabulário técnico
[***2 de dezembro***]

Luar enublado; ameaças de chuva pela manhã; dia encoberto, trovoada e aguaceiros das 5 da tarde em diante.

Temperatura de 22,9° a 31,8° centígrados.

5 horas — Acordar, toalete, banho, diário, balancete etc.
7 — Respondendo à carta de 31 outubro, de Frankfurt am Main, do amigo Zózimo Barroso sobre imigração.
8 — Encetando a preparação do *Vocabulário técnico da arte de construir*.
12 horas — Passo o dia neste trabalho e aperfeiçoando o vocabulário técnico do *Guia para os alunos da primeira cadeira de engenharia civil*.

Em 1868 e 1869 o Instituto Politécnico publicou as letras A, B e C do meu ensaio de um *Vocabulário dos termos técnicos da arte de construir e das ciências acessórias — matemática, astronomia, física, química, botânica, mineralogia e zoologia nas línguas francesa, inglesa e nacional*. Tipografia Universal de Laemmert, rua dos Inválidos, 61 B.

Letra A	1 004	termos	(Entrada em francês)
Letra B	1 520	"	"
Letra C	3 289	"	"
Soma	5 813	"	"

Esta publicação foi suspensa por falta de recursos do Instituto Politécnico. A letra D, com entrada em francês está pronta. É este trabalho que ora pretendo completar.

[*3 de dezembro*]

Fortes aguaceiros ao anoitecer; manhã enublada; dia encoberto; ameaças de chuva à tarde.

Temperatura de 21,3° a 25,5° centígrados.

5 horas — Acordar, toalete, banho, diário, balancete etc.
7 — Preparando cálculos de resistência à flexão para os exercícios práticos dos meus alunos.
10h — Na Escola Politécnica tomando várias notas nos *Anais de Pontes e Calçadas* de 1883 e 1884.
12h — No Clube de Engenharia e no escritório do amigo engenheiro José Américo dos Santos.
1 hora — Recebendo do Evaristo Juliano de Sá 834$000 Rs. dos meses de outubro e novembro pagos ao engenheiro fiscal da companhia Minas Central.

1½ — Na Sociedade Central de Imigração com os amigos Rohan, Enes de Souza, Saturnino Gomes etc.
3 horas — Com os amigos Miguel Antônio Dias, Adolfo de Barros e J. F. Clapp conferenciando sobre a tão disputada eleição do amigo Joaquim Nabuco.
4 horas — De volta ao Hotel dos Estrangeiros.

[*4 de dezembro*]

Pequenos aguaceiros à noite e pela madrugada; dia mais ou menos enublado; tarde dúbia.

Temperatura de 20,5° a 23,3° centígrados.

5 horas — Acordar, toalete, banho, diário, balancete etc.
7 — Escrevendo ao Glanvill (Charles), secretário da companhia Minas Central sobre o pagamento, feito pelo Evaristo Juliano de Sá, dos 834$000 Rs. de dois meses do engenheiro fiscal.
8 — Continuando a trabalhar no *Vocabulário técnico da arte de construir*.
10 horas — Na Escola Politécnica providenciando sobre os objetos do Gabinete de Engenharia Civil removidos para dar a sala à exposição de café.
12h — No Clube de Engenharia e no escritório do amigo engenheiro José Américo dos Santos.

1½ — Na Sociedade Central de Imigração fazendo o expediente com o amigo presidente Henrique de Beaurepaire Rohan.
3 horas — Na Confederação Abolicionista em conferência com o presidente J. F. Clapp.
4 horas — De volta ao Hotel dos Estrangeiros.

[*5 de dezembro*]

Luar enublado; manhã clara; dia de sol; ameaças de trovoada à tarde.

Temperatura de 18,7° a 25,7° centígrados.

5 horas — Acordar, toalete, banho, diário, balancete etc.
7 — Continuando a trabalhar no *Vocabulário técnico da arte de construir*.
10½ — Na Gazeta da Tarde com o redator Luiz de Andrade vice-presidente da Confederação Abolicionista.
11h — No escritório do amigo engenheiro José Américo dos Santos principiando a preparar um artigo para a *Revista de Engenharia* sobre a geografia física do Brasil de J. E. Wappäus,[19] aperfeiçoada por J. Capistrano de Abreu e A. do Vale Cabral.
12½ — Na Sociedade Central de Imigração com os colegas da diretoria dr. Enes de Souza e Saturnino Gomes.

1½ — Na Escola Politécnica examinando a primeira turma de economia política.
3 horas — No Clube de Engenharia em conselho dos diretores.
4h — De volta ao Hotel dos Estrangeiros.

[*6 de dezembro*]

Noite mais ou menos enublada; manhã clara; dia de sol; tarde límpida.

Temperatura de 19,5° a 29,7° centígrados.

5 horas — Acordar, toalete, banho, diário, balancete etc.
7 — Continuando a trabalhar no *Vocabulário técnico da arte de construir*.
10 — Na Gazeta da Tarde com o Luiz de Andrade, vice-presidente da Confederação Abolicionista.
11 — No Ministério do Império com o diretor Machado tratando da impressão do — *Guia para os alunos da primeira cadeira de engenharia civil*.
12h — Escrevendo ao Francisco Bruno Pereira sobre a família de meu tio na Bahia.
12½ — Em exames de economia política na Escola Politécnica (segunda turma).

2h — Na Sociedade Central de Imigração com os colegas de diretoria Enes de Souza e Saturnino Gomes.
3 horas — No Clube de Engenharia e com os amigos José Américo dos Santos e J. F. Clapp.
4 horas — De volta ao Hotel dos Estrangeiros.
7 horas — No Liceu de Artes e Ofícios, até às 9½, assistindo à prova escrita de um aluno de economia política.

[*7 de dezembro*]

Noite estrelada; algumas nuvens pela manhã; dia dúbio; extraordinários aguaceiros ao anoitecer.

Temperatura de 21,7° a 30,8° centígrados.

5 horas — Acordar, toalete, banho, diário, balancete etc.
7 — Redigindo para a *Revista de Engenharia* a primeira parte do artigo — "O Brasil geográfico e histórico I. A terra e o homem" por J. E. Wappäus, obra preparada por J. Capistrano de Abreu e A. do Vale Cabral com a colaboração de alguns especialistas.
12h — Aperfeiçoando o vocabulário técnico do — *Guia para os alunos da primeira cadeira de engenharia civil*.
3h — Visita-me o amigo engenheiro José Américo dos Santos e convida-me para passar na Tijuca o dia de amanhã, seu 36.º aniversário.

4h — Partindo para a Tijuca.
6h — Hospedando-nos no Hotel White, gerido agora por Calixto Lafourcade, nos aposentos n.os 31 e 32 nos anexos.

36.º aniversário do amigo engenheiro José Américo dos Santos
[***8 de dezembro***]

Muita chuva à noite; pequenos aguaceiros durante o dia; chuviscos à tarde.

Temperatura de 19,5° a 25,3° centígrados.

5 horas — Acordar, toalete, banho, diário, balancete etc.
7 — Lendo e tomando notas sobre a exploração do Xingu, que acabam de fazer o dr. Carlos von den Steinen (médico),[20] o dr. Othon Clauss (matemático) e o pintor Guilherme von den Steinen,[21] sobrinho do dr. Carlos von den Steinen.
12 horas — Trabalhando com o amigo engenheiro José Américo dos Santos no *Vocabulário técnico da arte de construir* e associando-nos para confecção desta obra.
3 horas — Preparando um cálculo de viga em I para os exercícios práticos dos alunos de engenharia.

[*9 de dezembro*]

Manhã clara; dia de sol mais ou menos enublado; ameaças de chuva à tarde.

Temperatura de 19,2° a 24,9° centígrados.

5 horas — Acordar, toalete, banho, diário, balancete etc.
7¼ — Descendo da Tijuca (Hotel White) com o amigo engenheiro José Américo dos Santos.
10½ — Na Gazeta da Tarde com o redator Luiz de Andrade vice-presidente da Confederação Abolicionista.
11½ — Na biblioteca do Clube de Engenharia aperfeiçoando o *Guia para os alunos da primeira cadeira de engenharia civil.*
1½ — Na Sociedade Central de Imigração com os amigos presidente Rohan e segundo-secretário dr. Enes de Souza fazendo o expediente.
3 horas — Com os amigos Adolfo de Barros e J. F. Clapp em conferência sobre abolição.
4h — De volta ao Hotel dos Estrangeiros.
7h — No Liceu de Artes e Ofícios com os colegas dr.ˢ Monteiro de Barros e Rafael Vieira Souto para exame de economia política, o qual não teve lugar por ter-se retirado o aluno único.

[*10 de dezembro*]

Noite enublada; manhã esplêndida; dia de sol; tarde clara e ventilada.

Temperatura de 19,9° a 25,7° centígrados.

5 horas — Acordar, toalete, banho, diário, balancete etc.
7 — Concluindo o artigo para a *Revista de Engenharia* sobre o "Brasil geográfico e histórico" de J. E. Wappäus (J. Capistrano de Abreu e A. do Vale Cabral).
10½ — Na Gazeta da Tarde com o redator Luiz de Andrade, vice-presidente da Confederação Abolicionista.
11½ — No escritório do amigo engenheiro José Américo dos Santos e na biblioteca do Clube de Engenharia trabalhando no — *Guia para os alunos da primeira cadeira de engenharia civil*.
12½ — Na Sociedade Central de Imigração com o segundo-secretário dr. Enes de Souza.
1 hora — Na Escola Politécnica em exame de economia política.
3 horas — Na Confederação Abolicionista com o presidente J. F. Clapp.
4 horas — De volta ao Hotel dos Estrangeiros.
5 horas — Lendo e anotando o relatório do dr. Paula Freitas sobre o Lazareto do Rio de Janeiro (enseada do Abraão, na ilha Grande).

[*11 de dezembro*]

Noite estrelada; ameaças de chuva pela manhã; dia dúbio; aguaceiros e temporal de sul à tarde.

Temperatura de 24,2° a 32,9° centígrados.

5 horas — Acordar, toalete, banho, diário, balancete etc.
7 — Trabalhando na preparação do *Vocabulário técnico da arte de construir*.
10 — Na Gazeta da Tarde com o redator Luiz de Andrade, vice-presidente da Confederação Abolicionista.
11 horas — No Clube de Engenharia e no escritório do amigo engenheiro José Américo dos Santos.
12h — Na Sociedade Central de Imigração recebendo com a diretoria o comandante do *Nord America*, Frederico Gaggino. Durante a sessão chegou o vice-presidente Alfredo d'Escragnolle Taunay, da província de Santa Catarina, onde infelizmente perdeu a eleição.
1 hora — Na Escola Politécnica, em exames de economia política.
3 horas — Na Confederação Abolicionista com o presidente J. F. Clapp fazendo o expediente.
4 horas — De volta ao Hotel dos Estrangeiros.

[*12 de dezembro*]

Muita chuva à noite; manhã enublada; dia encoberto; alguns raios de sol à tarde.

Temperatura de 19,2° a 25,5° centígrados.

5 horas — Acordar, toalete, banho, diário, balancete etc.
7 — Redigindo para o boletim da Sociedade Central de Imigração o artigo — "Imigrante sem contrato".
10 horas — No escritório do agente da fábrica Armstrong & Co., Victor Dias, 31 rua do Hospício, examinando as últimas fotografias recebidas.
12h — Na Sociedade Central de Imigração com o presidente Rohan e segundo-secretário dr. Enes de Souza.
12½ — Na Escola Politécnica em exames de economia política (quatro alunos).
2 horas — No Clube de Engenharia e no escritório do amigo engenheiro José Américo dos Santos.
3 horas — Na Confederação Abolicionista com os amigos Miguel A. Dias e J. F. Clapp.
4 horas — De volta ao Hotel dos Estrangeiros.
5 — Trabalhando na preparação do *Vocabulário técnico da arte de construir*.

[*13 de dezembro*]

Noite estrelada; manhã encoberta; dia de sol mais ou menos enublado; tarde clara e ventilada.

Temperatura de 21,2° a 27,3° centígrados.

5 horas — Acordar, toalete, banho, diário, balancete etc.
7 — Respondendo à carta de 19 de novembro do A. H. Phillpotts, presidente da companhia Conde d'Eu.
8 — Trabalhando na preparação do *Vocabulário técnico da arte de construir*.
10h — No Clube de Engenharia e no escritório do amigo engenheiro José Américo dos Santos.
11h — Na Escola Politécnica em congregação para aprovar os programas de exercícios práticos.
12 — Em exames de quatro alunos de economia política.
2 horas — Na Sociedade Central de Imigração com os amigos diretores Enes de Souza e Saturnino Gomes.
3 horas — Na Confederação Abolicionista com o presidente J. F. Clapp.
4 horas — De volta ao Hotel dos Estrangeiros.
5h — Aperfeiçoando o vocabulário técnico do *Guia para os alunos da primeira cadeira de engenharia civil*.

[*14 de dezembro*]

Noite estrelada; algumas nuvens pela manhã; ameaças de chuva durante o dia; tarde dúbia.

Temperatura de 20,9° a 27,8° centígrados.

5 horas — Acordar, toalete, banho, diário, balancete etc.
7 — Preparando para o curso de engenharia civil na Escola Politécnica, uma lição sobre o fabrico do ferro na província de Minas Gerais.
12 horas — Passo o dia trabalhando no *Vocabulário técnico da arte de construir* e aperfeiçoando o do *Guia para os alunos da primeira cadeira de engenharia civil*.

Minas Central Co.
[*15 de dezembro*]

Noite estrelada; manhã encoberta; dia mais ou menos enublado; ameaças de chuva à tarde.

Temperatura de 21,0° a 24,3° centígrados.

5 horas — Acordar, toalete, banho, diário, balancete etc.
7 — Continuando a preparação do *Vocabulário técnico da arte de construir*.

10 — Na Tipografia Nacional e no Ministério do Império tratando da impressão do *Guia para os alunos da primeira cadeira de engenharia civil*.

11 horas— No Clube de Engenharia e no escritório do amigo engenheiro José Américo dos Santos.

12 horas — Na Escola Politécnica em exames de quatro alunos de economia política.

2 horas — Na Sociedade Central de Imigração fazendo o expediente com o amigo vice-presidente A. d'E. Taunay.

3 horas — Entregando a Mr Manders A. I. C. E.,[22] novo representante da companhia Minas Central os documentos que tinha em meu poder.

4 horas — Escrevendo a esse respeito ao secretário da companhia Charles Glanvill, em Londres.

5 horas — De volta ao Hotel dos Estrangeiros.

[*16 de dezembro*]

Noite estrelada; algumas nuvens pela manhã; chuviscos do meio-dia até anoitecer.

Temperatura de 20,3° a 24,2° centígrados.

5 horas — Acordar, toalete, banho, diário, balancete etc.

7 — Participando ao engenheiro fiscal dr. Américo Batista

de Melo Brandão, em Ouro Preto, ser Mr Manders A. I. C. E., o atual representante da companhia Minas Central.

8 — Continuando a trabalhar no *Vocabulário técnico da arte de construir*.

10 — No Ministério das Obras Públicas tratando do Caminho de Ferro Conde d'Eu (dispensa da multa de 3:000$000 Rs. e liquidação das contas pela delegacia de Londres).

12 horas — Na Escola Politécnica em exames da última turma de economia política.

2 horas — Na Sociedade Central de Imigração com o segundo-secretário dr. Enes de Souza.

3 horas — No Clube de Engenharia e com o amigo engenheiro José Américo dos Santos revendo provas do artigo sobre "O Brasil geográfico e histórico".

4 horas — Na Confederação Abolicionista com o presidente J. F. Clapp e vice-presidente Luiz de Andrade.

5 horas — De volta ao Hotel dos Estrangeiros.

[*17 de dezembro*]

Chuviscos à noite; manhã enublada; dia de sol; tarde clara e ventilada.

Temperatura de 19,7° a 26,9° centígrados.

5 horas — Acordar, toalete, banho, diário, balancete etc.
7 — Continuando a trabalhar no *Vocabulário técnico da arte de construir*.
10h — Na Gazeta da Tarde com o José do Patrocínio procurando dissuadi-lo de propagar a guerra com a República Argentina.
11 horas — No Clube de Engenharia e no escritório do amigo engenheiro José Américo dos Santos.
1 hora — Na Sociedade Central de Imigração com o vice-presidente Taunay e segundo-secretário Enes de Souza discutindo a necessidade de pedir a revogação das circulares Von der Heydt (1859) contra a emigração para o Brasil.
3 horas — Na Confederação Abolicionista com o presidente J. F. Clapp fazendo o expediente.
5 horas — De volta ao Hotel dos Estrangeiros.

[*18 de dezembro*]

Noite estrelada; manhã clara; dia de sol mais ou menos enublado; trovoada e temporal às cinco e meia da tarde.

Temperatura de 22,8° a 35,1° centígrados.

5 horas — Acordar, toalete, banho, diário, balancete etc.
7 — Continuando a preparar o *Vocabulário técnico da arte de construir*.
10 — Na Tipografia Nacional e no Ministério do Império tratando da impressão do *Guia para os alunos da primeira cadeira de engenharia civil*.
12 horas — Na biblioteca do Clube de Engenharia, resumindo a conferência do dr. Ladislau Netto sobre arqueologia brasileira (*mounds* do Pacoval).
1½ — Na Sociedade Central de Imigração com o vice-presidente Taunay.
3 horas — No escritório do amigo engenheiro José Américo dos Santos tratando da Estrada de Ferro Conde d'Eu.

[*19 de dezembro*]

Chuva à noite e pela manhã; aguaceiros durante o dia; chuva à tarde.

Temperatura de 21,7° a 22,3° centígrados.

5 horas — Acordar, toalete, banho, diário, balancete etc.
7 — Continuando a trabalhar no *Vocabulário técnico da arte de construir*.
12 — Impedido de sair pelo mau tempo, passo o dia nesse trabalho e aperfeiçoando o *Guia para os alunos da primeira cadeira de engenharia civil*.

8 horas — Visita-me o amigo engenheiro José Américo dos Santos.

[*20 de dezembro*]

Chuva à noite; manhã dúbia; pequenos aguaceiros durante o dia e à tarde.

Temperatura de 18,3° a 22,5° centígrados.

5 horas — Acordar, toalete, banho, diário, balancete etc.

7 — Preparando um cálculo de fundações para exercícios práticos dos meus alunos.

10 horas — Na Tipografia Nacional e no Ministério do Império tratando da impressão do *Guia para os alunos da primeira cadeira de engenharia civil*.

12 — Na Escola Politécnica em congregação para conferir-se o grau de doutor ao meu lente substituto Wenceslau Alves Leite de Oliveira Bello.

1 hora — Na Sociedade Central de Imigração com o segundo-secretário dr. Enes de Souza.

2h — No Clube de Engenharia e no escritório do amigo engenheiro José Américo dos Santos.

3 horas — Na Confederação Abolicionista com o presidente J. F. Clapp e vice-presidente Luiz de Andrade conferenciando sobre o telegrama recebido do Recife participando ter de entrar em segundo escrutínio o amigo Joaquim Nabuco.

4 horas — De volta ao Hotel dos Estrangeiros.

[***21 de dezembro***]

Chuviscos à noite; nuvens pela manhã; dia de sol; tarde clara e ventilada.

Temperatura de 18,5° a 25,8° centígrados.

5 horas — Acordar, toalete, banho, diário, balancete etc.
7 — Preparando cálculos de vigas em duplo T para exercícios práticos dos meus alunos.
11h — Continuando a trabalhar no *Vocabulário técnico da arte de construir*.
3h — Aperfeiçoando o *Guia para os alunos da primeira cadeira de engenharia civil*.

Exercícios práticos
[***22 de dezembro***]

Noite estrelada; algumas nuvens pela manhã; dia de sol; tarde clara e ventilada.

Temperatura de 22,1° a 29,6° centígrados.

5 horas — Acordar, toalete, banho, diário, balancete etc.
7 — Continuando a trabalhar no *Vocabulário técnico da arte de construir*.
10h — Na Escola Politécnica encetando os exercícios práticos para cálculos de fundações (primeiro).
11½ — No Ministério das Obras Públicas tirando cópia do aviso mandando liquidar as contas do Caminho de Ferro Conde d'Eu pelo delegado do Tesouro, em Londres.

1½ — Na Sociedade Central de Imigração tratando do expediente.
2½ — No Clube de Engenharia e no escritório do amigo José Américo dos Santos.
3h — Respondendo à carta de 13 dezembro do engenheiro R. C. Batterbee, da Paraíba, sobre o Caminho de Ferro Conde d'Eu, e requerendo ao Governo imperial para manter a cláusula do contrato que concede isenção de direitos de importação.
4½ — De volta ao Hotel dos Estrangeiros.

[*23 de dezembro*]

Lua em crescente; manhã clara; dia de sol; algumas nuvens à tarde.

Temperatura de 22,1° a 30,5° centígrados.

5 horas — Acordar, toalete, banho, diário, balancete etc.
7 — Respondendo à carta de 22 novembro do presidente A. H. Phillpotts sobre o Caminho de Ferro Conde d'Eu.
8 — E à da mesma data do amigo Charles Neate, engenheiro consultor dessa estrada de ferro.
10 — No Ministério das Obras Públicas entregando a petição sobre a lei de importação do material destinado ao custeio da Estrada de Ferro Conde d'Eu.

11½ — Em casa dos correspondentes Norton, Megaw & Co. sacando £ 52 sobre a companhia Conde d'Eu.
12h — No Clube de Engenharia e no escritório do amigo engenheiro José Américo dos Santos.
1h — Na Sociedade Central de Imigração fazendo o expediente com os amigos Taunay e Enes de Souza.
3h — Na Confederação Abolicionista com os amigos Miguel Antônio Dias e J. F. Clapp.
4h — De volta ao Hotel dos Estrangeiros.
5h — Continuando a trabalhar no *Vocabulário técnico da arte de construir*.

[*24 de dezembro*]

Lua em crescente; algumas nuvens pela manhã; dia de sol mais ou menos encoberto; tarde dúbia.

Temperatura de 24,0° a 33,0° centígrados.

5 horas — Acordar, toalete, banho, diário, balancete etc.
7 — Preparando cálculos para exercícios práticos dos meus alunos.
10h — Na Escola Politécnica dando os cálculos da muralha de Vauban[23] com contrafortes (segundo).

11 horas — Visitando as obras da biblioteca do Gabinete Português de Leitura dirigidas pelo arquiteto português Branco, sendo tesoureiro o comendador Albino.

12 horas — No Banco do Brasil depositando 1:000$000 Rs. em conta-corrente.

1h — No Clube de Engenharia e no escritório do amigo engenheiro José Américo dos Santos despedindo-me do engenheiro Henry Gale que volta para Londres.

2 horas — Na Sociedade Central de Imigração com os amigos Rohan e Taunay, fazendo o expediente.

3h — Na Confederação Abolicionista com o presidente J. F. Clapp e vice-presidente Luiz de Andrade.

4h — De volta ao Hotel dos Estrangeiros.

5 — Continuando a trabalhar no *Vocabulário técnico da arte de construir*.

[*25 de dezembro*]

Noite e manhã enubladas; dia de sol mais ou menos encoberto; ameaças de chuva à tarde.

Temperatura de 23,2° a 28,8° centígrados.

5 horas — Acordar, toalete, banho, diário, balancete etc.

7 — Resolvendo pela trigonometria esférica o problema da orientação dos edifícios.
10h — Visita-me e almoça comigo o sobrinho e afilhado André Veríssimo Rebouças, órfão do engenheiro Antônio Rebouças.
12 — Visita-me o amigo e afilhado de casamento Adriano Mullier, um dos empreiteiros das Docas de D. Pedro II.
2h — Continuando a trabalhar no *Vocabulário técnico da arte de construir* e aperfeiçoando o que acompanha o *Guia para os alunos da primeira cadeira de engenharia civil*.
4h — Preparando cálculos para os exercícios práticos dos meus alunos.[24]

[***26 de dezembro***]

Noite enublada; manhã clara; dia de sol; aguaceiros com ameaça de trovoada às três e meia da tarde.

Temperatura de 22,9° a 30,3° centígrados.

5 horas — Acordar, toalete, banho, diário, balancete etc.
7 — Preparando cálculos de vigas em duplo T, para exercícios práticos dos alunos.
10½ — Na Escola Politécnica dando o exercício sobre orientação dos edifícios (terceiro).

12 horas — No Tesouro Nacional com o dr. Veríssimo de Matos tratando dos negócios da família na Bahia (casa da polícia etc.).
1h — No Ministério do Império acelerando uma resolução sobre a impressão do *Guia para os alunos da primeira cadeira de engenharia civil*.
2 horas — Na Sociedade Central de Imigração com o vice-presidente Taunay.
3h — No Clube de Engenharia e no escritório do amigo engenheiro José Américo dos Santos.
3½ — Na Confederação Abolicionista com os amigos Miguel Antônio Dias e J. F. Clapp.
4½ — De volta ao Hotel dos Estrangeiros.

[*27 de dezembro*]

Luar mais ou menos enublado; manhã incinerada; dia de sol; tarde com ameaças de trovoada.

Temperatura de 23,2° a 31,9° centígrados.

5 horas — Acordar, toalete, banho, diário, balancete etc.
7 — Continuando os cálculos de vigas em duplo T para exercícios práticos dos alunos.
10½ — No Ministério da Justiça acelerando uma solução sobre a casa alugada à polícia na Bahia.

11½ — Na biblioteca do Clube de Engenharia trabalhando no *Guia para os alunos da primeira cadeira de engenharia civil.*
1½ — Na Sociedade Central de Imigração com os diretores Rohan, Taunay, Wenceslau Guimarães e Trinks.
2½ — No escritório do amigo engenheiro José Américo dos Santos.
3½ — Na Confederação Abolicionista com o presidente J. F. Clapp.
4½ — De volta ao Hotel dos Estrangeiros.
5h — Continuando a trabalhar no *Vocabulário técnico da arte de construir.*

[*28 de dezembro*]

Luar enublado; manhã mais ou menos encoberta; ameaças de chuva durante o dia; trovoada ao anoitecer.

Temperatura de 23,7° a 30,3° centígrados.

5 horas — Acordar, toalete, banho, diário, balancete etc.
7 — Trabalhando no *Vocabulário técnico da arte de construir.*
12h — Redigindo uma notícia sobre o Gabinete de Engenharia Civil para o relatório do diretor da Escola Politécnica.
1 hora — Continuando a trabalhar no *Vocabulário técnico da arte de construir* e em aperfeiçoar o *Guia para os alunos da primeira cadeira de engenharia civil.*

[*29 de dezembro*]

Chuva à noite; manhã enublada; dia de sol; tarde clara e ventilada.

Temperatura de 22,6° a 26,3° centígrados.

5 horas — Acordar, toalete, banho, diário, balancete etc.
7 — Preparando cálculos para os exercícios práticos dos alunos.
10½ — Na Escola Politécnica dando um exercício para determinação do coeficiente de resistência da madeira à flexão (quarto).
12h — Mostrando aos alunos as obras do Teatro de São Pedro de Alcântara.
1h — No Ministério do Império tratando da impressão do *Guia para os alunos da primeira cadeira de engenharia civil.*
1½ — Na Sociedade Central de Imigração com os amigos Taunay e Enes de Souza.
2½ — No Clube de Engenharia e com o amigo engenheiro José Américo dos Santos.
3½ — Na Confederação Abolicionista com o amigo J. F. Clapp.
4½ — De volta ao Hotel dos Estrangeiros.
5h — Trabalhando no *Vocabulário técnico da arte de construir*.
7½ — Visitando o amigo engenheiro Antônio Paulo de Melo Barreto.

8½ — No Clube Beethoven assistindo à primeira parte do concerto.

[*30 de dezembro*]

Luar mais ou menos enublado; neblina pela manhã; dia de sol; ameaças de trovoada à tarde.

Temperatura de 24,0° a 32,6° centígrados.

5 horas — Acordar, toalete, banho, diário, balancete etc.
7 — Continuando a trabalhar no *Vocabulário técnico da arte de construir*.
10½ — No Ministério da Justiça providenciando sobre o pagamento dos aluguéis da casa da Bahia, ocupada pela polícia.
12h — Na biblioteca do Clube de Engenharia aperfeiçoando o *Guia para os alunos do curso de engenharia civil*.
1½ — Na Sociedade Central de Imigração com os amigos Rohan, Taunay e Enes de Souza.
3 horas — No escritório do amigo engenheiro José Américo dos Santos.
3½ — Na Confederação Abolicionista com o presidente J. F. Clapp.
4½ — De volta ao Hotel dos Estrangeiros.

5h — Escrevendo ao procurador Francisco Bruno Pereira sobre os negócios da família na Bahia.

[*31 de dezembro*]

Chuviscos à noite; manhã enublada; dia de sol; tarde belíssima, clara e ventilada.

Temperatura de 24,5° a 32,4° centígrados.

5h — Acordar, toalete, banho, diário, balancete etc.
7 — Continuando a trabalhar no *Vocabulário técnico da arte de construir*.
10h — Na Escola Politécnica dando o quinto exercício prático, peso do duplo T composto.
11½ — No Tesouro Nacional escrevendo ao dr. Veríssimo de Matos sobre os negócios da família na Bahia.
12 — No Clube de Engenharia e no escritório do amigo engenheiro José Américo dos Santos (6 e 2, rua da Alfândega).
1 hora — Remetendo pelo correio 110$000 ao procurador Francisco Bruno Pereira na Bahia.
1½ — Na Sociedade Central de Imigração com o presidente Beaurepaire Rohan (63, rua do General Câmara).
3h — Na Confederação Abolicionista com os amigos Miguel Antônio Dias e J. F. Clapp (81, rua do Ouvidor).

4h — De volta ao Hotel dos Estrangeiros.

5h — Respondendo a uma carta do dr. Queiroz Carreira, de Ouro Preto, sobre a companhia Minas Central.

Hotel dos Estrangeiros — Catete — Aposento n.º 20
(segundo andar — orientação sul)

André Rebouças

1885

7.

FELIZ ANO NOVO?

1/1 a 2/2/1885

Rio de Janeiro, Hotel dos Estrangeiros, Catete, aposento n.º 20, segundo pavimento, orientação sul

[***1.º de janeiro***]

Luar em céu estrelado; manhã belíssima; dia de sol; tarde clara e ventilada.

Temperatura de 23,5° a 30,3° centígrados.

5 horas — Acordar, toalete, banho, diário, balancete etc.
7 — Escrevendo ao amigo Joaquim Nabuco, atualmente no Recife, sobre abolição e paz com a República Argentina.[25]

Paz

8h — Respondendo à carta de 9 de dezembro do amigo dr. J. C. Rodrigues em Londres, 89 New Bond Street.
9 — E à do amigo Charles Neate, da mesma data, sobre o Caminho de Ferro Conde d'Eu, Imposto Territorial e abolição.
11 — Cartas de felicitação aos amigos José da Costa Azevedo e Trajano A. de Carvalho, que dirigiram a construção do encouraçado *Riachuelo* em Londres.

12 — Aperfeiçoando o original da minha obra — *Guia para os alunos da primeira cadeira de engenharia civil* — começada a 7 outubro 1884.

2h — Visita-me o meu afilhado de casamento Adriano Eduardo Mullier, ex-empreiteiro das Docas de D. Pedro II (1871-1876).

3h — Continuando a trabalhar no *Vocabulário técnico da arte de construir*, recomeçado a 2 de dezembro de 1884.

[*2 de janeiro*]

Luar enublado; manhã encoberta; dia de sol; ameaças de chuva à tarde.

Temperatura de 23,5° a 32,2° centígrados.

5 horas — Acordar, toalete, banho, diário, balancete etc.

7 — Trabalhando no *Vocabulário técnico da arte de construir*.

10 — Na Escola Politécnica dando a sexta lição de exercícios práticos, tipo do cálculo do momento de inércia de um duplo T completo.

12 — No Ministério do Império, com o diretor Midosi tratando da impressão da minha obra — *Guia para os alunos da primeira cadeira de engenharia civil*.

1 hora — Na Sociedade Central de Imigração, 63 rua do General

Câmara, fazendo o expediente com o segundo-secretário dr. Enes de Souza.

2 horas — No Clube de Engenharia, 6 rua da Alfândega, para a sessão da diretoria que não se realizou por falta de número.

2½ — No escritório do amigo engenheiro José Américo dos Santos, 2 rua da Alfândega, perto do clube.

3½ — Na Tipografia Nacional entregando a parte bibliográfica da obra — *Guia para os alunos da primeira cadeira de engenharia civil*.

4½ — De volta ao Hotel dos Estrangeiros.

5 horas — Continuando a trabalhar no *Vocabulário técnico da arte de construir*.

[*3 de janeiro*]

Noite enublada; fortes aguaceiros do sul pela manhã; dia chuvoso; vento e chuva à tarde.

Temperatura de 23,5° a 26,7° centígrados.

5 horas — Acordar, toalete, banho, diário, balancete etc.

7 — Trabalhando no *Vocabulário técnico da arte de construir*.

10½ — Na Tipografia Nacional tomando conhecimento do orçamento da minha obra — *Guia para os alunos da primeira cadeira de engenharia civil* — na importância de 1:300$000 Rs. (quinhentos exemplares).

11½ — No Ministério do Império comunicando esse orçamento ao diretor Midosi.

12½ — No Clube de Engenharia e no escritório do amigo engenheiro José Américo dos Santos.

1½ — Na Sociedade Central de Imigração com o vice-presidente Alfredo D'Escragnolle Taunay escrevendo dois artigos sobre o jornal oficial da Sociedade de Imigração de Porto Alegre.

3h — Na Confederação Abolicionista, 81 rua do Ouvidor, com o presidente J. F. Clapp.

4½ — De volta ao Hotel dos Estrangeiros.

5h — Continuando o trabalho no *Vocabulário técnico da arte de construir*.

[4 *de janeiro*]

Noite encoberta; manhã enublada; dia dúbio; chuviscos à tarde.
Temperatura de 21,4° a 27,8° centígrados.

5 horas — Acordar, toalete, banho, diário, balancete etc.

7 — Aperfeiçoando o vocabulário, que acompanha o *Guia para os alunos da primeira classe de engenharia civil*.

12 horas — Passo todo o dia trabalhando no *Vocabulário técnico da arte de construir*.

—

Segundo escrutínio no município neutro.
1.º distrito — deputado Valdeta (abolicionista).
2.º distrito — deputado Fernandes de Oliveira.
3.º distrito — deputado Bezerra de Menezes (abolicionista).

[5 *de janeiro*]

Noite e manhã enubladas; dia de sol; tarde clara e ventilada.
Temperatura de 21,8° a 27,8° centígrados.

5 horas — Acordar, toalete, banho, diário, balancete etc.
7 — Trabalhando no *Vocabulário técnico da arte de construir*.
10½ — Na Escola Politécnica dando a sétima lição de exercícios práticos — (momentos de inércia de grandes vigas de ferro).
12h — No Museu Nacional, mostrando aos alunos as coleções concernentes ao curso [*pueblos*, múmias etc.].
1½ — No Clube de Engenharia e no escritório do amigo engenheiro José Américo dos Santos em excursão pelo traçado do Caminho de Ferro do Rio Bonito.
2h — Escrevendo ao presidente da companhia The Conde d'Eu Railway Limited A. H. Phillpotts.

2½ — Na Sociedade Central de Imigração com o vice-presidente Taunay e segundo-secretário dr. Enes de Souza, conferenciando com o fazendeiro dr. Domiciano Monteiro de Barros, que está localizando imigrantes em sua fazenda junto ao Caminho de Ferro da Leopoldina.
3½ — Na Confederação Abolicionista com os amigos Miguel Antônio Dias, o presidente J. F. Clapp e vice-presidente Luiz de Andrade.
4½ — De volta ao Hotel dos Estrangeiros.
5h — Continuando a trabalhar no *Vocabulário técnico da arte de construir*.

[*6 de janeiro*]

Noite estrelada; algumas nuvens pela manhã; trovoada e chuva das duas e meia da tarde em diante.

Temperatura de 23,9° a 30,3° centígrados.

5 horas — Acordar, toalete, banho, diário, balancete etc.
7 — Fazendo acréscimos à obra — *Guia para os alunos da primeira cadeira de engenharia civil*.
12 — Passo o dia trabalhando no *Vocabulário técnico da arte de construir*.

Inauguração das obras da Estrada de Ferro de Cristiano Otoni a Pitangui — The Minas Central Railway of Brazil, Limited, pelos concessionários e empreiteiros.[26]

Fui representante desta Companhia no Brasil durante os anos de 1883 e 1884, e iniciei o traçado da Estação de Cristiano Otoni, na Estrada de Ferro de D. Pedro II, a Brumado, Lagoa Seca, vale do Pará até Pitangui.

(Vide os diários de 1883 e 1884.)

[*7 de janeiro*]

Noite e manhã enubladas; chuviscos durante o dia; grandes aguaceiros à tarde.

Temperatura de 22,3° a 29,4° centígrados.

5 horas — Acordar, toalete, banho, diário, balancete etc.
7 — Continuando a trabalhar no *Vocabulário técnico da arte de construir*.
10½ — Na Escola Politécnica, dando a oitava lição de exercícios práticos (viga de 10,50 m de vão).
11½ — No Ministério do Império com os diretores Midosi e

dr. Machado, acelerando as ordens para impressão da minha obra — *Guia para os alunos da primeira cadeira de engenharia civil.*

12½ — No Banco Industrial e nas Docas de D. Pedro II recebendo 840$000 Rs. de dividendos de 120 ações e inscrevendo mais 5% nas 13 ações subsidiárias.

1½ — Na Sociedade Central de Imigração com os amigos Taunay e dr. Enes de Souza.

2½ — No Clube de Engenharia e no escritório do amigo engenheiro José Américo dos Santos, em excursão pelo traçado do Caminho de Ferro do Rio Bonito.

4 horas — De volta ao Hotel dos Estrangeiros.

5 horas — Respondendo à carta de Ano-Bom do engenheiro Paulo Freitas de Sá, gerente do Caminho de Ferro de São João del-Rei (Companhia do Oeste de Minas).

[**8 de *janeiro***]

Chuva à noite; manhã clara; dia de sol; algumas nuvens à tarde.

Temperatura de 20,7° a 29,0° centígrados.

5 horas — Acordar, toalete, banho, diário, balancete etc.

7 — Continuando a trabalhar no *Vocabulário técnico da arte de construir*.

10½ — No escritório, 47 rua do Carmo, pondo em ordens vários documentos.
11½ — No Banco do Brasil depositando 1:000$000 Rs. em conta-corrente.
12h — Com o dr. Veríssimo de Matos tratando da casa da família na Bahia e da educação do sobrinho e afilhado André Veríssimo Rebouças.
1½ — Na Sociedade Central de Imigração com os amigos Taunay e Enes de Souza.
2½ — No Clube de Engenharia e no escritório do amigo engenheiro José Américo dos Santos em excursão pelo traçado do Caminho de Ferro do Rio Bonito.
3½ — Na Confederação Abolicionista com o presidente J. F. Clapp, que recebera dos livreiros Faro & Lino 393 exemplares da minha obra — *Agricultura nacional — Estudos econômicos — Propaganda abolicionista e democrática*.
4½ — De volta ao Hotel dos Estrangeiros.
5 horas — Continuando a trabalhar no *Vocabulário técnico da arte de construir*.

Joaquim Nabuco

[*9 de janeiro*]

Noite estrelada; algumas nuvens pela manhã; dia de sol; tarde clara e ventilada.

Temperatura de 22,7° a 30,0° centígrados.

5 horas — Acordar, toalete, banho, diário, balancete etc.

7 — Continuando a trabalhar no *Vocabulário técnico da arte de construir*.

10 — Na Tipografia Nacional verificando ter ido ordem do Ministério do Império para orçar a minha obra — *Guia para os alunos da primeira cadeira de engenharia civil*.

10½ — Na Escola Politécnica dando a nona lição de exercícios práticos (primeira de orçamentos e administração das obras).

12h — No Clube de Engenharia e no escritório do amigo engenheiro José Américo dos Santos esperado amanhã de sua excursão pelo traçado do Caminho de Ferro do Rio Bonito.

1½ — Na Sociedade Central de Imigração com o vice-presidente Taunay, recebendo o dr. Aust, de Porto Alegre.

3h — Na Confederação Abolicionista com os amigos Miguel Antônio Dias e J. F. Clapp.

4h — De volta ao Hotel dos Estrangeiros.

Joaquim Nabuco eleito em segundo escrutínio pelo 1.º distrito do Recife por 890 votos. Abstiveram-se os conservadores.

[*10 de janeiro*]

Noite estrelada; manhã clara; dia de sol; algumas nuvens à tarde.

Temperatura de 23,3° a 33,5° centígrados.

5 horas — Acordar, toalete, banho, diário, balancete etc.
7 — Continuando a trabalhar no *Vocabulário técnico da arte de construir*.
10½ — Na Escola Politécnica providenciando sobre a reorganização do Gabinete de Engenharia Civil, cuja sala deixou de ocupar a exposição de café.
11½ — No Tesouro Nacional com o dr. Veríssimo de Matos tratando de negócios da família.
12½ — No Clube de Engenharia e com o amigo engenheiro José Américo dos Santos, que chegou de sua excursão pelo traçado da Estrada de Ferro do Rio Bonito a Macaé.
1½ — Na Sociedade Central de Imigração com os amigos Rohan, Taunay e Enes de Souza.
3 horas — No Hotel das Quatro Nações com o amigo Taunay pagando a visita feita pelo dr. Aust à Sociedade Central de Imigração.
4 horas — De volta ao Hotel dos Estrangeiros.

5h — Continuando a trabalhar no *Vocabulário técnico da arte de construir*.

[*11 de janeiro*]

Noite estrelada; algumas nuvens pela manhã; dia de sol; tarde clara e ventilada.

Temperatura de 23,5° a 32,3° centígrados.

5 horas — Acordar, toalete, banho, diário, balancete etc.
7 — Fazendo acréscimos no vocabulário do *Guia para os alunos da primeira cadeira de engenharia civil*.
11 horas — Extraindo do Resumo Biográfico uma nota do serviço efetivo, contado de conformidade com os estatutos da Escola Politécnica.
1 hora — Continuando a trabalhar no *Vocabulário técnico da arte de construir*.

[*12 de janeiro*]

Ameaças de trovoada à noite; aguaceiros pela manhã; dia de sol mais ou menos enublado.

Temperatura de 24,1° a 31,7° centígrados.

5 horas — Acordar, toalete, banho, diário, balancete etc.
7 — Continuando a trabalhar no *Vocabulário técnico da arte de construir*.
10½ — Na Escola Politécnica dando a décima lição de exercícios práticos (segunda de orçamentos).
12h — No Ministério do Império com o diretor Midosi, que prometeu mandar imediatamente ordem para começar a impressão do — *Guia para os alunos da primeira cadeira de engenharia civil*.
1 hora — No Clube de Engenharia e no escritório do amigo engenheiro José Américo dos Santos.
2h — Na Sociedade Central de Imigração com o vice-presidente Taunay fazendo o expediente.
4 horas — De volta ao Hotel dos Estrangeiros.
5h — Respondendo à carta de 17 dezembro, de Londres, de Charles Glanvill, secretário da companhia Minas Central.

1838-85
47.º aniversário de André Rebouças
[**13 de janeiro**]

Muita chuva e vento so à noite e pela manhã; dia encoberto; alguns raios de sol à tarde.

Temperatura de 21,5° a 24,6° centígrados.

5 horas — Acordar, toalete, banho, diário, balancete etc.

7 — Continuando a trabalhar no *Vocabulário técnico da arte de construir*.

10½ — Na Escola Politécnica dando a primeira explicação de aritmética ao sobrinho André Veríssimo Rebouças.

12h — No Ministério das Obras Públicas tratando da relevação da multa de 3:000$000 Rs. imposta pelo engenheiro fiscal ao Caminho de Ferro Conde d'Eu.

1½ — Na Sociedade Central de Imigração com o vice-presidente Taunay, fazendo o expediente.

3h — No Clube de Engenharia e no escritório do amigo engenheiro José Américo dos Santos com o empresário José Joaquim de Carvalho Bastos tratando da empreitada do Caminho de Ferro do Rio Bonito a Macaé.

6 horas — Jantando com esses dois amigos no Restaurante do Globo à rua Direita (Primeiro de Março).

9h — De volta ao Hotel dos Estrangeiros.

[*14 de janeiro*]

Noite estrelada; manhã clara; dia de sol; ameaças de chuva à tarde.

Temperatura de 19,5° a 27,3° centígrados.

5 horas — Acordar, toalete, banho, diário, balancete etc.
7 — Continuando a trabalhar no *Vocabulário técnico da arte de construir*.
10½ — Na Escola Politécnica reunindo os meus alunos.
11 — Visitando com eles as oficinas de marcenaria de Moreira & Santos.
12½ — No Clube de Engenharia e com o amigo engenheiro José Américo dos Santos, conferenciando sobre a empreitada do Caminho de Ferro do Rio Bonito a Macaé.
1½ — Na Sociedade Central de Imigração com os amigos Taunay e Enes de Souza fazendo o expediente.
3 horas — Na Confederação Abolicionista com o presidente J. F. Clapp.
4 horas — De volta ao Hotel dos Estrangeiros.
5h — Respondendo à carta de 18 dezembro de A. H. Phillpotts, presidente do Caminho de Ferro Conde d'Eu.

[15 *de janeiro*]

Noite encoberta; manhã clara; dia de sol; tarde um pouco enublada.

Temperatura de 20,5° a 26,1° centígrados.

5 horas — Acordar, toalete, banho, diário, balancete etc.

7 — Continuando a trabalhar no *Vocabulário técnico da arte de construir*.

10½ — Na Escola Politécnica dando a segunda explicação de aritmética ao sobrinho André Veríssimo Rebouças.

12h — No Ministério do Império com o diretor Midosi, que deu uma carta para o diretor da Tipografia Nacional autorizando a impressão da minha obra — *Guia para os alunos da primeira cadeira de engenharia civil*.

1 hora — Com os diretores Russel, Tavares Bastos e Naylor conferenciando sobre a liquidação da Companhia Florestal Paranaense.

1½ — Na Sociedade Central de Imigração com o vice-presidente Taunay.

2½ — No Clube de Engenharia; não houve sessão do conselho por falta de número.

3h — No escritório do amigo engenheiro José Américo dos Santos com ele e com o J. J. de Carvalho Bastos tratando da adjudicação do Caminho de Ferro do Rio Bonito a Macaé.

4h — De volta ao Hotel dos Estrangeiros.

5h — Trabalhando no *Vocabulário técnico da arte de construir*.

[*16 de janeiro*]

Noite estrelada; manhã clara; dia de sol; algumas nuvens à tarde.

Temperatura de 22,0° a 28,6° centígrados.

5 horas — Acordar, toalete, banho, diário, balancete etc.
7 — Continuando a trabalhar no *Vocabulário técnico da arte de construir*.
10h — Na Tipografia Nacional apresentando a autorização do diretor Midosi para imprimir a minha obra — *Guia para os alunos da primeira cadeira de engenharia civil*. E concordando com o chefe de impressão David no formato, tipo etc.
11 horas — Visitando com os meus alunos as Docas de D. Pedro II, que construí de 1871 a 1876.
1 hora — Na Sociedade Central de Imigração restituindo ao E. C. Jourdan[27] a memória que apresentou à diretoria.
2 horas — No Clube de Engenharia e com o amigo engenheiro José Américo dos Santos de volta de Niterói, onde teve lugar a adjudicação do Caminho de Ferro do Rio Bonito a Macaé.
3 horas — Na Confederação Abolicionista com os amigos Miguel Antônio Dias e J. F. Clapp.
4 horas — De volta ao Hotel dos Estrangeiros.
5h — Continuando a trabalhar no *Vocabulário técnico da arte de construir*.
7½ — Visitando o amigo engenheiro A. P. de Melo Barreto.

8½ — Assistindo à primeira parte do concerto do Clube Beethoven.

[17 *de janeiro*]

Noite estrelada; algumas nuvens pela manhã, dia de sol entremeado de chuviscos; tarde dúbia.

Temperatura de 22,3° a 28,2° centígrados.

5 horas — Acordar, toalete, banho, diário, balancete etc.
7 — Continuando a trabalhar no *Vocabulário técnico da arte de construir*.
10½ — Na Escola Politécnica dando a terceira explicação de aritmética ao sobrinho André Veríssimo Rebouças.
11½ — Providenciando sobre a restauração do Gabinete de Engenharia Civil.
1½ — Na Sociedade Central de Imigração com o vice-presidente Taunay e tesoureiro Wenceslau Guimarães revendo provas do boletim.
2½ — No Clube de Engenharia e com o amigo engenheiro José Américo dos Santos.
3½ — Na Confederação Abolicionista com o presidente J. F. Clapp conferenciando sobre a chegada do amigo Joaquim Nabuco, que deve partir do Recife a 19 janeiro.

4½ — De volta ao Hotel dos Estrangeiros.
5h — Continuando a trabalhar no *Vocabulário técnico da arte de construir*.

[*18 de janeiro*]

Noite enublada; manhã clara; dia de sol; ameaças de chuva à tarde.

Temperatura de 21,9° a 28,3° centígrados.

5 horas — Acordar, toalete, banho, diário, balancete etc.
7 — Respondendo ao bilhete de saudação de Ano-Bom do amigo Alfred P. Youle e enviando os meus aos irmãos Frederick Youle e Stanley P. Youle.
8h — Continuando a aperfeiçoar o vocabulário do — *Guia para os alunos da primeira cadeira de engenharia civil*.
11½ — Visita-me o engenheiro F. H. Oliveira de Menezes, professor de física no Colégio de D. Pedro II e no Liceu de Artes e Ofícios, para consultar-me sobre sua nova teoria de ângulo diametral.
2 horas — Procurando fórmulas mais simples para essa nova teoria.
4 horas — Continuando a trabalhar no *Vocabulário técnico da arte de construir*.

[*19 de janeiro*]

Ameaças de chuva à noite; manhã clara; dia de sol; tarde enublada e ventosa.

Temperatura de 21,9° a 29,0° centígrados.

5 horas — Acordar, toalete, banho, diário, balancete etc.
7 — Continuando a trabalhar no *Vocabulário técnico da arte de construir*.
10h — Na Tipografia Nacional entregando o vocabulário da primeira parte do *Guia para os alunos da primeira cadeira de engenharia civil*.
10½ — Na Escola Politécnica dando a 11.ª lição de exercícios práticos (terceira de orçamentos).
11½ — Dando a quarta lição de aritmética ao sobrinho André Veríssimo Rebouças.
1½ — Na Sociedade Central de Imigração fazendo o expediente com os diretores Taunay e Saturnino Gomes.
2½ — No Clube de Engenharia em sessão do conselho diretor com o amigo engenheiro José Américo dos Santos.
4h — De volta ao Hotel dos Estrangeiros.
5h — Continuando a trabalhar no *Vocabulário técnico da arte de construir*.

[*20 de janeiro*]

Noite e manhã encobertas; dia de sol mais ou menos enublado; tarde clara.

Temperatura de 22,0° a 29,3° centígrados.

5 horas — Acordar, toalete, banho, diário, balancete etc.
7 — Aperfeiçoando o vocabulário técnico da terceira parte do *Guia para os alunos da primeira cadeira de engenharia civil*.
12h — Preparando exercícios de aritmética para o sobrinho André Veríssimo Rebouças.
2 horas — Continuando a trabalhar no *Vocabulário técnico da arte de construir*.

[*21 de janeiro*]

Noite enublada; manhã clara; dia de sol; tarde brilhante e ventilada.

Temperatura de 22,7° a 30,0° centígrados.

5 horas — Acordar, toalete, banho, diário, balancete etc.
7 — Continuando a trabalhar no *Vocabulário técnico da arte de construir*.
10½ — No Gabinete de Engenharia Civil da Escola Politécnica.

11⅓ — Com o dr. A. Veríssimo de Matos, no Tesouro Nacional, tratando dos negócios da família.

12½ — No Clube de Engenharia fazendo extratos da obra de Tredgold[28] — *On Carpentry*.

1½ — Na Sociedade Central de Imigração com os diretores Taunay e Saturnino Gomes.

2½ — Na Igreja da Candelária, periciando ao dr. Paula Freitas, da visita de amanhã às obras com os alunos.

3h — No escritório do engenheiro José Américo dos Santos com esse amigo e com o empresário J. J. Carvalho Bastos.

3½ — Na Confederação Abolicionista com o presidente J. F. Clapp e o vice-presidente Luiz de Andrade tratando da recepção do amigo Joaquim Nabuco, que ontem partiu do Recife.

4½ — De volta ao Hotel dos Estrangeiros.

5h — Continuando a trabalhar no *Vocabulário técnico da arte de construir*.

[***22 de janeiro***]

Lua crescente; manhã clara; dia de sol; trovoada ao anoitecer.

Temperatura de 22,9° a 30,7° centígrados.

5 horas — Acordar, toalete, banho, diário, balancete etc.

7 — Continuando a trabalhar no *Vocabulário técnico da arte de construir*.

10h — Na Tipografia Nacional com o chefe de impressão David dando instruções para a impressão do *Guia para os alunos da primeira cadeira de engenharia civil*.

10½ — Na Escola Politécnica reunindo os alunos de exercícios práticos.

11h — Mostrando-lhes as obras da Igreja da Candelária dirigidas pelo engenheiro dr. A. de Paula Freitas, e executadas pelo notável mestre-pedreiro Santos desde 1859. Acompanhou-nos também o pintor Zeferino Cândido.

1½ — Na Sociedade Central de Imigração com o vice-presidente Taunay.

2½ — No Clube de Engenharia e com o amigo engenheiro José Américo dos Santos.

3½ — Na Confederação Abolicionista com os amigos Miguel A. Dias e J. F. Clapp tratando da recepção do Joaquim Nabuco.

4½ — De volta ao Hotel dos Estrangeiros.

5h — Continuando a trabalhar no *Vocabulário técnico da arte de construir*.

Primeiras provas do Guia para os alunos

[*23 de janeiro*]

Trovoada e chuva à noite; chuviscos de manhã; dia e tarde encobertos.

Temperatura de 22,9° a 31,1° centígrados.

5 horas — Acordar, toalete, banho, diário, balancete etc.
7 — Continuando a trabalhar no *Vocabulário técnico da arte de construir*.
10 — Na Tipografia Nacional revendo as primeiras provas do *Guia para os alunos da primeira cadeira de engenharia civil*.
11h — Na Escola Politécnica dando a quinta lição de aritmética ao sobrinho André Veríssimo Rebouças.
12½ — Na Caixa d'Amortização com o amigo engenheiro José Américo dos Santos efetuando a transferência das cinco apólices que haviam servido na adjudicação do Caminho de Ferro do Rio Bonito.
1½ — Depositando essas cinco apólices em casa dos meus correspondentes Norton, Megaw & Co.
2½ — Na Sociedade Central de Imigração com o vice-presidente Taunay fazendo o expediente.
3½ — Na Confederação Abolicionista com os amigos Miguel Antônio Dias, J. F. Clapp e Luiz de Andrade Dias tratando da recepção do amigo Joaquim Nabuco, esperado no próximo domingo.

4½ — De volta ao Hotel dos Estrangeiros.
5h — Trabalhando no *Vocabulário técnico da arte de construir*.

[*24 de janeiro*]

Ventania e ameaças de chuva à noite; chuviscos pela manhã; dia dúbio; tarde encoberta.

Temperatura de 25,3° a 30,8° centígrados.

5 horas — Acordar, toalete, banho, diário, balancete etc.
7 — Continuando a trabalhar no *Vocabulário técnico da arte de construir*.
10 horas — Na Tipografia Nacional revendo provas do *Guia para os alunos da primeira cadeira de engenharia civil*.
10½ — Na Escola Politécnica dando a 12.ª lição de exercícios práticos (quarta de orçamentos).
12h — No Tesouro Nacional com o dr. Veríssimo de Matos tratando de negócios da família.
1 hora — Na Sociedade Central de Imigração com os diretores Taunay e Saturnino Gomes.
2½ — No Clube de Engenharia e no escritório do amigo engenheiro José Américo dos Santos.
3 horas — Na Confederação Abolicionista com os amigos Miguel Antônio Dias, Adolfo de Barros, vice-presidente da

Sociedade Brasileira contra a Escravidão, J. F. Clapp e Luiz de Andrade tratando da recepção do amigo Joaquim Nabuco.
4 horas — Na Tipografia Nacional continuando a rever provas.
5 horas — De volta ao Hotel dos Estrangeiros.
5½ — Continuando a trabalhar no *Vocabulário técnico da arte de construir*.

[25 *de janeiro*]

Aguaceiros à noite; manhã encoberta; alguns raios de sol durante o dia; trovoada e chuva à tarde.

Temperatura de 21,9° a 28,9° centígrados.

5 horas — Acordar, toalete, banho, diário, balancete etc.
7 — No cais da Glória com os amigos Adolfo de Barros e barão de Jaceguai (Silveira da Motta), comandante da Esquadra de Evoluções.
8 horas — Com eles a bordo do *Patagônia* abraçando o amigo Joaquim Nabuco.
9 horas — Desembarque no largo do Paço com a Confederação Abolicionista; recepção análoga à do visconde do Rio Branco ao voltar da Europa. Préstito até a Escola Politécnica e cinco discursos magníficos por Joaquim Nabuco.
12h — De volta ao Hotel dos Estrangeiros.

1 hora — Continuando a preparar para a impressão o *Vocabulário técnico* e com as lições do *Guia para os alunos da primeira cadeira de engenharia civil.*[29]

[*26 de janeiro*]

Chuva à noite; manhã enublada; dia entremeado de chuviscos; aguaceiros à tarde.

Temperatura de 24,3° a 26,0° centígrados.

5 horas — Acordar, toalete, banho, diário, balancete etc.
7 — Preparando exercícios de aritmética para o sobrinho André Veríssimo Rebouças.
10½ — Dando-lhe a sexta explicação no Gabinete de Engenharia Civil da Escola Politécnica.
12½ — No Clube de Engenharia e com o amigo engenheiro José Américo dos Santos.
1½ — Na Sociedade Central de Imigração fazendo o expediente com o amigo A. d'E. Taunay.
2½ — Na Confederação Abolicionista com os amigos Joaquim Nabuco, Miguel Antônio Dias, J. F. Clapp e Luiz de Andrade.
3 horas — Na Tipografia Nacional revendo provas do *Guia para os alunos da primeira cadeira de engenharia civil.*
4½ — De volta ao Hotel dos Estrangeiros.

5 horas — Continuando a preparar para a imprensa o vocabulário que acompanha o *Guia para os alunos*, dando os termos técnicos de cada lição.

[27 *de janeiro*]

Muita chuva à noite e pela manhã; alguns aguaceiros até o meio-dia; tarde encoberta.

Temperatura de 22,7° a 28,5° centígrados.

5 horas — Acordar, toalete, banho, diário, balancete etc.
7 — Continuando a trabalhar para impressão do vocabulário que acompanha o *Guia para os alunos*.
10½ — Na Escola Politécnica para exercícios práticos impossibilitados pelo mau tempo.
12h — No Clube de Engenharia e no escritório do amigo engenheiro José Américo dos Santos.
1h — Na Sociedade Central de Imigração fazendo o expediente com os colegas de diretoria Taunay e Saturnino Gomes.
3h — Na Confederação Abolicionista com os amigos Miguel Antônio Dias e J. F. Clapp.
3½ — Na Tipografia Nacional revendo provas do *Guia para os alunos*.
4½ — De volta ao Hotel dos Estrangeiros.

5 horas — Continuando a preparar o vocabulário técnico para ser impresso com as lições do *Guia para os alunos da primeira cadeira de engenharia civil*.

[*28 de janeiro*]

Alguns aguaceiros à noite e pela manhã; dia de sol mais ou menos encoberto; chuviscos à tarde.

Temperatura de 22,5° a 24,5° centígrados.

5 horas — Acordar, toalete, banho, diário, balancete etc.
7 — Continuando a preparar para impressão o vocabulário do *Guia para os alunos*.
10h — Na Tipografia Nacional fazendo acréscimos a esta obra.
10½ — No Gabinete de Engenharia Civil da Escola Politécnica dando a sétima explicação de aritmética ao sobrinho André Veríssimo Rebouças.
12h — No Clube de Engenharia e com o amigo engenheiro José Américo dos Santos.
1 hora — Com o dr. Veríssimo de Matos e no Ministério da Justiça entregando a certidão da recebedoria sobre o aluguel da casa da Bahia.
1½ — Na Sociedade Central de Imigração fazendo o expediente com o vice-presidente Taunay.

3 horas — Na Confederação Abolicionista com os amigos Joaquim Nabuco, J. F. Clapp e Luiz de Andrade.
4 horas — Na Tipografia Nacional revendo provas do *Guia para os alunos*.
4½ — De volta ao Hotel dos Estrangeiros.
5 horas — Respondendo à carta do amigo F. Bruno Pereira, nosso procurador na Bahia.
6h — Continuando a trabalhar no vocabulário técnico.

[*29 de janeiro*]

Noite encoberta; sol pela manhã; dia mais ou menos enublado; tarde dúbia.

Temperatura de 24,1° a 30,3° centígrados.

5 horas — Acordar, toalete, banho, diário, balancete etc.
7 — Continuando a preparar para impressão o vocabulário do *Guia para os alunos*.
10 horas — Partindo com a turma de exercícios práticos da Estação Central da Estrada de Ferro de D. Pedro II.
10½ — Visitando as oficinas com os engenheiros Niemeyer e Carvalho.
1½ — De volta à Estação Central.

2h — Na Sociedade Central de Imigração com os diretores Taunay e Saturnino Gomes.
2½ — No Clube de Engenharia e com o amigo engenheiro José Américo dos Santos.
3h — Na Confederação Abolicionista com os amigos Miguel Antônio Dias, J. F. Clapp, Joaquim Nabuco e Luiz de Andrade.
3½ — Na Tipografia Nacional revendo provas do *Guia para os alunos*.
4½ — De volta ao Hotel dos Estrangeiros.
5h — Assistindo ao enterro de madame Lafourcade, esposa de Vincent Lafourcade, proprietário do hotel.

[*30 de janeiro*]

Chuva à noite e pela manhã; dia escuro e chuvoso; tarde encoberta com alguns chuviscos.

Temperatura de 22,9° a 24,4° centígrados.

5 horas — Acordar, toalete, banho, diário, balancete etc.
7 — Continuando a trabalhar no *Vocabulário técnico*.
10 — Na Tipografia Nacional revendo provas do *Guia para os alunos*.
11h — Na Escola Politécnica fazendo a relação das aprovações nos exames de 1884.

12h — Revendo provas do programa do curso para 1885.
1h — No Clube de Engenharia, e com o amigo engenheiro José Américo dos Santos.
1½ — Na Sociedade Central de Imigração fazendo o expediente com os diretores Taunay e Saturnino Gomes.
3 horas — Na Confederação Abolicionista com os amigos Joaquim Nabuco, J. F. Clapp, Luiz de Andrade e advogado Sizenando Nabuco discutindo o projeto da fundação do jornal *O Século*.
5½ — De volta ao Hotel dos Estrangeiros.

[***31 de janeiro***]

Noite e manhã encobertas e com chuviscos; alguns raios de sol durante o dia; tarde enublada.

Temperatura de 21,9° a 25,1° centígrados.

5 horas — Acordar, toalete, banho, diário, balancete etc.
7h — Continuando a trabalhar no *Vocabulário técnico da arte de construir*.
10h — Na Tipografia Nacional providenciando sobre a impressão do *Guia para os alunos*.
10½ — Na Escola Politécnica dando a 13.ª lição de exercícios práticos (quinta de orçamentos).

12h — No Ministério da Justiça e no Tesouro Nacional com o dr. Antônio Veríssimo de Matos promovendo a cobrança dos aluguéis da casa da Bahia, alugada à repartição da polícia.

1 hora — No Clube de Engenharia e com o amigo engenheiro José Américo dos Santos.

1½ — Na Sociedade Central de Imigração, faltando número para sessão da diretoria.

2½ — Na Confederação Abolicionista com os amigos Miguel Antônio Dias, J. F. Clapp e José do Patrocínio.

3½ — Na Tipografia Nacional revendo provas do *Guia para os alunos*.

5h — De volta ao Hotel dos Estrangeiros.

5½ — Aperfeiçoando o *Vocabulário técnico da arte de construir* com os dados obtidos na visita da quinta-feira às oficinas da Estrada de Ferro de D. Pedro II.

[***1.º de fevereiro***]

Noite encoberta; chuviscos pela manhã; dia escuro e chuvoso; tarde dúbia.

Temperatura de 21,8° a 25,3° centígrados.

5 horas — Acordar, toalete, banho, diário, balancete etc.

7 — Continuando a preparar para impressão o vocabulário técnico, anexo às lições do *Guia para os alunos da primeira cadeira de engenharia civil.*
12h — Aperfeiçoando o *Vocabulário técnico da arte de construir* e ilustrando-o com gravuras tiradas dos catálogos de máquinas e ferramentas.

[*2 de fevereiro*]

Chuviscos à noite e pela manhã; alguns raios de sol durante o dia; tarde escura e ventosa.

Temperatura de 22,3° a 24,3° centígrados.

5 horas — Acordar, toalete, banho, diário, balancete etc.
7 — Continuando a trabalhar no *Vocabulário técnico da arte de construir.*
12h — Ilustrando esse vocabulário com algumas gravuras tiradas dos catálogos de máquinas e ferramentas.
5h — Terminando a preparação para imprensa do vocabulário técnico, anexo às lições do *Guia para os alunos da primeira cadeira de engenharia civil*, que compreende 2 485 termos e locações técnicas.

—

Inaugura-se a Estrada de Ferro de Paranaguá a Curitiba. Foi iniciada pelo engenheiro Antônio Rebouças com estação em Antonina. Ver nos diários de 1870 a 1879 a discussão sobre esta empresa.

3/2 a 4/3/1885

8.
NABUCO ELEITO?

[*3 de fevereiro*]

Noite e manhã encobertas; alguns raios de sol durante o dia; tarde enublada.

Temperatura de 21,5° a 27,3° centígrados.

5 horas — Acordar, toalete, banho, diário, balancete etc.
7 horas — Continuando a redigir o *Vocabulário técnico da arte de construir*.
10 — Na Tipografia Nacional revendo provas do *Guia para os alunos*.
10½ — Na Escola Politécnica reunindo a turma de exercícios práticos.
11 horas — Visitando com os meus alunos as oficinas do Arsenal de Guerra.
1 hora — No Clube de Engenharia e com o amigo engenheiro José Américo dos Santos.
1½ — Na Sociedade Central de Imigração com os diretores A. d'E. Taunay e Saturnino Gomes.
3 horas — Na Confederação Abolicionista com o presidente J. F. Clapp.

3½ — Na Tipografia Nacional preparando para impressão as dezesseis primeiras páginas do *Guia para os alunos da primeira cadeira de engenharia civil*.
4½ — De volta ao Hotel dos Estrangeiros.
5 horas — Incluindo no *Vocabulário técnico da arte de construir* os termos obtidos nas oficinas do Arsenal de Guerra.

[4 *de fevereiro*]

Noite e manhã encobertas; dia sempre enublado; chuviscos à tarde.

Temperatura de 20,8° a 26,5° centígrados.

5 horas — Acordar, toalete, banho, diário, balancete etc.
7 — Continuando a trabalhar no *Vocabulário técnico da arte de construir*.
10½ — No Arsenal de Guerra com os alunos de exercícios práticos partindo a vapor para visitar a fábrica de tijolos de Santa Cruz.
1 hora — De volta dessa excursão.
1½ — No Clube de Engenharia e com o amigo engenheiro José Américo dos Santos.
2h — Na Sociedade Central de Imigração com o vice-presidente A. d'E. Taunay.

3h — Na Confederação Abolicionista com os amigos Miguel Antônio Dias e Joaquim Nabuco.
3½ — Na Tipografia Nacional recebendo as primeiras dezesseis páginas do *Guia para os alunos da primeira cadeira de engenharia civil* e continuando a rever provas dessa obra.
4½ — De volta ao Hotel dos Estrangeiros.
5h — Continuando a trabalhar no *Vocabulário técnico da arte de construir*.

[*5 de fevereiro*]

Noite encoberta; manhã clara; dia de sol; algumas nuvens à tarde.

Temperatura de 20,9° a 26,9° centígrados.

5 horas — Acordar, toalete, banho, diário, balancete etc.
7 — Continuando a trabalhar no *Vocabulário técnico da arte de construir*.
10 — No Ministério da Justiça tratando do pagamento do aluguel da casa ocupada pela polícia da Bahia.
10½ — Na Tipografia Nacional revendo provas do *Guia para os alunos*.
12h — No Ministério das Obras Públicas informando-me sobre a Estrada de Ferro Conde d'Eu.

1 hora — No Clube de Engenharia e com o amigo engenheiro José Américo dos Santos.
2 horas — Na Sociedade Central de Imigração com os diretores Taunay e Saturnino Gomes.
3h — Na Confederação Abolicionista com o presidente J. F. Clapp.
3½ — Na Tipografia Nacional revendo provas e acelerando a impressão do *Guia para os alunos*.
4½ — De volta ao Hotel dos Estrangeiros.
5h — Respondendo à carta de 23 dezembro do presidente A. H. Phillpotts sobre a Estrada de Ferro Conde d'Eu.
5½ — Escrevendo ao amigo Francisco Bruno Pereira, procurador da família na Bahia.
6h — Continuando a trabalhar no *Vocabulário técnico da arte de construir*.

[***6 de fevereiro***]

Noite estrelada com lua em minguante; manhã clara; dia de sol; ameaças de chuva à tarde.

Temperatura de 20,9° a 28,1° centígrados.

5 horas — Acordar, toalete, banho, diário, balancete etc.
7 — Continuando a trabalhar no *Vocabulário técnico da arte de construir*.

10 — Na Tipografia Nacional entregando os originais do vocabulário técnico anexo às lições da terceira parte do *Guia para os alunos*.

11h — No Tesouro Nacional com o dr. Veríssimo de Matos tratando dos negócios da família na Bahia.

12h — Em casa de Leuzinger & Filhos escolhendo modelos de desenho pedidos pelo dr. João Köpke para sua Escola Neutralidade em São Paulo.

12½ — No Clube de Engenharia e com o amigo engenheiro José Américo dos Santos.

1½ — Na Sociedade Central de Imigração com os diretores Taunay e Enes de Souza.

3h — Na Tipografia Nacional revendo as primeiras provas do cálculo de empuxo de terras, que acompanha a respectiva lição do *Guia para os alunos*.

4½ — De volta ao Hotel dos Estrangeiros.

5h — Continuando a trabalhar no *Vocabulário técnico da arte de construir*.

[*7 de fevereiro*]

Noite um pouco enublada; manhã belíssima; dia de sol; algumas nuvens à tarde.

Temperatura de 24,0° a 28,0° centígrados.

5 horas — Acordar, toalete, banho, diário, balancete etc.

7 horas — Continuando a trabalhar no *Vocabulário técnico da arte de construir*.

10 horas — Na Tipografia Nacional ativando a impressão do *Guia para os alunos*.

10½ — Na Escola Politécnica dando a 14.ª lição de exercícios práticos (sexta de orçamentos).

12h — No Clube de Engenharia e com o amigo engenheiro José Américo dos Santos.

1½ — Na Sociedade Central de Imigração em sessão da diretoria com os amigos Taunay, Saturnino Gomes e engenheiro José Américo dos Santos.

3h — Na Confederação Abolicionista com os amigos Miguel Antônio Dias e J. F. Clapp.

3½ — Na Tipografia Nacional revendo provas do *Guia para os alunos*.

4½ — De volta ao Hotel dos Estrangeiros.

5 horas — Continuando a trabalhar no *Vocabulário técnico da arte de construir*.

[**8 *de fevereiro***]

Noite estrelada com lua em minguante; algumas nuvens pela manhã; dia de sol; tarde dúbia.

Temperatura de 22,5° a 29,8° centígrados.

5 horas — Acordar, toalete, banho, diário, balancete etc.
7 — Aperfeiçoando o vocabulário técnico das lições de arquitetura do *Guia para os alunos da primeira cadeira do primeiro ano de engenharia civil*.
12h — Continuando a trabalhar no *Vocabulário técnico da arte de construir*.
4h — Visita-me o amigo Joaquim Nabuco e convida-me para o jantar de recepção, que dá amanhã ao deputado José Mariano, seu companheiro de lutas eleitorais em Pernambuco.
5h — Extratando de catálogos das fábricas inglesas vários termos para o *Vocabulário técnico*.

Jantar Nabuco — José Mariano
[***9 de fevereiro***]

Madrugada belíssima com lua em minguante, Vênus no oriente e Júpiter no ocidente; dia de sol; tarde clara.

Temperatura de 22,9° a 28,2° centígrados.

5 horas — Acordar, toalete, banho, diário, balancete etc.
7 — Continuando a trabalhar no *Vocabulário técnico da arte de construir*.

10 horas — Na Tipografia Nacional acelerando a impressão do *Guia para os alunos*.
11 horas — Na Escola Politécnica dando a oitava explicação de aritmética ao sobrinho André Veríssimo Rebouças.
12½ — No Clube de Engenharia e com o amigo engenheiro José Américo dos Santos.
1 hora — Na Sociedade Central de Imigração com os diretores A. d'E. Taunay e Saturnino Gomes.
2 horas — Em sessão de diretoria do Clube de Engenharia.
3h — Na Tipografia Nacional revendo provas do *Guia para os alunos*.
4½ — De volta ao Hotel dos Estrangeiros.
6h — Em casa do amigo Joaquim Nabuco para o jantar por ele oferecido ao deputado José Mariano, com o presidente do Conselho Dantas, ministro da Guerra Cândido de Oliveira, J. F. Clapp, Luiz de Andrade, José do Patrocínio, Alencastro, advogado da Sociedade Brasileira contra a Escravidão, Quintino Bocaiuva, barão Homem de Melo e pessoas da família Nabuco.

Com o Ministério Dantas
[**10 *de fevereiro***]

Noite estrelada, madrugada como a de ontem; dia de sol, ameaças de trovoada à tarde.

Temperatura de 22,7° a 28,2° centígrados.

5 horas — Acordar, toalete, banho, diário, balancete etc.
7 — Continuando a trabalhar no *Vocabulário técnico da arte de construir*.
10 — Na Tipografia Nacional acelerando a impressão do *Guia para os alunos*.
10½ — Na Escola Politécnica dando a 15.ª lição de exercícios práticos (sétima de orçamentos).
12h — No Clube de Engenharia e com o amigo engenheiro José Américo dos Santos.
1 hora — Na Sociedade Central de Imigração com os diretores Taunay e Saturnino Gomes.
2h — Na Confederação Abolicionista com os amigos Miguel Antônio Dias e J. F. Clapp.
2½ — Na Tipografia Nacional revendo provas do *Guia para os alunos* impresso até página 32.
4½ — De volta ao Hotel dos Estrangeiros.
7½ — No Liceu de Artes e Ofícios em sessão da diretoria.
9½ — No Ministério dos Estrangeiros até meia-noite, no Conselho dos Ministros, com os amigos Joaquim Nabuco, Rodolfo Dantas e Gusmão Lobo, discutindo o plano de melhor assegurar a vitória abolicionista na Câmara dos Deputados desde sua primeira reunião amanhã.

Minas Central Co.

[*11 de fevereiro*]

Madrugada com lua em minguante, Vênus no oriente e Júpiter no ocidente; dia de sol; trovoada à tarde.

Temperatura de 22,5° a 29,0° centígrados.

5 horas — Acordar, toalete, banho, diário, balancete etc.

7 — Continuando a trabalhar no *Vocabulário técnico da arte de construir*.

10h — Na Tipografia Nacional acelerando a impressão do *Guia para os alunos*.

11h — Na Escola Politécnica e no Tesouro Nacional com o dr. Veríssimo de Matos tratando de negócios da família.

12h — No Clube de Engenharia e com o amigo engenheiro José Américo dos Santos.

12½ — Entregando ao engenheiro George Manders, atual representante da companhia Minas Central, o saldo de £ 13 e a planta da primeira seção da Estrada de Ferro.

1½ — Na Sociedade Central de Imigração com os diretores A. d'E. Taunay e Saturnino Gomes.

2½ — Na Tipografia Nacional revendo provas do *Guia para os alunos* impresso até página 64.

4½ — De volta ao Hotel dos Estrangeiros.

5h — Escrevendo ao Charles Glanvill, secretário da companhia Minas Central, em Londres.
7h — Visitando aos amigos Joaquim Nabuco e Gusmão Lobo.

[12 *de fevereiro*]

Madrugada como a de ontem; manhã clara; dia de sol ardentíssimo; aguaceiro à tarde.

Temperatura de 22,0° a 28,3° centígrados.

5 horas — Acordar, toalete, banho, diário, balancete etc.
7 — Continuando a trabalhar no *Vocabulário técnico da arte de construir*.
10 — Na Tipografia Nacional coordenando os originais do *Guia para os alunos*.
10½ — No escritório do engenheiro Antônio José Del Vecchio, com os alunos em exercícios práticos, mostrando-lhes o aparelho para resistência de materiais, as obras que executei na doca e nos armazéns da alfândega de 1866 a 1871, as posteriores e as atuais (ilha dos Ratos — Edifício Fiscal — e cais do largo do Paço ao Arsenal de Guerra).
1½ — No Clube de Engenharia com os engenheiros José Américo dos Santos e Júlio Coutinho discutindo o regulamento para o 2.º Congresso de Estradas de Ferro.

[...] horas — Na Confederação Abolicionista com os amigos Joaquim Nabuco e J. F. Clapp.
3½ — Na Tipografia Nacional revendo provas do *Guia para os alunos*.
5 horas — De volta ao Hotel dos Estrangeiros.
5½ — Trabalhando no *Vocabulário técnico da arte de construir*.

[*13 de fevereiro*]

Madrugada com lua em minguante no oriente junto a Vênus; manhã clara; dia de sol; raras nuvens à tarde.

Temperatura de 22,6° a 29,5° centígrados.

5 horas — Acordar, toalete, banho, diário, balancete etc.
7 — Continuando a trabalhar no *Vocabulário técnico da arte de construir*.
10 — Na Tipografia Nacional entregando os vocabulários das últimas lições do *Guia para os alunos*.
11h — Na Escola Politécnica dando a nona e última lição de aritmética ao sobrinho André Veríssimo Rebouças.
12½ — No Tesouro Nacional com o dr. A. Veríssimo de Matos providenciando sobre negócios da família.
1 hora — No Clube de Engenharia e no escritório do amigo engenheiro José Américo dos Santos.

2 horas — Na Sociedade Central de Imigração com os diretores Taunay e Saturnino Gomes.
3 horas — Na Confederação Abolicionista com o presidente J. F. Clapp.
3½ — Na Tipografia Nacional revendo provas do *Guia para os alunos* impresso até página 80.
4½ — De volta ao Hotel dos Estrangeiros.
5h — Continuando a trabalhar no *Vocabulário técnico da arte de construir*.

[14 *de fevereiro*]

Noite estrelada; manhã clara; dia de sol; tarde quase sem nuvens.
Temperatura de 23,0° a 32,1° centígrados.

5 horas — Acordar, toalete, banho, diário, balancete etc.
7 — Continuando a trabalhar no *Vocabulário técnico da arte de construir*.
10 — Na Tipografia Nacional providenciando sobre a impressão do *Guia para os alunos*.
10½ — No Arsenal de Marinha com a turma de exercícios práticos mostrando-lhes com o engenheiro dr. Barbosa as oficinas, obras do cais da ilha das Cobras, diques e serraria.
11h — No Clube de Engenharia.

1½ — Na Sociedade Central de Imigração, em sessão da diretoria para receber o colega dr. Enes de Souza, que fundou as sociedades filiais de São Paulo, Sorocaba e Santos; esteve presente o barão Homem de Melo, além do diretor Rohan, Taunay, engenheiro José Américo dos Santos, barão de Teffé e Saturnino Gomes.
3 horas — Na Tipografia Nacional revendo provas do *Guia para os alunos* impresso até a página 96.
5h — De volta ao Hotel dos Estrangeiros.
5½ — Continuando a trabalhar no *Vocabulário técnico da arte de construir*.

[*15 de fevereiro*]

Madrugada com Vênus no oriente e Júpiter no ocidente; manhã clara; dia de sol; tarde brilhante.

Temperatura de 22,8° a 30,9° centígrados.

5 horas — Acordar, toalete, banho, diário, balancete etc.
7 — Continuando a trabalhar no *Vocabulário técnico da arte de construir*.
11 horas — Coordenando os documentos da companhia The Conde d'Eu Railway Company, Limited, sobre tarifas e isenção de direitos de importação.

3 horas — Ilustrando o *Vocabulário técnico da arte de construir* com gravuras extraídas dos catálogos de máquinas, utensílios e ferramentas.
5 horas — Colecionando novos termos de arquitetura para o *Vocabulário técnico*.

[***16 de fevereiro***]

Madrugada como a de ontem; manhã clara; dia de sol; algumas nuvens à tarde.

Temperatura de 22,5° a 31,38° centígrados.

5 horas — Acordar, toalete, banho, diário, balancete etc.
7 — Continuando a trabalhar no *Vocabulário técnico da arte de construir*.
10h — Na Tipografia Nacional revendo provas do *Guia para os alunos da primeira cadeira de engenharia civil*.
12 — Visitando o Museu Escolar, estabelecido no pavimento superior da Tipografia Nacional.
1h — Continuando a trabalhar no *Vocabulário técnico da arte de construir* de volta ao meu aposento no Hotel dos Estrangeiros.

[*17 de fevereiro*]

Madrugada com Vênus no oriente e Júpiter no ocidente; manhã clara; dia de sol; algumas nuvens à tarde.

Temperatura de 22,0° a 33,3° centígrados.

5 horas — Acordar, toalete, banho, diário, balancete etc.
7 — Continuando a trabalhar no *Vocabulário técnico da arte de construir*.
10h — Na Tipografia Nacional revendo provas do *Guia para os alunos da primeira cadeira de engenharia civil*.
12h — Recebendo a sétima folha de impressão desta obra até página 112.
1½ — De volta ao Hotel dos Estrangeiros.
2 horas — Continuando a trabalhar no *Vocabulário técnico da arte de construir*.

Os jornais publicam o manifesto da Confederação Abolicionista, redigido pelo José do Patrocínio, recomendando paz durante a crise parlamentar.

[*18 de fevereiro*]

Madrugada e manhã enubladas; dia de sol encoberto; ameaças de chuvas à tarde.

Temperatura de 25,0° a 34,3° centígrados.

5 horas — Acordar, toalete, banho, diário, balancete etc.
7 — Continuando a trabalhar no *Vocabulário técnico da arte de construir*.
10 — Na Tipografia Nacional revendo provas do *Guia para os alunos da primeira cadeira de engenharia civil*.
11½ — No Ministério das Obras Públicas tratando do Caminho de Ferro Conde d'Eu e oficiando ao ministro pedindo dispensa da comissão para informar o requerimento do dr. A. Schult e do engenheiro E. Phauzolles para o estabelecimento de um porto em Mostardas (Rio Grande do Sul).
1½ — Na Sociedade Central de Imigração com os amigos A. d'E. Taunay e Enes de Souza.
2½ — Em conselho do Clube de Engenharia com o amigo engenheiro José Américo dos Santos e mais colegas.
3½ — Na Confederação Abolicionista com o amigo J. F. Clapp e depois com o deputado José Mariano.
4½ — Em casa do amigo Joaquim Nabuco em conferência sobre o seu reconhecimento como deputado.
5½ — De volta ao Hotel dos Estrangeiros.

[*19 de fevereiro*]

Trovoada e chuva à noite e pela manhã; dia sempre encoberto; tarde dúbia.

Temperatura de 21,5° a 23,3° centígrados.

5 horas — Acordar, toalete, banho, diário, balancete etc.
7 — Continuando a trabalhar no *Vocabulário técnico da arte de construir*.
10½ — Na Escola Politécnica dando a 16.ª lição de exercícios práticos (oitava de orçamentos) e encerrando os trabalhos da turma de 1884.
11½ — No Tesouro Nacional tratando do despacho do material importado para o Caminho de Ferro Conde d'Eu.
12h — Na Tipografia Nacional revendo provas do *Guia para os alunos*.
2 horas — Na Sociedade Central de Imigração com os diretores Rohan, Taunay, Enes de Souza e S. Gomes.
3 horas — No Clube de Engenharia com o tesoureiro C. Niemeyer.
3½ — Na Confederação Abolicionista com o presidente J. F. Clapp fazendo o expediente.
4½ — De volta ao Hotel dos Estrangeiros.
5 horas — Respondendo às cartas de 16 janeiro e 7 de fevereiro do presidente A. H. Phillpotts e do engenheiro R. C. Batterbee sobre o Caminho de Ferro Conde d'Eu, na Paraíba do Norte.

6 horas — Preparando exercícios de aritmética para o sobrinho André V. Rebouças.

[20 *de fevereiro*]

Chuviscos à noite; manhã clara; dia de sol; algumas nuvens à tarde.

Temperatura de 23,0° a 27,7° centígrados.

5 horas — Acordar, toalete, banho, diário, balancete etc.
7 — Continuando a trabalhar no *Vocabulário técnico da arte de construir*.
10h — Na Tipografia Nacional revendo provas do *Guia para os alunos*.
11 — Na Escola Politécnica dando os pontos escritos para os exames de segunda época.
12h — No Clube de Engenharia e no escritório do amigo engenheiro José Américo dos Santos.
1½ — Na Sociedade Central de Imigração com os diretores Taunay, Enes de Souza e Saturnino Gomes.
2½ — Na Confederação Abolicionista com os amigos Miguel Antônio Dias e J. F. Clapp.
3h — Na Tipografia Nacional continuando a rever provas do *Guia para os alunos* impresso até a página 144.

4½ — De volta ao Hotel dos Estrangeiros.
5 horas — Continuando a trabalhar no *Vocabulário técnico da arte de construir*.

[*21 de fevereiro*]

Luar ao anoitecer; pela madrugada Vênus ao oriente e Júpiter no ocidente; dia de sol; tarde enublada.

Temperatura de 22,1° a 30,7° centígrados.

5 horas — Acordar, toalete, banho, diário, balancete etc.
7 — Continuando a trabalhar no *Vocabulário técnico da arte de construir*.
10h — Na Tipografia Nacional revendo provas do *Guia para os alunos da primeira cadeira de engenharia civil*.
12h — No Clube de Engenharia e no escritório do amigo engenheiro José Américo dos Santos.
1½ — Na Sociedade Central de Imigração com os diretores Rohan, Taunay e Enes de Souza.
3h — Na Confederação Abolicionista com o amigo J. F. Clapp redigindo uma saudação ao presidente Dantas pelo seu aniversário.
3½ — Na Tipografia Nacional providenciando sobre a impressão do *Guia para os alunos*.

4½ — De volta ao Hotel dos Estrangeiros.
5h — Continuando a trabalhar no *Vocabulário técnico da arte de construir*.

[*22 de fevereiro*]

Ameaças de chuva à noite e pela manhã; dia mais ou menos enublado; alguns raios de sol à tarde.

Temperatura de 22,4° a 29,3° centígrados.

5 horas — Acordar, toalete, banho, diário, balancete etc.
7 — Continuando a trabalhar no *Vocabulário técnico da arte de construir*.
11h — Aperfeiçoando as letras A, B e C de ensaio do dito *Vocabulário dos termos técnicos da arte de construir para ciências acessórias*, impresso na Tipografia Laemmert por conta do Instituto Politécnico, sendo com entradas em francês.

Letra A	2 abril 1868	1 004	vocábulos
Letra B	31 dezembro 1868	1 520	"
Letra C	26 outubro 1869	3 289	"
Soma		5 813	vocábulos

A letra D, pronta com perto de mil termos, não foi impressa por falta de recursos do instituto.

12h — Continuando a trabalhar no *Vocabulário técnico da arte de construir*, introduzindo definições e créditos de modo a elevá-lo a um *Dicionário politécnico*.

O vocabulário técnico do *Guia para os alunos* contém 2 485 termos e locuções tecnológicas.

[*23 de fevereiro*]

Noite mais ou menos enublada; manhã clara; dia de sol; tarde brilhante.

Temperatura de 23,5° a 34,5° centígrados.

5 horas — Acordar, toalete, banho, diário, balancete etc.
7 — Continuando a trabalhar no *Dicionário politécnico*.
10h — Na Tipografia Nacional providenciando sobre a impressão do *Guia para os alunos*.
10½ — Na Escola Politécnica e no Gabinete de Engenharia Civil dando a 10.ª explicação de aritmética ao sobrinho André Veríssimo Rebouças.
12h — No Clube de Engenharia com o tesoureiro Conrado Jacob de Niemeyer.

1½ — Na Sociedade Central de Imigração com os diretores Rohan, Taunay e Enes de Souza.
3 horas — Na Confederação Abolicionista com o presidente J. F. Clapp.
3½ — Na Tipografia Nacional revendo provas do *Guia para os alunos* impresso até página 160.
4½ — De volta ao Hotel dos Estrangeiros.
5 horas — Continuando a trabalhar no *Dicionário politécnico*.

[*24 de fevereiro*]

Noite de luar; algumas nuvens pela manhã; ameaças de chuva durante o dia; tarde dúbia.

Temperatura de 26,0° a 35,3° centígrados.

5 horas — Acordar, toalete, banho, diário, balancete etc.
7 — Continuando a trabalhar no *Dicionário politécnico*.
10h — Na Tipografia Nacional revendo provas do *Guia para os alunos*.
12 — Em casa de Leuzinger & Filhos escolhendo modelos de desenho para a Escola Neutralidade do dr. João Köpke em São Paulo.
1 hora — No Clube de Engenharia com os diretores Van Erven e Carlos Alberto Morsing.

1½ — Na Sociedade Central de Imigração preparando o expediente com o vice-presidente Alfredo d'E. Taunay.
3h — Na Tipografia Nacional revendo as últimas folhas do *Guia para os alunos* impresso até a página 192.
4½ — De volta ao Hotel dos Estrangeiros.
5h — Continuando a trabalhar no *Dicionário politécnico*.

[*25 de fevereiro*]

Luar enublado; algumas nuvens pela manhã; dia de sol; tarde dúbia.

Temperatura de 23,5° a 31,9° centígrados.

5 horas — Acordar, toalete, banho, diário, balancete etc.
7 — Continuando a trabalhar no *Dicionário politécnico*.
10h — Na Tipografia Nacional providenciando sobre a impressão do *Guia para os alunos*.
10½ — No Gabinete de Engenharia Civil da Escola Politécnica dando a 11.ª lição de aritmética ao sobrinho André Veríssimo Rebouças.
12½ — No Clube de Engenharia e no escritório do amigo engenheiro José Américo dos Santos.
1½ — Na Sociedade Central de Imigração com os diretores Enes de Souza e Saturnino Gomes.

3h — Na Confederação Abolicionista com os amigos Miguel A. Dias e J. F. Clapp.
3½ — Na Tipografia Nacional revendo provas do *Guia para os alunos* impresso até a página 208.
4½ — De volta ao Hotel dos Estrangeiros.
5h — Continuando a trabalhar no *Dicionário politécnico*.

[*26 de fevereiro*]

Trovoada e chuva à noite; manhã encoberta; dia de sol e encoberto; dia dúbio.

Temperatura de 23,3° a 29,3° centígrados.

5 horas — Acordar, toalete, banho, diário, balancete etc.
7 — Continuando a trabalhar no *Dicionário politécnico*.
10h — Na Tipografia Nacional tratando da impressão do *Guia para os alunos*.
11h — No Clube de Engenharia com o secretário Van Erven e o engenheiro Crockatt de Sá, ex-inspetor das Obras Públicas na província de Minas Gerais.
12h — No escritório do amigo engenheiro José Américo dos Santos.
1h — Na Sociedade Central de Imigração com o diretor dr. Enes de Souza.

2h — Na Confederação Abolicionista com o amigo J. F. Clapp.
3h — Na Tipografia Nacional revendo provas do *Guia para os alunos*.
4½ — Em casa do amigo Joaquim Nabuco tratando do seu reconhecimento como deputado pelo 1.º distrito do Recife.
5½ — De volta ao Hotel dos Estrangeiros.
6 — Preparando exercícios de aritmética para o sobrinho André Veríssimo Rebouças.

[*27 de fevereiro*]

Trovoada e chuva à noite; manhã enublada; aguaceiros durante o dia; tarde chuvosa.

Temperatura de 21,9° a 28,3° centígrados.

5 horas — Acordar, toalete, banho, diário, balancete etc.
7 — Continuando a trabalhar no *Dicionário politécnico*.
10 — Na Tipografia Nacional revendo provas do *Guia para os alunos*.
11h — No Gabinete de Engenharia Civil da Escola Politécnica dando a 12.ª explicação de aritmética ao sobrinho A. V. Rebouças.
12h — No Clube de Engenharia e no escritório do amigo engenheiro José Américo dos Santos.

1½ — Na Sociedade Central de Imigração com o diretor Enes de Souza discutindo com o fazendeiro dr. Monteiro de Barros as condições do contrato de parceria com os seus colonos mandados vir das ilhas Canárias.
3h — Na Tipografia Nacional tratando da impressão e prova do *Guia para os alunos*.
4½ — De volta ao Hotel dos Estrangeiros.
5h — Continuando a trabalhar no *Dicionário politécnico*.

[*28 de fevereiro*]

Chuva à noite e manhã encoberta; dia mais ou menos enublado; chuviscos ao anoitecer.

Temperatura de 20,9° a 24,8° centígrados.

5 horas — Acordar, toalete, banho, diário, balancete etc.
7 — Continuando a trabalhar no *Dicionário politécnico*.
10h — Na Tipografia Nacional providenciando sobre a impressão do *Guia para os alunos*.
11h — No Clube de Engenharia e no escritório do amigo engenheiro José Américo dos Santos.
12h — Na Escola Politécnica assistindo à primeira congregação dos lentes em 1885.
1½ — Na Sociedade Central de Imigração com os diretores

Rohan, Taunay, Enes de Souza e Saturnino Gomes, que apresentam um projeto de regulamento para recepção de imigrantes.
2h — Na Confederação Abolicionista com o presidente J. F. Clapp.
4½ — De volta ao Hotel dos Estrangeiros.
5½ — Continuando a trabalhar no *Dicionário politécnico*.
8h — Visitam-me Pedro Dias Paes Leme, seu pai recém-chegado de Goiás e seu sócio Rademack para consultar sobre o melhor sistema de esgotos [...] de mineração de ouro.

[***1.º de março***]

Luar enublado e manhã clara; dia de sol; tarde brilhante e ventilada.

Temperatura de 21,5° a 26,8° centígrados.

5 horas — Acordar, toalete, banho, diário, balancete etc.
7 — Continuando a trabalhar no *Dicionário politécnico*.
11h — Respondendo às cartas de 31 janeiro e à de fevereiro do presidente A. H. Phillpotts e do amigo Charles Neate, sobre o Caminho de Ferro Conde d'Eu (Paraíba do Norte).
1 hora — Visita-me o amigo e afilhado Adriano Eduardo Mullier.
2h — Preparando exercícios de aritmética para o sobrinho André Veríssimo Rebouças.

3 horas — Continuando a trabalhar no *Dicionário politécnico*.

[**2** ***de março***]

Luar brilhante; manhã com raras nuvens; dia de sol; tarde clara e ventilada.

Temperatura de 20,7° a 25,8° centígrados.

5 horas — Acordar, toalete, banho, diário, balancete etc.

7 — Continuando a trabalhar no *Dicionário politécnico*.

10 — Na Tipografia Nacional, verificando estarem na imprenta as últimas folhas do *Guia para os alunos*.

10½ — Na Escola Politécnica dando a 13.ª explicação ao sobrinho André Veríssimo Rebouças.

11½ — Na prova escrita para os exames de segunda época dos alunos de engenharia civil.

12h — Com o amigo Miguel Antônio Dias e no escritório do amigo engenheiro José Américo dos Santos.

1h — Na Sociedade Central de Imigração com os amigos diretores Rohan, Taunay e Enes de Souza.

2½ — No Clube de Engenharia em sessão do conselho diretor.

3¼ — Na Tipografia Nacional revendo provas do *Guia para os alunos*.

4⅓ — De volta ao Hotel dos Estrangeiros.

5h — Continuando a trabalhar no *Dicionário politécnico*.

[*3 de março*]

Luar em céu estrelado; manhã clara; dia de sol; tarde brilhante e ventilada.

Temperatura de 19,5° a 26,4° centígrados.

5 horas — Acordar, toalete, banho, diário, balancete etc.
7 — Continuando a trabalhar no *Dicionário politécnico*.
10 — Na Tipografia Nacional revendo provas do *Guia para os alunos*.
12h — No Clube de Engenharia e no escritório do amigo engenheiro José Américo dos Santos.
1½ — Na Sociedade Central de Imigração com os amigos Rohan, Taunay e tesoureiro Wenceslau Guimarães.
2½ — Na Confederação Abolicionista com o presidente J. F. Clapp.
3h — Na Tipografia Nacional continuando a rever provas do *Guia para os alunos*.
4½ — De volta ao Hotel dos Estrangeiros.
5h — Continuando a trabalhar no *Dicionário politécnico*.
7 — Visita-me o comendador Inácio Dias Paes Leme para consultar sobre o esgoto da sua mina de ouro em Goiás.

[*4 de março*]

Luar em céu enublado; algumas nuvens de manhã; dia de sol; ameaças de chuva à noite.

Temperatura de 20,9° a 26,8° centígrados.

5 horas — Acordar, toalete, banho, diário, balancete etc.
7 — Continuando a trabalhar no *Dicionário politécnico*.
10 — Na Tipografia Nacional revendo provas do *Guia para os alunos*.
11 — Na Escola Politécnica dando a 14.ª explicação de aritmética ao sobrinho A. Veríssimo Rebouças.
12½ — No Clube de Engenharia e no escritório do engenheiro José Américo dos Santos.
1½ — Na Sociedade Central de Imigração com os amigos Rohan e Taunay.
2½ — Na Confederação Abolicionista com o presidente J. F. Clapp.
3h — Na Tipografia Nacional continuando a rever provas do *Guia para os alunos* impresso até página 224.
4½ — Com o amigo Joaquim Nabuco tratando de seu reconhecimento como deputado.
5½ — De volta ao Hotel dos Estrangeiros.
6h — Continuando a trabalhar no *Dicionário politécnico*.

9.
UM GUIA PARA OS ALUNOS E A VOLTA DO PARLAMENTO

5/3 a 12/4/1885

Últimas provas do Guia para os alunos

[*5 de março*]

Luar mais ou menos enublado; manhã clara; dia de sol; ameaças de chuva à tarde.

Temperatura de 21,3° a 26,6° centígrados.

5 horas — Acordar, toalete, banho, diário, balancete etc.
7 — Continuando a trabalhar no *Dicionário politécnico*.
10 — Na Tipografia Nacional revendo provas do *Guia para os alunos*.
11h — Na Escola Politécnica onde não realizou-se a congregação anunciada por falta de número.
12h — No Ministério das Obras Públicas providenciando sobre o Caminho de Ferro Conde d'Eu (Paraíba do Norte).
12½ — Respondendo à carta de 2 março do amigo Joaquim Serra em Nova Friburgo.
1 hora — Escrevendo ao amigo Francisco Bruno Pereira, procurador da família na Bahia.
1½ — Na Sociedade Central de Imigração com os amigos Rohan e Taunay.

2½ — Na Confederação Abolicionista com o presidente J. F. Clapp.
3h — Na Tipografia Nacional terminando revisão das provas do *Guia para os alunos* que findou na página 293.
4½ — De volta ao Hotel dos Estrangeiros.
5 horas — Continuando a trabalhar no *Dicionário politécnico*.

[*6 de março*]

Noite encoberta; chuviscos pela manhã, dia escuro e chuvoso; aguaceiros à tarde.

Temperatura de 21,4° a 25,3° centígrados.

5 horas — Acordar, toalete, banho, diário, balancete etc.
7 — Continuando a trabalhar no *Dicionário politécnico*.
10 — Na Tipografia Nacional providenciando sobre a brochura do *Guia para os alunos*.
11h — Na Escola Politécnica, na segunda congregação de 1885, para o concurso dos professores de desenho.
12 — No Ministério do Império verificando ter sido de 21 janeiro o aviso que mandou imprimir o *Guia para os alunos*.
1 hora — No Clube de Engenharia e no escritório do amigo engenheiro José Américo dos Santos.

1½ — Na Sociedade Central de Imigração com o vice-presidente A. d'E. Taunay.
2½ — Na Confederação Abolicionista com o presidente J. F. Clapp e o amigo Miguel Antônio Dias.
3½ — Na Tipografia Nacional recebendo a impressão das últimas páginas do *Guia para os alunos*.
4h — De volta ao Hotel dos Estrangeiros.
4½ — Continuando a trabalhar no *Dicionário politécnico*.

[*7 de março*]

Chuviscos à noite; algumas nuvens pela manhã; dia mais ou menos encoberto; tarde clara.

Temperatura de 21,7° a 31,8° centígrados.

5 horas — Acordar, toalete, banho, diário, balancete etc.
7 — Continuando a trabalhar no *Dicionário politécnico*.
10½ — Na biblioteca do Clube de Engenharia pondo em ordem as lições para o curso na escola.
12h — No escritório do amigo engenheiro José Américo dos Santos.
1½ — Na Sociedade Central de Imigração com os diretores Rohan, Taunay e Saturnino Gomes redigindo um ofício ao ministro da Agricultura para reforma no sistema de demarcação de lotes para imigrantes.

3 horas — Na Confederação Abolicionista com os amigos J. F. Clapp e Miguel Antônio Dias.
3½ — Na Tipografia Nacional tratando da impressão das cópias para o *Guia para os alunos*.
4½ — De volta ao Hotel dos Estrangeiros.
5h — Continuando a trabalhar no *Dicionário politécnico*.

Abertura do Parlamento [P II × *Dantas*]
[***8 de março***]

Ameaças de chuva à noite; manhã enublada e ventosa; dia de sol; tarde encoberta.

Temperatura de 22,7° a 31,8° centígrados.

5 horas — Acordar, toalete, banho, diário, balancete etc.
7 — Continuando a trabalhar no *Dicionário politécnico*.
11h — Visitando o amigo Gusmão Lobo, que me comunica ser favorável à abolição a Fala do Trono.
12h — No Teatro Recreio Dramático, dirigindo com os amigos Miguel Antônio Dias e J. F. Clapp a conferência promovida pela Confederação Abolicionista em honra ao comendador Carlos de Lacerda recém-chegado de Campos. Orador José do Patrocínio (primeira de 1885).

1½ — No Senado, com esses amigos e com o povo que assistiu à conferência na ovação feita ao imperador e ao presidente dos ministros Dantas pelos dois parágrafos da Fala do Trono em favor da abolição.
3h — De volta ao Hotel dos Estrangeiros.
3½ — Continuando a trabalhar no *Dicionário politécnico*.

Termina a impressão do Guia para os alunos
[***9 de março***]

Noite e manhã mais ou menos enubladas; ameaça de chuva durante o dia; tarde dúbia.

Temperatura de 22,9° a 28,8° centígrados.

5 horas — Acordar, toalete, banho, diário, balancete etc.
7 — Continuando a trabalhar no *Dicionário politécnico*.
10 — Na Escola dando ponto para o exame oral de quatro alunos de engenharia civil.
11h — No Clube de Engenharia e no escritório do amigo engenheiro José Américo dos Santos.
12½ — Na Escola Politécnica em exames da primeira turma de alunos do meu curso.
2½ — Na Sociedade Central de Imigração com os diretores Taunay e Saturnino Gomes.

3h — Na Confederação Abolicionista com os amigos Miguel Antônio Dias e J. F. Clapp.
3½ — Na Tipografia Nacional recebendo as últimas folhas do *Guia para os alunos*, que termina à página 293 com quinhentos exemplares.
4½ — De volta ao Hotel dos Estrangeiros.
5h — Continuando a trabalhar no *Dicionário politécnico*.

[*10 de março*]

Noite e manhã encobertas; ameaças de chuva durante o dia; chuviscos à tarde.

Temperatura de 22,8° a 26,3° centígrados.

5 horas — Acordar, toalete, banho, diário, balancete etc.
7 — Continuando a trabalhar no *Dicionário politécnico*.
10½ — Na oficina de encadernação da Tipografia Nacional dando instruções para brochura e cartonagem de quinhentos exemplares do *Guia para os alunos*.
11½ — No Ministério das Obras Públicas tratando do Caminho de Ferro Conde d'Eu (Paraíba do Norte).
12½ — No Clube de Engenharia e no escritório do amigo engenheiro José Américo dos Santos.

1½ — Na Sociedade Central de Imigração fazendo o expediente com os diretores Taunay, Enes de Souza e Saturnino Gomes.
3h — Na Confederação Abolicionista com o presidente João F. Clapp.
4h — De volta ao Hotel dos Estrangeiros.
4½ — Continuando a trabalhar no *Dicionário politécnico*.

[***11 de março***]

Noite encoberta, algumas nuvens pela manhã; dia de sol; trovoada e chuva à tarde.

Temperatura de 22,9° a 33,5° centígrados.

5 horas — Acordar, toalete, banho, diário, balancete etc.
7 — Continuando a trabalhar no *Dicionário politécnico*.
10½ — Na escola para dar ponto para exames orais.
11½ — No Tesouro Nacional com o dr. Antônio Veríssimo de Matos tratando de negócios da família.
12h — No Clube de Engenharia e no escritório do amigo engenheiro José Américo dos Santos.
1 hora — Na Escola Politécnica em exames de quatro alunos (segunda turma).
2½ — Na Sociedade Central de Imigração com os diretores Taunay, Enes de Souza e Saturnino Gomes.

3½ — Na Confederação Abolicionista com os amigos Miguel Antônio Dias e J. F. Clapp.
4½ — De volta ao Hotel dos Estrangeiros.
5h — Continuando a trabalhar no *Dicionário politécnico*.

[*12 de março*]

Vento e chuva à noite; manhã clara; dia de sol; tarde enublada e ventosa.

Temperatura de 20,2° a 27,1° centígrados.

5 horas — Acordar, toalete, banho, diário, balancete etc.
7 — Continuando a trabalhar no *Dicionário politécnico*.
10 — Visitando o amigo Joaquim Nabuco e o dr. Hilário de Gouveia, seu cunhado, recém-chegado do Rio Grande do Sul.
11h — Na Escola Politécnica dando as aprovações de oito alunos de exercícios práticos.
12h — No Clube de Engenharia e no escritório do amigo engenheiro José Américo dos Santos.
1½ — Na Sociedade Central de Imigração, fazendo o expediente com os diretores Rohan, Taunay, Enes de Souza e Saturnino Gomes.
3h — Na Confederação Abolicionista com o amigo Miguel Antônio Dias.

4h — De volta ao Hotel dos Estrangeiros.
4½ — Continuando a trabalhar no *Dicionário politécnico*.

[*13 de março*]

Noite enublada e ventosa; algumas nuvens pela manhã; dia de sol; tarde clara e ventilada.

Temperatura de 20,0° a 26,3° centígrados.

5 horas — Acordar, toalete, banho, diário, balancete etc.
7 — Continuando a trabalhar no *Dicionário politécnico*.
10½ — No Ministério das Obras Públicas tratando do Caminho de Ferro Conde d'Eu (Paraíba do Norte).
11½ — No Clube de Engenharia e no escritório do amigo engenheiro José Américo dos Santos.
12h — Na Escola Politécnica em congregação (terceira de 1885) para o concurso de desenho.
1 hora — Na Sociedade Central de Imigração, com o vice-presidente Taunay, redigindo uma representação ao Parlamento sobre revogação da lei de locação de serviços e decretação do casamento civil.
3 horas — Na Confederação Abolicionista com os amigos J. F. Clapp e Miguel Antônio Dias.
4½ — De volta ao Hotel dos Estrangeiros.

5h — Continuando a trabalhar no *Dicionário politécnico*.
7½ — Visitando o amigo engenheiro Antônio Paulo de Melo, presidente da Companhia Leopoldina.
8½ — No concerto do Clube Beethoven com o amigo engenheiro José Américo dos Santos.

Primeira distribuição do Guia para os alunos
[*14 de março*]

Noite enublada; manhã clara; dia de sol; tarde com raras nuvens.
Temperatura de 20,9° a 25,5° centígrados.

5 horas — Acordar, toalete, banho, diário, balancete etc.
7 — Continuando a trabalhar no *Dicionário politécnico*.
10½ — Na Tipografia Nacional recebendo trinta exemplares cartonados do *Guia para os alunos* e enviando 470 brochadas para serem vendidas por Leuzinger & Filhos.
11½ — Na Escola Politécnica em congregação (quarta de 1885) distribuindo pelos colegas os primeiros exemplares do *Guia para os alunos*.
12½ — No Clube de Engenharia e no escritório do amigo engenheiro José Américo dos Santos.
1½ — Na Sociedade Central de Imigração com este amigo e os diretores Taunay e Saturnino Gomes.

3h — Na Confederação Abolicionista com o presidente J. F. Clapp.
4h — De volta ao Hotel dos Estrangeiros.
5 — Continuando a trabalhar no *Dicionário politécnico*.

[*15 de março*]

Noite estrelada; manhã clara; dia de sol; tarde brilhante e ventilada.

Temperatura de 20,0° a 25,8° centígrados.

5 horas — Acordar, toalete, banho, diário, balancete etc.
7 — Continuando a trabalhar no *Dicionário politécnico*.
11 horas — Revendo vários documentos da Estrada de Ferro Conde d'Eu, na Paraíba do Norte.
12½ — Respondendo à carta de 18 de fevereiro do presidente desta companhia A. H. Phillpotts.
1 hora — Extraindo da lição do curso sobre pedras da França, da Inglaterra e dos Estados Unidos várias notas para o *Dicionário politécnico*.
4h — Continuando a trabalhar nessa obra.

[*16 de março*]

Noite estrelada; algumas nuvens pela manhã; dia de sol; tarde clara e ventilada.

Temperatura de 21,0° a 29,4° centígrados.

5 horas — Acordar, toalete, banho, diário, balancete etc.
7 — Continuando a trabalhar no *Dicionário politécnico*.
10½ — No Ministério da Justiça promovendo o pagamento dos aluguéis da casa da Bahia, ocupada pela polícia.
11h — No Tesouro Nacional com o dr. Antônio Veríssimo de Matos, tratando de negócios da família.
12h — No Clube de Engenharia e no escritório do amigo engenheiro José Américo dos Santos.
1½ — Na Sociedade Central de Imigração com os amigos Rohan e Taunay.
2½ — Em sessão de diretoria do Clube de Engenharia.
4½ — De volta ao Hotel dos Estrangeiros.
5h — Continuando a trabalhar no *Dicionário politécnico*.

[*17 de março*]

Noite estrelada; algumas nuvens pela manhã; dia encoberto; ameaças de chuva à tarde.

Temperatura de 20,7° a 28,9° centígrados.

5 horas — Acordar, toalete, banho, diário, balancete etc.
7 — Continuando a trabalhar no *Dicionário politécnico*.
10½ — Na escola para dar ponto de exame a um aluno do meu curso de engenharia civil.
11h — No Clube de Engenharia e no escritório do amigo engenheiro José Américo dos Santos.
12h — Na Escola Politécnica examinando esse aluno.
1 hora — Na Sociedade Central de Imigração com os colegas de diretoria Taunay, Enes de Souza e Saturnino Gomes.
3 horas — Na Confederação Abolicionista com o amigo Miguel Antônio Dias.
4 horas — De volta ao Hotel dos Estrangeiros.
5h — Continuando a trabalhar no *Dicionário politécnico*.

[***18 de março***]

Noite enublada; chuviscos pela manhã; dia dúbio; tarde clara e ventilada.

Temperatura de 21,5° a 27,9° centígrados.

5 horas — Acordar, toalete, banho, diário, balancete etc.
7 — Continuando a trabalhar no *Dicionário politécnico*.

10½ — No Clube de Engenharia e no escritório do engenheiro José Américo dos Santos.
11½ — Na Escola Politécnica em congregação (quinta de 1885) para eleição das comissões.
12½ — Em exames de economia política.
1½ — Na Sociedade Central de Imigração com os diretores Rohan, Taunay e Saturnino Gomes.
3h — Na Confederação Abolicionista com o presidente J. F. Clapp.
4h — De volta ao Hotel dos Estrangeiros.
4½ — Continuando a trabalhar no *Dicionário politécnico*.

[*19 de março*]

Noite estrelada; algumas nuvens pela manhã; dia de sol; tarde clara e ventilada.

Temperatura de 20,5° a 27,3° centígrados.

5 horas — Acordar, toalete, banho, diário, balancete etc.
7 — Continuando a trabalhar no *Dicionário politécnico*.
10½ — No Ministério da Justiça promovendo o pagamento dos aluguéis da casa da Bahia ocupada pela polícia.
11½ — No Clube de Engenharia e no escritório do amigo engenheiro José Américo dos Santos.

12½ — Na Escola Politécnica em exames de economia política.
1½ — Na Sociedade Central de Imigração fazendo o expediente com os diretores Taunay, Enes de Souza e Saturnino Gomes.
3 horas — Na Confederação Abolicionista e com os amigos J. F. Clapp, Joaquim Nabuco e José do Patrocínio recém-chegado de Campos e Teodureto Souto, o presidente que libertou o Amazonas.
5 horas— De volta ao Hotel dos Estrangeiros.
5½ — Continuando a trabalhar no *Dicionário politécnico*.

[*20 de março*]

Noite e manhã um pouco enubladas; dia de sol; ameaças de chuva à tarde.

Temperatura de 21,3° a 26,8° centígrados.

5 horas — Acordar, toalete, banho, diário, balancete etc.
7 — Continuando a trabalhar no *Dicionário politécnico*.
10½ — No Ministério do Império oferecendo aos diretores Neto Machado e Nicolau Midosi exemplares do *Guia para os alunos*.
11½ — No Clube de Engenharia e no escritório do amigo engenheiro José Américo dos Santos.

1½ — Na Sociedade Central de Imigração com os diretores Rohan, Enes de Souza e Saturnino Gomes.
3h — Na Confederação Abolicionista com os amigos Miguel Antônio Dias e J. F. Clapp.
4h — De volta ao Hotel dos Estrangeiros.
4½ — Continuando a trabalhar no *Dicionário politécnico*.

[***21 de março***]

Ameaças de chuva ao anoitecer; manhã clara; dia de sol; raras nuvens à tarde.

Temperatura de 21,0° a 27,8° centígrados.

5 horas — Acordar, toalete, banho, diário, balancete etc.
7 — Continuando a trabalhar no *Dicionário politécnico*.
10½ — No escritório das obras da alfândega oferecendo ao engenheiro Adolfo José Del Vecchio um exemplar do *Guia para os alunos*.
11½ — Na biblioteca do Clube de Engenharia tomando várias notas para o *Dicionário politécnico*.
1½ — Em sessão da diretoria da Sociedade Central de Imigração com os amigos diretores Rohan, Taunay, Enes de Souza e Saturnino Gomes.

3 horas — Na Confederação Abolicionista e com o amigo engenheiro José Américo dos Santos.
4 horas — De volta ao Hotel dos Estrangeiros.
4½ — Continuando a trabalhar no *Dicionário politécnico*.

[*22 de março*]

Noite estrelada com lua em crescente; algumas nuvens pela manhã; dia de sol; tarde brilhante.

Temperatura de 21,5° a 26,8° centígrados.

5 horas — Acordar, toalete, banho, diário, balancete etc.
7 — Continuando a trabalhar no *Dicionário politécnico*.
11h — Respondendo à carta do amigo dr. José Carlos Rodrigues, atualmente em Londres.
12 — E à do dr. Viana de Lima adido da legação brasileira em Londres.
12½ — Introduzindo no *Dicionário politécnico* algumas notas bibliográficas sobre naturalistas e engenheiros que mais têm estudado o Brasil.
4h — Continuando a trabalhar no *Dicionário politécnico*.

[*23 de março*]

Luar crescente em céu estrelado; algumas nuvens pela manhã; dia de sol; tarde clara.

Temperatura de 19,7° a 26,3° centígrados.

5 horas — Acordar, toalete, banho, diário, balancete etc.
7 — Continuando a trabalhar no *Dicionário politécnico*.
10½ — Na Escola Politécnica remetendo ao dr. Viana de Lima, adido da legação brasileira em Londres, três volumes dos *Anais da Biblioteca Nacional*.
11½ — No Tesouro Nacional com o dr. Veríssimo de Matos tratando de negócios da família.
12h — No Clube de Engenharia e no escritório do amigo engenheiro José Américo dos Santos.
1½ — Na Sociedade Central de Imigração com o escriturário Figueiró, tendo ido os colegas de diretoria visitar o visconde de Bom Retiro.
3 horas — Na Confederação Abolicionista com o presidente J. F. Clapp e capitão Sena, sogro do José do Patrocínio.
4½ — De volta ao Hotel dos Estrangeiros.
5h — Continuando a trabalhar no *Dicionário politécnico*.

[*24 de março*]

Luar de crescente em céu estrelado; manhã enublada; dia de sol; algumas nuvens à tarde.

Temperatura de 22,0° a 23,8° centígrados.

5h — Acordar, toalete, banho, diário, balancete etc.

7 — Continuando a trabalhar no *Dicionário politécnico*.

10½ — Na biblioteca da Escola Politécnica em estudos para esse dicionário.

12h — No Clube de Engenharia e no escritório do amigo engenheiro José Américo dos Santos.

1 hora — Em casa de Norton, Megaw & Co. sacando £ 52 sobre a Conde d'Eu Railway Company e escrevendo ao seu secretário a carta de aviso.

1½ — Na Sociedade Central de Imigração fazendo o expediente com os diretores Rohan, Taunay e Enes de Souza.

3h — Na Confederação Abolicionista e com o amigo Miguel Antônio Dias.

4½ — De volta ao Hotel dos Estrangeiros.

5h — Continuando a trabalhar no *Dicionário politécnico*.

Primeiro aniversário da libertação do Ceará

[**25 de março**]

Luar à noite; ameaças de chuva pela manhã; dia encoberto; chuviscos ao anoitecer.

Temperatura de 22,7° a 28,8° centígrados.

5 horas — Acordar, toalete, banho, diário, balancete etc.
7 — Continuando a trabalhar no *Dicionário politécnico*.
10 — Respondendo à carta de 20 março do engenheiro Cândido Alves Mourão do Vale, atualmente empregado na Estrada de Ferro do Rio Bonito.
12 horas — Redigindo para o boletim da Sociedade Central de Imigração o artigo — "Patriotismo e imigração".
2 horas — Continuando a trabalhar no *Dicionário politécnico*.

[**26 de março**]

Chuva à noite; manhã enublada; aguaceiros durante o dia; tarde encoberta.

Temperatura de 21,7° a 27,8° centígrados.

5 horas — Acordar, toalete, banho, diário, balancete etc.
7 — Continuando a trabalhar no *Dicionário politécnico*.

10½ — No Banco do Brasil depositando 1:000$000 Rs. em conta-corrente.
11h — No Clube de Engenharia e no escritório do amigo engenheiro José Américo dos Santos.
12h — Na Escola Politécnica a convite do diretor para presidir os exames da cadeira de máquinas.
2h — Na Sociedade Central de Imigração com os diretores Taunay, Enes de Souza e Saturnino Gomes.
3h — Na Confederação Abolicionista com o presidente J. F. Clapp.
4h — De volta ao Hotel dos Estrangeiros.
4½ — Continuando a trabalhar no *Dicionário politécnico*.

[*27 de março*]

Chuva à noite; manhã clara; dia de sol; raras nuvens à tarde.
Temperatura de 18,5° a 24,0° centígrados.

5 horas — Acordar, toalete, banho, diário, balancete etc.
7 — Continuando a trabalhar no *Dicionário politécnico*.
10½ — Na Escola Politécnica julgando os trabalhos de exercícios práticos dos alunos.
12 — No Clube de Engenharia e no escritório do amigo engenheiro José Américo dos Santos.

1½ — Na Sociedade Central de Imigração fazendo o expediente com os diretores Taunay e Saturnino Gomes.
3h — Na Confederação Abolicionista com os amigos Miguel Antônio Dias e J. F. Clapp.
4h — De volta ao Hotel dos Estrangeiros.
4½ — Continuando a trabalhar no *Dicionário politécnico*.
7½ — Visitando os amigos Joaquim Nabuco e Gusmão Lobo (Clarkson na propaganda abolicionista).[30]
8½ — No Clube Beethoven com os amigos engenheiro José Américo dos Santos e Antônio Paulo de Melo Barreto (presidente da Estrada de Ferro Leopoldina).

[*28 de março*]

Noite estrelada com Lua junto de Júpiter; manhã clara; dia de sol interrompido por um aguaceiro; tarde dúbia.

Temperatura de 19,5° a 25,1° centígrados.

5 horas — Acordar, toalete, banho, diário, balancete etc.
7 — Continuando a trabalhar no *Dicionário politécnico*.
10½ — No Clube de Engenharia e no escritório do amigo engenheiro José Américo dos Santos.
12½ — Na Escola Politécnica, assistindo à prova oral do engenheiro Cabrita em concurso para professor de desenho.

2h — Na Sociedade Central de Imigração com os diretores Taunay e Saturnino Gomes.
3h — Na Confederação Abolicionista e com o amigo Miguel Antônio Dias.
4h — De volta ao Hotel dos Estrangeiros.
4½ — Continuando a trabalhar no *Dicionário politécnico*.

A *Gazeta de Notícias* publica, em artigo de fundo, e que escrevi a 25 de março com a epígrafe — "Patriotismo e imigração".[31]

[*29 de março*]

Noite de luar mais ou menos enublado; chuviscos pela manhã; dia de sol; tarde clara.

Temperatura de 19,3° a 25,3° centígrados.

5 horas — Acordar, toalete, banho, diário, balancete etc.
7 — Continuando a trabalhar no *Dicionário politécnico*.
10½ — Com o conselheiro Lopes Neto, meu companheiro na viagem à Itália em 1873; agora chegado da missão arbitral do Chile e hospedado neste hotel.

1 hora — Respondendo à carta de 7 março do amigo Charles Neate em Londres sobre o Caminho de Ferro Conde d'Eu.
2 horas — Fazendo acréscimos ao *Guia para os alunos* para serem impressos na segunda edição.
3h — Continuando a trabalhar no *Dicionário politécnico*.

—

O *Jornal do Commercio* reproduz nas publicações a pedido o meu artigo "Patriotismo e imigração".

[*30 de março*]

Luar em céu estrelado; manhã clara; dia de sol; algumas nuvens à tarde.

Temperatura de 19,0° a 25,8° centígrados.

5 horas — Acordar, toalete, banho, diário, balancete etc.
7 — Continuando a trabalhar no *Dicionário politécnico*.
10½ — Visitando o amigo Joaquim Nabuco, atualmente discutindo na Câmara dos Deputados sua eleição pelo 1.º distrito.
11½ — No Tesouro Nacional com o dr. Veríssimo de Matos tratando de negócios da família.

12½ — No Clube de Engenharia e no escritório do amigo engenheiro José Américo dos Santos.
1½ — Na Sociedade Central de Imigração com os diretores Taunay, Enes de Souza e Saturnino Gomes, esboçando com o Taunay o emblema da sociedade com os motes *Pro Brasilia — Libertate Labor*.
3h — Na Confederação Abolicionista com os amigos Miguel Antônio Dias e J. F. Clapp.
4h — De volta ao Hotel dos Estrangeiros.
4½ — Respondendo à carta de 25 março do amigo João Batista de Oliveira e Souza, de Brumado (cidade de Entre Rios).
5h — Continuando a trabalhar no *Dicionário politécnico*.[32]

[*31 de março*]

Noite de luar; manhã clara; dia de sol; raras nuvens à tarde.
Temperatura de 20,0° a 25,1° centígrados.

5 horas — Acordar, toalete, banho, diário, balancete etc.
7 — Continuando a trabalhar no *Dicionário politécnico*.
10½ — No escritório, 47 rua do Carmo, recebendo correspondência vinda da Europa.
11h — No Clube de Engenharia e no escritório do engenheiro José Américo dos Santos. Começo a preparar para a *Revista de*

Engenharia um artigo sobre variação secular da agulha magnética, extraído do relatório da US Coast and Geodetic Survey — *Memória do engenheiro Charles A. Schult*.

1½ — Na Sociedade Central de Imigração fazendo o expediente com os colegas da diretoria Taunay, Enes de Souza e Saturnino Gomes.

3h — Na Confederação Abolicionista.

4 horas — De volta ao Hotel dos Estrangeiros.

4½ — Continuando a trabalhar no *Dicionário politécnico*.

[**1.º de abril**]

Luar e céu estrelado; manhã clara; dia de sol; tarde clara e ventilada.

Temperatura de 19,7° a 25,3° centígrados.

5 horas — Acordar, toalete, banho, diário, balancete etc.

7 — Continuando a trabalhar no *Dicionário politécnico*.

10½ — Na biblioteca do Clube de Engenharia tomando algumas notas sobre tecnologia.

11½ — No escritório do amigo engenheiro José Américo dos Santos continuando a preparar o artigo sobre variação secular da agulha magnética.

1½ — Na Sociedade Central de Imigração com os diretores Taunay, Enes de Souza e Saturnino Gomes fazendo o expediente.
2½ — No Clube de Engenharia para sessão do conselho diretor, que não funcionou por falta de número.
3½ — Na Confederação Abolicionista com o presidente J. F. Clapp.
4½ — De volta ao Hotel dos Estrangeiros.
5h — Continuando a trabalhar no *Dicionário politécnico*.

[*2 de abril*]

Luar e céu enublados; manhã clara; dia de sol; algumas nuvens à tarde.

Temperatura de 19,7° a 28,3° centígrados.

5 horas — Acordar, toalete, banho, diário, balancete etc.
7 — Continuando a trabalhar no *Dicionário politécnico*.
11h — Fazendo acréscimos à lição do curso de engenharia civil sobre cais e cimentos.
1 hora — Corrigindo e aumentando o *Guia para os alunos*.
2h — Continuando a trabalhar no *Dicionário politécnico*.

[*3 de abril*]

Noite enublada; manhã encoberta, dia de sol; tarde clara e ventilada.

Temperatura de 21,4° a 28,5° centígrados.

5h — Acordar, toalete, banho, diário, balancete etc.
7 — Continuando a trabalhar no *Dicionário politécnico*.
11h — Fazendo um extrato sobre o monumento elevado a George Washington.
12 — Aperfeiçoando a lição do curso de engenharia civil sobre madeiras.
2h — Introduzindo algumas notas no *Guia para os alunos* sobre madeiras empregadas na construção naval.
4h — Continuando a trabalhar no *Dicionário politécnico*.

[*4 de abril*]

Céu estrelado e luar; manhã clara; dia de sol; algumas nuvens à tarde.

Temperatura de 21,3° a 31,5° centígrados.

5 horas — Acordar, toalete, banho, diário, balancete etc.
7 — Continuando a trabalhar no *Dicionário politécnico*.

10½ — Na biblioteca do Clube de Engenharia coligindo alguns termos técnicos.
12h — No escritório do amigo engenheiro José Américo dos Santos, começando a preparar o artigo sobre variação secular da agulha magnética.
1½ — Em sessão da diretoria da Sociedade Central de Imigração com os diretores Taunay, Enes de Souza, Saturnino Gomes e José Américo dos Santos.
3 horas — Na Confederação Abolicionista com o presidente J. F. Clapp.
4h — De volta ao Hotel dos Estrangeiros.
4½ — Continuando a trabalhar no *Dicionário politécnico*.

[*5 de abril*]

Noite estrelada; algumas nuvens pela manhã; dia de sol; ameaças de chuva à tarde.

Temperatura de 21,4° a 31,3° centígrados.

5h — Acordar, toalete, banho, diário, balancete etc.
7 — Continuando a trabalhar no *Dicionário politécnico*.
11 — Fazendo vários acréscimos e correções no *Guia para os alunos*.

1h — Fazendo um resumo dos carvalhos e cedros mais empregados nas construções.
2½ — Continuando a trabalhar no *Dicionário politécnico*.

[*6 de abril*]

Noite e manhã mais ou menos enubladas; dia de sol; trovoada ao anoitecer.

Temperatura de 23,6° a 31,5° centígrados.

5 horas — Acordar, toalete, banho, diário, balancete etc.
7 — Continuando a trabalhar no *Dicionário politécnico*.
10½ — Na Escola Politécnica dando graus de exercícios práticos a alguns alunos.
12h — No Clube de Engenharia e no escritório do amigo engenheiro José Américo dos Santos.
1½ — Na Sociedade Central de Imigração com os diretores Rohan, Taunay e Saturnino Gomes.
2½ — Respondendo à carta de ontem do amigo Joaquim Serra em Nova Friburgo.
3h — Na Confederação Abolicionista com os amigos Miguel Antônio Dias e J. F. Clapp.
4h — De volta ao Hotel dos Estrangeiros.
5h — Continuando a trabalhar no *Dicionário politécnico*.

Abertura do curso

[*7 de abril*]

Trovoada e pequeno aguaceiro à noite; manhã enublada; dia de sol; tarde clara e ventilada.

Temperatura de 24,0° a 27,7° centígrados.

5h — Acordar, toalete, banho, diário, balancete etc.

7 — Recordando e aperfeiçoando a primeira lição do curso.

9¾ — Dando-a na Escola Politécnica.

12 — No Clube de Engenharia e no escritório do amigo engenheiro José Américo dos Santos continuando a preparar o artigo sobre variação secular da agulha magnética.

1½ — Na Sociedade Central de Imigração com os diretores Taunay e Saturnino Gomes.

3h — Na Confederação Abolicionista com o presidente J. F. Clapp.

4h — De volta ao Hotel dos Estrangeiros.

4½ — Continuando a trabalhar no *Dicionário politécnico*.

[*8 de abril*]

Noite estrelada; manhã clara; dia de sol; trovoada e chuva ao anoitecer.

Temperatura de 22,7° a 27,3° centígrados.

5 horas — Acordar, toalete, banho, diário, balancete etc.
7 — Continuando a trabalhar no *Dicionário politécnico*.
10½ — Na biblioteca da escola em estudos de tecnologia.
11½ — No Tesouro Nacional com o dr. Antônio Veríssimo de Matos e seu neto André Veríssimo Rebouças.
12h — No Clube de Engenharia e no escritório do amigo engenheiro José Américo dos Santos.
1h — Escrevendo ao amigo Francisco Bruno Pereira, procurador da família na Bahia.
1½ — Na Sociedade Central de Imigração com os diretores Rohan, Taunay, Enes de Souza e Saturnino Gomes.
3h — Na Confederação Abolicionista com os amigos Miguel Antônio Dias e J. F. Clapp.
4 horas — De volta ao Hotel dos Estrangeiros.
4½ — Continuando a trabalhar no *Dicionário politécnico*.

[***9 de abril***]

Trovoada e chuva ao anoitecer; manhã clara; dia de sol; tarde clara e ventilada.

Temperatura de 22,5° a 28,9° centígrados.

5h — Acordar, toalete, banho, diário, balancete etc.

7 — Recordando e aperfeiçoando a segunda lição do curso.
9¾ — Dando-a na Escola Politécnica.
12h — No Clube de Engenharia e no escritório do amigo engenheiro José Américo dos Santos continuando a preparar o artigo sobre variação secular da agulha magnética.
1½ — Na Sociedade Central de Imigração com o amigo Taunay preparando um artigo de fundo para a *Gazeta de Notícias*, pedindo medida urgente para a acomodação de 12 mil imigrantes esperados na província do Rio Grande do Sul.
3h — Na Confederação Abolicionista com o presidente J. F. Clapp.
4h — De volta ao Hotel dos Estrangeiros.
4¼ — Continuando a trabalhar no *Dicionário politécnico*.

[*10 de abril*]

Noite estrelada; algumas nuvens pela manhã; dia de sol; tarde clara.

Temperatura de 24,3° a 27,8° centígrados.

5 horas — Acordar, toalete, banho, diário, balancete etc.
7 — Continuando a trabalhar no *Dicionário politécnico*.
10h — Na biblioteca da Escola Politécnica em estudos de tecnologia.

12h — No Clube de Engenharia e no escritório do amigo engenheiro José Américo dos Santos continuando a preparar o artigo sobre variação secular da agulha magnética.
1½ — Na Sociedade Central de Imigração com o vice-presidente Taunay fazendo o expediente.
3 horas — Na Confederação Abolicionista.
4h — De volta ao Hotel dos Estrangeiros.
4½ — Continuando a trabalhar no *Dicionário politécnico*.

[***11 de abril***]

Noite estrelada; manhã clara; dia de sol; raras nuvens à tarde.
Temperatura de 22,7° a 31,9° centígrados.

5 horas — Acordar, toalete, banho, diário, balancete etc.
7 — Recordando e aperfeiçoando a terceira lição do curso.
9¾ — Dando-a na Escola Politécnica.
12 — No Clube de Engenharia e no escritório do amigo engenheiro José Américo dos Santos continuando a preparar o artigo sobre variação secular da agulha magnética.
1½ — Na Sociedade Central de Imigração, em sessão da diretoria, com os amigos Rohan, Taunay, Enes de Souza e Saturnino Gomes.

3h — Na Confederação Abolicionista com o presidente João F. Clapp.
4½ — De volta ao Hotel dos Estrangeiros.
5h — Continuando a trabalhar no *Dicionário politécnico*.

[*12 de abril*]

Noite estrelada; algumas nuvens pela manhã; dia de sol; tarde clara e ventilada.

Temperatura de 23,6° a 23,8° centígrados.

5 horas — Acordar, toalete, banho, diário, balancete etc.
7 — Continuando a trabalhar no *Dicionário politécnico*.
11 — Respondendo à carta de 18 março do A. H. Phillpotts, presidente da Companhia da Estrada de Ferro Conde d'Eu.
12 horas — Fazendo vários acréscimos e correções para serem incluídas na segunda edição do *Guia para os alunos de engenharia civil*.
1½ — Preparando um resumo dos pinhos mais usados no Brasil, na Europa e nos Estados Unidos.
3 horas — Continuando a trabalhar no *Dicionário politécnico*.

13/4 a 13/5/1885

10.

O MOVIMENTO ABOLICIONISTA E A CRISE POLÍTICA

Abolição

[***13 de abril***]

Noite estrelada; manhã encoberta; dia de sol; tarde clara e ventilada.

Temperatura de 23,3° a 26,8° centígrados.

5 horas — Acordar, toalete, banho, diário, balancete etc.
7 — Continuando a trabalhar no *Dicionário politécnico*.
10½ — Na biblioteca da Escola Politécnica em estudos de tecnologia.
12h — No Clube de Engenharia e no escritório do amigo engenheiro José Américo dos Santos.
1½ — Na Sociedade Central de Imigração com o amigo presidente Rohan.
3h — Na Confederação Abolicionista.
3½ — De volta ao Hotel dos Estrangeiros.
4h — Redigindo o relatório de exercícios práticos dos meus alunos para ser incluído no do diretor da escola ao ministro do Império.

—

Moção escravagista de Moreira de Barros. — Discurso abolicionista do presidente do Conselho Dantas. Síncope ao terminar. Cinquenta votos a favor e cinquenta contra.

[*14 de abril*]

Noite estrelada; manhã clara; dia de sol; raras nuvens à tarde. Temperatura de 21,7° a 27,8° centígrados.

5 horas — Acordar, toalete, banho, diário, balancete etc.
7 — Recordando e aperfeiçoando a quarta lição do curso.
9¾ — Dando-a na Escola Politécnica.
11½ — No Clube de Engenharia e no escritório do amigo engenheiro José Américo dos Santos e continuando a preparar o artigo sobre variação secular da agulha magnética.
1½ — Na Sociedade Central de Imigração com os diretores Taunay, Enes de Souza e Saturnino Gomes.
3 horas — Na Confederação Abolicionista.
4h — De volta ao Hotel dos Estrangeiros.
4½ — Continuando a trabalhar no *Dicionário politécnico*.

[*15 de abril*]

Noite estrelada; manhã clara; dia de sol; raras nuvens à tarde. Temperatura de 21,1° a 29,9° centígrados.

5 horas — Acordar, toalete, banho, diário, balancete etc.
7 — Continuando a trabalhar no *Dicionário politécnico*.
10 — Visitando o presidente do Conselho Dantas, ainda recolhido pela síncope do dia 13 de abril, em sua nova residência, 25 rua das Laranjeiras.
11 — Na Escola Politécnica dando as aprovações aos alunos de exercícios práticos.
12 — Em congregação de lentes sobre o concurso do professor de desenho Cabrita.
1½ — Na Sociedade Central de Imigração com os amigos Rohan, Taunay e Saturnino Gomes.
2½ — No conselho diretor do Clube de Engenharia com o amigo engenheiro José Américo dos Santos.
4h — De volta ao Hotel dos Estrangeiros.
4½ — Continuando a trabalhar no *Dicionário politécnico*.

[*16 de abril*]

Noite estrelada; manhã clara; dia de sol; algumas nuvens à tarde.

Temperatura de 22,6° a 31,9° centígrados.

5 horas — Acordar, toalete, banho, diário, balancete etc.
7 — Recordando e aperfeiçoando a quinta lição do curso.
9¾ — Dando-a na Escola Politécnica.
11½ — No Banco Industrial e Mercantil recebendo o dividendo trimestral das ações (120) da Companhia das Docas de D. Pedro II.
12h — No Clube de Engenharia e no escritório do amigo engenheiro José Américo dos Santos.
1½ — Na Sociedade Central de Imigração com os diretores Rohan e Saturnino Gomes. Preparo aí com o filantropo general Rohan o artigo — "Auguste de Saint-Hilaire e a escravidão".
3h — Na Confederação Abolicionista com o presidente João F. Clapp.
3½ — Em casa do arquiteto Luiz Schreiner, 50 rua da Pedreira da Glória, examinando as estampas da sua obra — *Desenho construtivo*.
4½ — De volta ao Hotel dos Estrangeiros.
5h — Continuando a trabalhar no *Dicionário politécnico*.

[*17 de abril*]

Noite estrelada; algumas nuvens pela manhã; dia de sol; tarde clara e ventilada.

Temperatura de 21,7° a 31,5° centígrados.

5 horas — Acordar, toalete, banho, diário, balancete etc.
7 — Continuando a trabalhar no *Dicionário politécnico*.
10h — Em casa do amigo Gusmão Lobo entregando-lhe o artigo — "August de Saint-Hilaire e a escravidão" — para ser impresso no *Jornal do Commercio*.
11h — Na Escola Politécnica, no Gabinete de Engenharia Civil, providenciando sobre a lição de amanhã.
12h — No Clube de Engenharia e no escritório do amigo engenheiro José Américo dos Santos respondendo à carta de 23 de março de Charles Glanvill, secretário da companhia Minas Central.
1½ — Na Sociedade Central de Imigração com os diretores Taunay e Saturnino Gomes.
3h — Na Confederação Abolicionista com os amigos Miguel Antônio Dias e J. F. Clapp.
4h — De volta ao Hotel dos Estrangeiros.
4½ — Continuando a trabalhar no *Dicionário politécnico*.

[*18 de abril*]

Noite estrelada; ameaças de chuva pela manhã; dia encoberto; tarde dúbia.

Temperatura de 22,2° a 32,9° centígrados.

5 horas — Acordar, toalete, banho, diário, balancete etc.
7 — Recordando e aperfeiçoando a sexta lição do curso.
9¾ — Dando-a na Escola Politécnica.
11½ — No Clube de Engenharia e no escritório do amigo engenheiro José Américo dos Santos.
12½ — Na Escola Politécnica em congregação para julgamento do concurso do professor de desenho Cabrita.
1½ — Na Sociedade Central de Imigração com os diretores Rohan, Taunay e Saturnino Gomes.
3h — Na Confederação Abolicionista.
4 horas — De volta ao Hotel dos Estrangeiros.
4½ — Continuando a trabalhar no *Dicionário politécnico*.

O *Jornal do Commercio* publica, em entrelinhado, meu artigo — "Auguste de Saint-Hilaire e a escravidão".

[*19 de abril*]

Crescente entre Rigel e Aldebarã; algumas nuvens pela manhã; dia de sol; tarde clara.

Temperatura de 23,2° a 33,3° centígrados.

5h — Acordar, toalete, banho, diário, balancete, etc.
7 — Continuando a trabalhar no *Dicionário politécnico*.
11h — Respondendo às cartas de 27 março de Londres do presidente A. H. Phillpotts e do secretário G. Gladstone Turner da companhia Conde d'Eu.
12h — Escrevendo ao engenheiro Richard Felton nomeado para dirigir essa estrada de ferro na Paraíba do Norte.
1h — Fazendo alguns acréscimos e correções para a segunda edição do *Guia para os alunos*.
2h — Continuando a trabalhar no *Dicionário politécnico*.

A *Gazeta de Notícias* reproduz em entrelinhado meu artigo — "Auguste de Saint-Hilaire e a escravidão".[33]

[*20 de abril*]

Crescente junto a Rigel; manhã clara; dia de sol; raras nuvens à tarde.

Temperatura de 21,5° a 31,3° centígrados.

5 horas — Acordar, toalete, banho, diário balancete etc.
7 — Continuando a trabalhar no *Dicionário politécnico*.
10½ — No Gabinete de Engenharia Civil da Escola Politécnica fazendo a relação dos alunos aprovados nos exercícios práticos.
12h — Em congregação de lentes para a assinatura dos documentos relativos ao concurso Cabrita.
12½ — No Clube de Engenharia e no escritório do amigo engenheiro José Américo dos Santos.
1½ — Na Sociedade Central de Imigração com o amigo presidente Beaurepaire Rohan.
2½ — Em assembleia-geral do Centro Abolicionista da Escola Politécnica, reunida no escritório do amigo e colega engenheiro André Gustavo Paulo de Frontin para votar agradecimentos e animações ao presidente do Conselho Dantas e eleger como benemérito ao senador Cristiano Otoni.
4½ — De volta ao Hotel dos Estrangeiros.
5h — Continuando a trabalhar no *Dicionário politécnico*.

[*21 de abril*]

Crescente à noite; vento e chuviscos pela manhã; dia encoberto; tarde dúbia.

Temperatura de 23,5° a 26,4° centígrados.

5 horas — Acordar, toalete, banho, diário, balancete etc.
7 — Estudando e aperfeiçoando a sétima lição do curso.
9¾ — Dando-a na Escola Politécnica.
11½ — No Clube de Engenharia e no escritório do amigo engenheiro José Américo dos Santos continuando a preparar o artigo sobre variação secular da agulha magnética.
1½ — Na Sociedade Central de Imigração com o vice-presidente Taunay, fazendo o expediente.
3h — Na Confederação Abolicionista com o presidente J. F. Clapp.
4h — De volta ao Hotel dos Estrangeiros.
4½ — Continuando a trabalhar no *Dicionário politécnico*.

[*22 de abril*]

Noite encoberta; sol e aguaceiros pela manhã; dia mais ou menos enublado; tarde clara.

Temperatura de 20,0° a 25,3° centígrados.

5 horas — Acordar, toalete, banho, diário, balancete etc.

7 — Continuando a trabalhar no *Dicionário politécnico*.

10h — Em casa do amigo Joaquim Nabuco, em conferência sobre o movimento abolicionista e a crise política atual.

11h — Na Escola Politécnica providenciando sobre o Gabinete de Engenharia Civil.

12h — No Clube de Engenharia e no escritório do amigo engenheiro José Américo dos Santos continuando a preparar o artigo sobre variação secular da agulha magnética.

1½ — Na Sociedade Central de Imigração com o presidente general Rohan.

3h — Na Confederação Abolicionista com o presidente João F. Clapp.

4h — De volta ao Hotel dos Estrangeiros.

4½ — Continuando a trabalhar no *Dicionário politécnico*.

[*23 de abril*]

Lua a oeste de Júpiter; manhã clara; dia de sol; algumas nuvens à tarde.

Temperatura de 18,7° a 25,5° centígrados.

5 horas — Acordar, toalete, banho, diário, balancete etc.

7 — Recordando e aperfeiçoando a oitava lição do curso.

9¾ — Dando-a na Escola Politécnica.

11½ — No Clube de Engenharia ouvindo uma exposição do engenheiro Couto sobre o projeto de açude de Quixadá, na província do Ceará.

12h — No escritório do amigo engenheiro José Américo dos Santos.

1½ — Na Sociedade Central de Imigração com os amigos Taunay, Enes de Souza e Saturnino Gomes.

3h — Na Confederação Abolicionista com os amigos Miguel Antônio Dias e J. F. Clapp.

4h — De volta ao Hotel dos Estrangeiros.

4½ — Continuando a trabalhar no *Dicionário politécnico*.

[*24 de abril*]

Luar enublado; manhã clara; dia de sol; raras nuvens à tarde.

Temperatura de 21,0° a 26,2° centígrados.

5 horas — Acordar, toalete, banho, diário, balancete etc.

7 — Continuando a trabalhar no *Dicionário politécnico*.

10½ — Na biblioteca da Escola Politécnica e no Gabinete de Engenharia Civil em estudos de tecnologia.

12 — No Clube de Engenharia e no escritório do amigo engenheiro José Américo dos Santos começando a preparar o artigo sobre variação secular da agulha magnética.

1½ — Na Sociedade Central de Imigração.
3h — Na Confederação Abolicionista com o presidente João F. Clapp.
4h — De volta ao Hotel dos Estrangeiros.
4½ — Continuando a trabalhar no *Dicionário politécnico*.
7½ — Visitando o amigo engenheiro Antônio Paulo de Melo Barreto, presidente da Companhia Leopoldina.
8½ — Assistindo ao concerto do Clube Beethoven com os amigos engenheiro José Américo dos Santos e Alfredo d'Escragnolle Taunay.

[*25 de abril*]

Luar em céu estrelado; manhã enublada; dia de sol; tarde clara.
Temperatura de 20,0° a 29,8° centígrados.

5h — Acordar, toalete, banho, diário, balancete etc.
7 — Recordando e aperfeiçoando a nona lição do curso.
9¾ — Dando-a na Escola Politécnica.
11½ — No Clube de Engenharia e no escritório do amigo engenheiro José Américo dos Santos continuando a preparar o artigo sobre variação secular da agulha magnética.
1½ — Na Sociedade Central de Imigração com os diretores Rohan, Taunay, Enes de Souza e Saturnino Gomes.

3h — Na Confederação Abolicionista com o presidente J. F. Clapp.
4h — De volta ao Hotel dos Estrangeiros.
4½ — Continuando a trabalhar no *Dicionário politécnico*.

[***26 de abril***]

Luar em céu estrelado; manhã clara; dia de sol; algumas nuvens à tarde.

Temperatura de 20,0° a 29,8° centígrados.

5 horas — Acordar, toalete, banho, diário, balancete etc.
7 — Continuando a trabalhar no *Dicionário politécnico*.
11h — Lendo no *Science* de 20 de fevereiro de 1885 o artigo — "The Washington National Monument".
12 — Visita-me o amigo e afilhado de casamento Adriano Eduardo Mullier.
1 hora — Preparando para os alunos o cálculo de resistência do Monumento Washington.
3h — Fazendo alguns acréscimos para a segunda edição do *Guia para os alunos*.
4h — Continuando a trabalhar no *Dicionário politécnico*.

[*27 de abril*]

Luar em céu estrelado; manhã clara; dia de sol; algumas nuvens à tarde.

Temperatura de 20,9° a 30,7° centígrados.

5h — Acordar, toalete, banho, diário, balancete etc.
7 — Continuando a trabalhar no *Dicionário politécnico*.
10½ — No Museu Nacional com o engenheiro Derby, chefe da seção de geologia obtendo algumas amostras de pedras e calcários para o Gabinete de Engenharia Civil.
12 — Na Escola Politécnica providenciando sobre a lição de amanhã.
12½ — No Clube de Engenharia e no escritório do engenheiro José Américo dos Santos.
1¼ — Na Sociedade Central de Imigração com os amigos Rohan e Taunay.
3h — Na Confederação Abolicionista com o presidente J. F. Clapp.
4h — De volta ao Hotel dos Estrangeiros.
4½ — Continuando a trabalhar no *Dicionário politécnico*.

A assembleia-geral do Banco Predial, por proposta do diretor-

-secretário Silva Canedo, resolve contratar com a Sociedade Central de Imigração o estabelecimento de imigrantes nas fazendas entregues ao banco por dívidas hipotecárias.

Democracia rural
[***28 de abril***]

Luar enublado; ameaças de chuva pela manhã; dia de sol encoberto; ventania à tarde.

Temperatura de 21,7° a 30,0° centígrados.

5 horas — Acordar, toalete, banho, diário, balancete etc.
7 — Recordando e aperfeiçoando a décima lição.
9¾ — Dando-a na Escola Politécnica.
11½ — No Clube de Engenharia e no escritório do amigo engenheiro José Américo dos Santos, preparando para impressão na *Revista de Engenharia* um artigo do geólogo Orville Adelbert Derby sobre manchas solares e secas.
1½ — Na Sociedade Central de Imigração com os diretores Taunay e Saturnino Gomes.
2½ — No Banco Predial com o Taunay em conferência com o presidente conselheiro Costa Pinto e secretário Canedo sobre o projeto de estabelecer imigrantes nas fazendas entregues ao Banco por dívidas hipotecárias.

3½ — Na Confederação Abolicionista e com o amigo Joaquim Nabuco.
4½ — De volta ao Hotel dos Estrangeiros.
5 horas — Continuando a trabalhar no *Dicionário politécnico*.

[*29 de abril*]

Noite e manhã enubladas; dia mais ou menos encoberto; limpando o céu à tarde.

Temperatura de 21,7° a 26,0° centígrados.

5h — Acordar, toalete, banho, diário, balancete etc.
7 — Continuando a trabalhar no *Dicionário politécnico*.
10½ — Na Escola Politécnica inscrevendo os alunos matriculados e ouvintes do meu curso.
11½ — No Clube de Engenharia e no escritório do amigo engenheiro José Américo dos Santos continuando a preparar o artigo do engenheiro Derby sobre manchas solares e secas.
1½ — Na Sociedade Central de Imigração com os diretores Rohan, Taunay, Enes de Souza e Saturnino Gomes.
3h — Na Confederação Abolicionista.
4 horas — De volta ao Hotel dos Estrangeiros.
4½ — Continuando a trabalhar no *Dicionário politécnico*.

[*30 de abril*]

Luar um pouco enublado; manhã clara; dia de sol; algumas nuvens à tarde.

Temperatura de 20,7° a 26,3° centígrados.

5 horas — Acordar, toalete, banho, diário, balancete etc.
7 — Recordando e aperfeiçoando a 11.ª lição do curso.
9¾ — Na Escola Politécnica, pediram os alunos feriado para a recepção do engenheiro dr. João Teixeira Soares, construtor do Caminho de Ferro de Paranaguá e Curitiba.
10¼ — Na biblioteca da escola em estudos de tecnologia.
11½ — No Clube de Engenharia e no escritório do amigo engenheiro José Américo dos Santos revendo provas do artigo do geólogo Derby para a *Revista de Engenharia*.
1½ — Na Sociedade Central de Imigração com os diretores Rohan, Taunay, Saturnino Gomes e Gustavo Trinks.
3 horas — Na Confederação Abolicionista com os amigos Miguel Antônio Dias e J. F. Clapp.
4h — De volta ao Hotel dos Estrangeiros.
4½ — Continuando a trabalhar no *Dicionário politécnico*.

[*1.º de maio*]

Luar mais ou menos enublado; manhã clara; dia de sol; ameaças de chuva à tarde.

Temperatura de 21,3° a 28,8° centígrados.

5h — Acordar, toalete, banho, diário, balancete etc.
7 — Continuando a trabalhar no *Dicionário politécnico*.
10½ — Na biblioteca da escola e no Gabinete de Engenharia Civil em estudos de tecnologia.
12h — No Clube de Engenharia e no escritório do amigo engenheiro José Américo dos Santos continuando a escrever o artigo sobre manchas solares e secas.
1½ — Na Sociedade Central de Imigração com os amigos diretores Taunay e Saturnino Gomes.
2½ — No Clube de Engenharia na sessão solene em honra ao engenheiro dr. João Teixeira Soares e seus colegas, construtores do Caminho de Ferro de Paranaguá e Curitiba.
3h — Em sessão da diretoria do clube.
4h — De volta ao Hotel dos Estrangeiros.
4½ — Continuando a trabalhar no *Dicionário politécnico*.

Democracia rural

[*2 de maio*]

Chuva à noite e pela manhã; dia sempre enublado; alguns raios de sol à tarde.

Temperatura de 24,5° a 26,6° centígrados.

5 horas — Acordar, toalete, banho, diário, balancete etc.
7 — Recordando e aperfeiçoando a lição 11.ª do curso.
9¾ — Dando-a na Escola Politécnica.
11½ — No Clube de Engenharia e no escritório do amigo engenheiro José Américo dos Santos terminando a revisão do artigo do geólogo Orville A. Derby sobre manchas solares e secas.
1 hora — Na Sociedade Central de Imigração, com os diretores Rohan, Taunay, Enes de Souza, Saturnino Gomes e Gustavo Trinks discutindo com os diretores do Banco Predial presidente Antônio Pedro da Costa Pinto, secretário Luiz Augusto da Silva Canedo e diretor José Alves Ferreira Chaves o melhor sistema de estabelecer imigrantes nas fazendas entregues ao banco por dívidas.
3 horas — Na Confederação Abolicionista com os amigos Miguel Antônio Dias e João F. Clapp.
4 horas — De volta ao Hotel dos Estrangeiros.
4½ — Continuando a trabalhar no *Dicionário politécnico*.

[*3 de maio*]

Noite e manhã enubladas; dia de sol mais ou menos encoberto; tarde dúbia.

Temperatura de 21,7° a 26,3° centígrados.

5 horas — Acordar, toalete, banho, diário, balancete etc.
7 — Continuando a trabalhar no *Dicionário politécnico*.
11h — Respondendo à carta de 31 março do amigo Charles Neate, em Londres.
12 — Fazendo alguns acréscimos e correções para a segunda edição do *Guia para os alunos*.
2h — Introduzindo no curso um resumo da fábrica de ferro de São João de Ipanema.
3h — Continuando a trabalhar no *Dicionário politécnico*.

Abolição
[*4 de maio*]

Noite e manhã encobertas; dia mais ou menos enublado; tarde clara.

Temperatura de 22,5° a 26,8° centígrados.

5 horas — Acordar, toalete, banho, diário, balancete etc.

7 — Continuando a trabalhar no *Dicionário politécnico*.
11½ — No escritório do engenheiro Georg Repsold, agente de Friedr. Krupp, examinando algumas amostras de aço niquelado e de comando de escovas de altos-fornos.
12h — No Clube de Engenharia e no escritório do amigo engenheiro José Américo dos Santos continuando a preparar o artigo sobre variação secular da agulha magnética.
1½ — Na Sociedade Central de Imigração com os diretores Rohan, Taunay, Enes de Souza e Saturnino Gomes.
2½ — Na Escola Politécnica em congregação de lentes.
3½ — De volta ao Hotel dos Estrangeiros.
4 horas — Continuando a trabalhar no *Dicionário politécnico*.

Moção de desconfiança A. de Siqueira.
52 votos a favor e 50 contra.
Crise ministerial. O presidente do Conselho Dantas vai a Petrópolis conferenciar com o imperador. (*Vide 27 junho 1887*.)

[*5 de maio*]

Noite estrelada; manhã clara; dia de sol; raras nuvens à tarde.

Temperatura de 21,4° a 29,8° centígrados.

5 horas — Acordar, toalete, banho, diário, balancete etc.

7 — Recordando e aperfeiçoando a 12.ª lição do curso.

9¾ — Dando-a na Escola Politécnica.

11h — No Clube de Engenharia e no escritório do amigo engenheiro José Américo dos Santos continuando a preparar o artigo sobre variação secular da agulha magnética.

1h — Na Sociedade Central de Imigração com os diretores Beaurepaire Rohan e Gustavo Trinks.

2½ — Na Confederação Abolicionista com os amigos Miguel Antônio Dias e J. F. Clapp.

3½ — De volta ao Hotel dos Estrangeiros.

4 — Escrevendo ao amigo Francisco Bruno Pereira, providenciando sobre negócios da família na Bahia.

5h — Continuando a trabalhar no *Dicionário politécnico*.

Ministério Saraiva

[***6 de maio***]

Noite estrelada; algumas nuvens pela manhã; dia de sol; tarde dúbia.

Temperatura de 21,5° a 30,6° centígrados.

5 horas — Acordar, toalete, banho, diário, balancete etc.

7 — Continuando a trabalhar no *Dicionário politécnico*.

10½ — Na Escola Politécnica providenciando sobre o Gabinete de Engenharia Civil.

11½ — No Clube de Engenharia e no escritório do amigo engenheiro José Américo dos Santos tomando várias notas técnicas.

1½ — Na Sociedade Central de Imigração com os diretores Rohan, Taunay, Enes de Souza e Saturnino Gomes.

2½ — Com o dr. Álvaro de Oliveira, presidente do Centro Abolicionista da Escola Politécnica, pedindo dia e hora ao senador Cristiano Benedito Otoni para lhe ser conferido o título de sócio benemérito.

3½ — Na Confederação Abolicionista com o presidente J. F. Clapp e com o amigo Joaquim Serra, que chegou hoje de Nova Friburgo.

4½ — De volta ao Hotel dos Estrangeiros.

5h — Redigindo a alocução, que tem de ser dirigida ao conselheiro Cristiano Benedito Otoni, aclamado sócio benemérito do Centro Abolicionista da Escola Politécnica.

[*7 de maio*]

Noite e manhã mais ou menos enubladas; dia de sol forte e ventania à tarde.

Temperatura de 23,7° a 31,8° centígrados.

5h — Acordar, toalete, banho, diário, balancete etc.
7 — Recordando e aperfeiçoando a 13.ª lição do curso.
9¾ — Dando-a na Escola Politécnica.
11½ — No gabinete de química recebendo o senador Cristiano Benedito Otoni com o dr. Álvaro de Oliveira, presidente do Centro Abolicionista da Escola Politécnica. Li a alocução, ontem redigida, e preparo-a para ser publicada no *Jornal do Commercio*.
12½ — No Clube de Engenharia e no escritório do amigo engenheiro José Américo dos Santos.
1½ — Na Sociedade Central de Imigração tratando com o dr. Domingos Maria Gonçalves do estabelecimento de imigrantes nas fazendas do Banco Predial.
3h — Na Confederação Abolicionista e com o amigo Joaquim Serra.
4h — De volta ao Hotel dos Estrangeiros.
4½ — Continuando a trabalhar no *Dicionário politécnico*.

[**8 *de maio***]

Chuva à noite e pela manhã; dia encoberto; chuviscos ao anoitecer.

Temperatura de 19,8° a 26,3° centígrados.

5 horas — Acordar, toalete, banho, diário, balancete etc.
7 — Continuando a trabalhar no *Dicionário politécnico*.
10½ — Na Escola Politécnica entregando ao dr. Álvaro de Oliveira a manifestação do senador Otoni.
11½ — No Tesouro Nacional com o dr. Veríssimo de Matos tratando de negócios da família.
12h — No Clube de Engenharia e no escritório do amigo engenheiro José Américo dos Santos preparando o artigo sobre variação secular da agulha magnética.
1½ — Na Sociedade Central de Imigração com os diretores Rohan, Taunay, Enes de Souza, Saturnino Gomes e Gustavo Trinks.
3 horas — Na Confederação Abolicionista com os amigos Joaquim Nabuco, J. F. Clapp e José do Patrocínio.
4 horas — De volta ao Hotel dos Estrangeiros.
4½ — Continuando a trabalhar no *Dicionário politécnico*.

Centro Abolicionista da Escola Politécnica
[*9 de maio*]

Noite encoberta; manhã clara; dia de sol; tarde com raras nuvens.

Temperatura de 20,3° a 25,7° centígrados.

5 horas — Acordar, toalete, banho, diário, balancete etc.

7 — Recordando e aperfeiçoando a lição XIV do curso.

9¾ — Dando-a na Escola Politécnica.

11 — No Tesouro Nacional com o dr. Veríssimo de Matos tratando de negócios da família.

12 — No Clube de Engenharia e no escritório do amigo engenheiro José Américo dos Santos preparando uma nota bibliográfica sobre a legislação de minas do dr. Francisco Inácio Ferreira.

1½ — Na Sociedade Central de Imigração com os diretores Rohan, José Américo dos Santos, Saturnino Gomes e Gustavo Trinks, recebendo a visita do ex-ministro da Agricultura conselheiro Antônio Carneiro da Rocha.

3h — Na Confederação Abolicionista e com os amigos Miguel Antônio Dias e J. F. Clapp.

4h — De volta ao Hotel dos Estrangeiros.

4½ — Continuando a trabalhar no *Dicionário politécnico*.

O *Jornal do Commercio* publica em entrelinhado a minha alocução e a resposta do senador Cristiano Otoni, aceitando o título de sócio benemérito do Centro Abolicionista da Escola Politécnica.

[*10 de maio*]

Noite estrelada; manhã clara; dia de sol; algumas nuvens à tarde.

Temperatura de 24,3° a 28,3° centígrados.

5 horas — Acordar, toalete, banho, diário, balancete etc.
7 — Continuando a trabalhar no *Dicionário politécnico*.
11 — Coligindo vários termos de geologia prática dados pelo falecido professor Charles Frederick Hartt ao amigo engenheiro José Américo dos Santos.
2 horas — Fazendo alguns acréscimos e correções para a segunda edição do *Guia para os alunos*.
3h — Continuando a trabalhar no *Dicionário politécnico*.

A *Gazeta de Notícias* e *O Paiz* reproduzem a publicação de ontem do Centro Abolicionista da Escola Politécnica.

[*11 de maio*]

Noite estrelada; algumas nuvens pela manhã; dia de sol; chuviscos ao anoitecer.

Temperatura de 20,7° a 27,8° centígrados.

5h — Acordar, toalete, banho, diário, balancete etc.

7 — Continuando a trabalhar no *Dicionário politécnico*.

10½ — Na Escola Politécnica providenciando sobre o Gabinete de Engenharia Civil.

11 — No Tesouro Nacional com o dr. A. Veríssimo de Matos, tratando de negócios da família.

12 — No Clube de Engenharia e no escritório do amigo engenheiro José Américo dos Santos preparando uma nota bibliográfica sobre o *Dicionário geográfico de minas* do dr. Francisco Inácio Ferreira.

1½ — Na Sociedade Central de Imigração com os diretores Rohan, Enes de Souza e Saturnino Gomes.

3h — Na Confederação Abolicionista.

4h — De volta ao Hotel dos Estrangeiros.

4½ — Continuando a trabalhar no *Dicionário politécnico*

Joaquim Nabuco
[***12 de maio***]

Ameaças de chuva à noite; manhã clara; dia de sol; tarde enublada.

Temperatura de 22,0° a 26,3° centígrados.

5 horas — Acordar, toalete, banho, diário, balancete etc.

7 — Recordando e aperfeiçoando a lição 15.ª do curso.

9¾ — Dando-a na Escola Politécnica.

11½ — No Clube de Engenharia e no escritório do amigo engenheiro José Américo dos Santos revendo provas do artigo do geólogo Orville A. Derby sobre secas e manchas solares.

1½ — Na Sociedade Central de Imigração com os amigos diretores Rohan e Enes de Souza.

3h — Na Confederação Abolicionista e com o amigo Joaquim Serra.

4h — De volta ao Hotel dos Estrangeiros.

—

A Câmara dos Deputados, por 51 votos contra 48, nega assento ao amigo Joaquim Nabuco eleito pelo 1.º distrito do Recife.

—

Manifestação popular, dirigida pela Confederação Abolicionista ao ex-presidente de ministros Dantas.

—

Apresentação à Câmara do Projeto Saraiva.

[*13 de maio*]

Noite e manhã mais ou menos encobertas; dia sempre enublado; tarde dúbia.

Temperatura de 21,5° a 26,8° centígrados.

5h — Acordar, toalete, banho, diário, balancete etc.
7 — Continuando a trabalhar no *Dicionário politécnico*.
10½ — Visitando o amigo Joaquim Nabuco.
11½ — Na Escola Politécnica consultando alguns livros na biblioteca.
12½ — No Clube de Engenharia e no escritório do amigo engenheiro José Américo dos Santos, continuando a preparar o artigo sobre variação secular da agulha magnética.
1½ — Na Sociedade Central de Imigração com os amigos Rohan, Taunay, Enes de Souza e Saturnino Gomes.
3h — Na Confederação Abolicionista e com os amigos Joaquim Serra e Joaquim Nabuco.
5h — De volta ao Hotel dos Estrangeiros.
5½ — Continuando a trabalhar no *Dicionário politécnico*.

14/5 a 15/6/1885

11. UM FIO DE ESPERANÇA

Joaquim Nabuco

[14 ***de maio***]

Aguaceiro à noite; manhã clara; dia de sol mais ou menos enublado; ameaças de chuva à tarde.

Temperatura de 20,5° a 26,8° centígrados.

5 horas — Acordar, toalete, banho, diário, balancete etc.
7 — Continuando a trabalhar no *Dicionário politécnico*.
11 — Registrando vários documentos sobre o Caminho de Ferro Conde d'Eu, na Paraíba do Norte, e redigindo a petição para o pagamento dos juros do primeiro semestre de 1885 em Londres.
1 hora — Fazendo alguns acréscimos e correções para a segunda edição do *Guia para os alunos*.
2h — Visita-me o amigo Joaquim Nabuco e mostra-me telegrama, que recebera do Recife, oferecendo-lhe a candidatura pelo 5.° distrito da província de Pernambuco (Bom Jardim e Nazaré).
3 horas — Continuando a trabalhar no *Dicionário politécnico*.

[*15 de maio*]

Ventania e chuva à noite e pela manhã; dia enublado; alguns raios de sol à tarde.

Temperatura de 20,5° a 22,5° centígrados.

5 horas — Acordar, toalete, banho, diário, balancete etc.
7 — Continuando a trabalhar no *Dicionário politécnico*.
11 — No Ministério das Obras Públicas entregando a petição para pagamento dos juros garantidos ao Caminho de Ferro Conde d'Eu.
12 — No escritório do amigo engenheiro José Américo dos Santos, tratando da colaboração do amigo dr. José Carlos Rodrigues, atualmente em Londres, na *Revista de Engenharia*.
1 hora — Na Sociedade Central de Imigração com o vice-presidente Taunay fazendo o expediente.
2h — No Clube de Engenharia; não funcionou o conselho diretor por falta de número.
3h — Na Confederação Abolicionista e com o amigo Joaquim Serra.
4h — De volta ao Hotel dos Estrangeiros.
4½ — Continuando a trabalhar no *Dicionário politécnico*.

[*16 de maio*]

Noite e manhã mais ou menos enublados; dia de sol; tarde clara.

Temperatura de 20,5° a 25,5° centígrados.

5 horas — Acordar, toalete, banho, diário, balancete etc.
7 — Recordando e aperfeiçoando a lição 16.ª do curso.
9¾ — Dando-a na Escola Politécnica.
11½ — No Clube de Engenharia e no escritório do amigo engenheiro José Américo dos Santos continuando a preparar o artigo sobre variação secular da agulha magnética.
1½ — Na Sociedade Central de Imigração com os diretores Taunay, Saturnino Gomes e Gustavo Trinks.
3 horas — Na Confederação Abolicionista e com os amigos J. F. Clapp e Joaquim Serra.
4h — De volta ao Hotel dos Estrangeiros.
4½ — Continuando a trabalhar no *Dicionário politécnico*.

[*17 de maio*]

Noite estrelada; manhã clara; dia de sol; algumas nuvens à tarde.

Temperatura de 21,4° a 25,3° centígrados.

5h — Acordar, toalete, banho, diário, balancete etc.
7 — Continuando a trabalhar no *Dicionário politécnico*.
10h — Visita-me e almoça comigo André Veríssimo Rebouças, filho do engenheiro Antônio Rebouças.
12h — Respondendo à carta do amigo dr. José Carlos Rodrigues, de Londres, em 24 abril.
1 hora — Escrevendo ao presidente A. H. Phillpotts sobre a Estrada de Ferro Conde d'Eu na Paraíba do Norte.
2h — Continuando a trabalhar no *Dicionário politécnico*.

[*18 de maio*]

Delgado crescente ao anoitecer; noite estrelada; manhã clara; dia de sol; raras nuvens à tarde.

Temperatura de 21,0° a 26,5° centígrados.

5 horas — Acordar, toalete, banho, diário, balancete etc.
7 — Continuando a trabalhar no *Dicionário politécnico*.
10½ — Na Escola Politécnica, no Gabinete de Engenharia Civil e na biblioteca.
11½ — No Clube de Engenharia e no escritório do amigo engenheiro José Américo dos Santos.
1½ — Na Sociedade Central de Imigração com os diretores Taunay e Saturnino Gomes.

3 horas — Na Confederação Abolicionista com o presidente J. F. Clapp.
4 horas — De volta ao Hotel dos Estrangeiros.
4½ — Continuando a trabalhar no *Dicionário politécnico*.
8 horas — Visita-me o engenheiro Francisco Lobo Leite Pereira, diretor das obras do prolongamento da Estrada de Ferro de D. Pedro II.

[*19 de maio*]

Crescente ao anoitecer; noite estrelada; manhã clara; dia de sol; tarde límpida e ventilada.

Temperatura de 20,5° a 27,7° centígrados.

5h — Acordar, toalete, banho, diário, balancete etc.
7 — Recordando e aperfeiçoando a 17.ª lição do curso.
9¾ — Dando-a na Escola Politécnica.
11½ — No Clube de Engenharia e no escritório do amigo engenheiro José Américo dos Santos, respondendo à carta de 16 de maio do engenheiro Richard Felton sobre o Caminho de Ferro Conde d'Eu (Paraíba do Norte).
1½ — Na Sociedade Central de Imigração com os diretores Taunay, Enes de Souza, Saturnino Gomes, José Américo dos Santos e amigo Temístocles Aranha, recém-chegado do Maranhão.

3h — Na Confederação Abolicionista com o presidente João F. Clapp.
4h — De volta ao Hotel dos Estrangeiros.
4½ — Aumentando o curso de resistência dos materiais de novas fórmulas sobre duplos T.

[*20 de maio*]

Crescente a oeste de Júpiter; manhã clara; dia de sol; tarde brilhante.

Temperatura de 20,1° a 28,3° centígrados.

5 horas — Acordar, toalete, banho, diário, balancete etc.
7 — Continuando a preparar novas fórmulas para cálculos de resistência de ferros em T.
10½ — Na Escola Politécnica, no Gabinete de Engenharia Civil com o amigo A. G. Paulo de Frontin.
11½ — No Clube de Engenharia e no escritório do amigo engenheiro José Américo dos Santos, revendo a primeira correspondência financeira, escrita de Londres pelo amigo dr. J. C. Rodrigues para a *Revista de Engenharia*.
1½ — Na Sociedade Central de Imigração com os diretores Taunay e Saturnino Gomes.

3h — Na Confederação Abolicionista e com os amigos Joaquim Nabuco e Joaquim Serra.
4h — De volta ao Hotel dos Estrangeiros.
4½ — Continuando a determinação de nova fórmula para cálculos de resistência de ferro em T.

[*21 de maio*]

Crescente junto a Júpiter; manhã clara; dia de sol; algumas nuvens à tarde.

Temperatura de 20,0° a 26,6° centígrados.

5h — Acordar, toalete, banho, diário, balancete etc.
7 — Recordando e aperfeiçoando a 18.ª lição do curso.
9¾ — Dando-a na Escola Politécnica.
11½ — No Clube de Engenharia e no escritório do amigo engenheiro José Américo dos Santos.
1½ — Na Sociedade Central de Imigração com os diretores Taunay e Saturnino Gomes redigindo uma representação ao Parlamento para concessão de passagens aos imigrantes chamados por suas famílias já estabelecidas no Brasil.
3h — Na Confederação Abolicionista com o presidente J. F. Clapp.
4h — De volta ao Hotel dos Estrangeiros.

4½ — Continuando a determinação de novas fórmulas para cálculos de resistência de ferros em T.

Victor Hugo
[***22 de maio***]

Lua a leste de Júpiter; manhã clara; dia de sol; raras nuvens à tarde.

Temperatura de 14,9° a 26,7° centígrados.

5 horas — Acordar, toalete, banho, diário, balancete etc.
7 — Continuando a trabalhar na indagação de novas fórmulas para os cálculos dos ferros em T.
10½ — Na Escola Politécnica, no Gabinete de Engenharia Civil e na biblioteca.
11½ — No clube e no escritório do amigo engenheiro José Américo dos Santos lendo um projeto do engenheiro José da Costa Gama para melhoramento do rio Caí na província do Rio Grande do Sul.
1½ — Na Sociedade Central de Imigração com os diretores Taunay e Saturnino Gomes.
3h — Na Confederação Abolicionista e com os amigos J. F. Clapp e Miguel Antônio Dias.
4h — De volta ao Hotel dos Estrangeiros.

4½ — Continuando a aperfeiçoar o curso de resistência dos materiais proferido na escola.

8h — Visita-me o almirante Silveira da Motta, barão de Jaceguai, para tratar da eleição do amigo Joaquim Nabuco pelo 5.º distrito de Pernambuco.

[*23 de maio*]

Luar à noite; manhã clara; dia de sol; algumas nuvens à tarde.
Temperatura de 20,0° a 26,3° centígrados.

5h — Acordar, toalete, banho, diário, balancete etc.

7 — Recordando e aperfeiçoando a 19.ª lição da classe.

9¾ — Na Escola Politécnica; os alunos tomam luto pelo passamento de Victor Hugo e telegrafam para Paris a fim de serem representados pela Escola de Pontes e Calçadas no seu funeral.

11h — No Clube de Engenharia e no escritório do amigo engenheiro José Américo dos Santos terminando o artigo sobre variação secular da agulha magnética.

1½ — Na Sociedade Central de Imigração com os diretores Rohan, Taunay e Saturnino Gomes.

3h — Na Confederação Abolicionista com o presidente João F. Clapp.

4h — De volta ao Hotel dos Estrangeiros.
4½ — Continuando a trabalhar no *Dicionário politécnico*.

[*24 de maio*]

Luar à noite; neblina pela manhã; dia de sol; tarde clara e enublada.
Temperatura de 19,5° a 26,8° centígrados.

5 horas — Acordar, toalete, banho, diário, balancete etc.
7 — Continuando a trabalhar no *Dicionário politécnico*.
11 — Revendo vários documentos da propaganda abolicionista em 1881 e 1882 e os artigos sobre Imposto Territorial, publicados no *Jornal do Commercio* de 13 março a 18 junho 1884.
2 horas — Visita-me o amigo José Joaquim de Carvalho Bastos, empregado das obras hidráulicas na província do Rio Grande do Sul.
3 horas — Passando a limpo os cálculos feitos durante a semana sobre a resistência dos ferros em T.

[*25 de maio*]

Luar à noite; algumas nuvens pela manhã; dia de sol enublado; ameaças de chuva à tarde.

Temperatura de 20,5° a 26,9° centígrados.

5h — Acordar, toalete, banho, diário, balancete etc.
7 — Continuando a trabalhar no *Dicionário politécnico*.
10½ — No Ministério das Obras Públicas acertando a remessa para Londres de ordens para o pagamento dos juros garantidos ao Caminho de Ferro Conde d'Eu, na Paraíba do Norte.
11½ — No Clube de Engenharia e no escritório do amigo engenheiro José Américo dos Santos incluindo um índice bibliográfico para ser publicado na *Revista de Engenharia*.
1½ — Na Sociedade Central de Imigração com o diretor Saturnino Gomes.
3h — Na Confederação Abolicionista com o presidente João F. Clapp.
4h — De volta ao Hotel dos Estrangeiros.
4½ — Continuando a trabalhar no *Dicionário politécnico*.

11.º aniversário do falecimento do engenheiro Antônio Rebouças
[***26 de maio***]

Ameaças de chuva à noite e pela manhã; pequenos aguaceiros durante o dia e a tarde.

Temperatura de 20,0° a 24°,0° centígrados.

5 horas — Acordar, toalete, banho, diário, balancete etc.
7 — Recordando e aperfeiçoando a 19.ª lição do curso.
9¾ — Dando-a na Escola Politécnica.
11½ — No Clube de Engenharia e no escritório do amigo engenheiro José Américo dos Santos trabalhando no "Índice bibliográfico" para ser publicado na *Revista de Engenharia.*
1½ — Na Sociedade Central de Imigração com o vice-presidente A. d'E. Taunay.
3h — Na Confederação Abolicionista com o presidente João F. Clapp.
4 horas — De volta ao Hotel dos Estrangeiros.
4½ — Continuando a trabalhar no *Dicionário politécnico.*

[*27 de maio*]

Chuva à noite; manhã enublada; dia de sol; algumas nuvens à tarde.

Temperatura de 18,5° a 23,6° centígrados.

5h — Acordar, toalete, banho, diário, balancete etc.
7 — Continuando a trabalhar no *Dicionário politécnico.*
10½ — Na Escola Politécnica, no Gabinete de Engenharia Civil e na biblioteca.
12h — Na Sociedade Central de Imigração reunindo-me aos

diretores Taunay, Saturnino Gomes, José Américo dos Santos, barão de Teffé e Januário Cândido de Oliveira.

1 hora — No Ministério da Agricultura em conferência com o ministro conselheiro João Ferreira de Moura reforçando-se a diretoria da Sociedade Central de Imigração em obter que ele revogue a ordem de suspender as passagens para as famílias dos imigrantes já estabelecidas no Brasil.

2½ — Visitando o presidente Beaurepaire Rohan, doente, em sua casa, 14 rua de São Salvador, com os colegas Taunay e Saturnino Gomes.

3h — De volta ao Hotel dos Estrangeiros.

4h — Fazendo acréscimos à teoria da distribuição das pressões nos maciços de alvenaria professada no curso de resistência dos materiais.

20.º aniversário do falecimento de minha boa mãe d. Carolina Pinto Rebouças

[***28 de maio***]

Luar enublado; neblina pela manhã; dia de sol; tarde clara.

Temperatura de 18,9° a 26,1° centígrados.

5h — Acordar, toalete, banho, diário, balancete etc.

7 — Recordando e aperfeiçoando a vigésima lição do curso.

9¾ — Dando-a na Escola Politécnica.
11½ — No Clube de Engenharia e no escritório do amigo engenheiro José Américo dos Santos.
1½ — Na Sociedade Central de Imigração com os diretores Taunay e Saturnino Gomes, e depois no Banco Predial em conferência com o secretário Canedo sobre a colocação de imigrantes nas fazendas de Caçapava.
3h — Na Confederação Abolicionista e com o amigo Miguel Antônio Dias.
4 horas — De volta ao Hotel dos Estrangeiros.
4½ — Continuando a trabalhar no *Dicionário politécnico*.

[*29 de maio*]

Luar à noite; manhã enublada; ameaças de chuva durante o dia; tarde dúbia.

Temperatura de 19,0° a 21,0° centígrados.

5 horas — Acordar, toalete, banho, diário, balancete etc.
7 — Continuando a trabalhar no *Dicionário politécnico*.
10½ — No Ministério das Obras Públicas com o diretor Parreiras Horta, redigindo uma nota sobre impostos, pagos pelas companhias de estradas de ferro garantidas, para ser incluída no relatório do ministro às Câmaras.

11½ — No Clube de Engenharia e no escritório do amigo engenheiro José Américo dos Santos.
1½ — Na Sociedade Central de Imigração com os diretores Taunay e Saturnino Gomes, respondendo a um pedido de informação da Jewish Emigration Society, de Londres.
3h — Na Confederação Abolicionista.
4h — De volta ao Hotel dos Estrangeiros.
4½ — Preparando fórmula para o cálculo de muralhas de igual resistência.

[*30 de maio*]

Luar entre chuviscos; manhã enublada; dia de sol; tarde clara.
Temperatura de 19,5° a 24,4° centígrados.

5h — Acordar, toalete, banho, diário, balancete etc.
7 — Recordando e aperfeiçoando a 21.ª lição do curso.
9¾ — Dando-a na Escola Politécnica.
11½ — No Clube de Engenharia e no escritório do amigo engenheiro José Américo dos Santos preparando uma notícia da obra de A. Debauve — *Procédés et Matériaux de Construction*.
1½ — Na Sociedade Central de Imigração com os diretores Saturnino Gomes e Januário Cândido de Oliveira.

3h — Na Confederação Abolicionista e com os amigos Miguel Antônio Dias e J. F. Clapp.
4h — De volta ao Hotel dos Estrangeiros.
4½ — Continuando a trabalhar no *Dicionário politécnico*.

[*31 de maio*]

Luar em céu estrelado; algumas nuvens pela manhã; dia de sol; tarde clara.

Temperatura de 17,9° a 23,8° centígrados.

5 horas — Acordar, toalete, banho, diário, balancete etc.
7 — Continuando a trabalhar no *Dicionário politécnico*.
11 — Respondendo à carta de 4 maio do amigo Charles Neate, em Londres.
12 — E à de 7 de maio do presidente A. H. Phillpotts sobre a Estrada de Ferro Conde d'Eu na Paraíba do Norte.
1h — Continuando a trabalhar no *Dicionário politécnico*.

[*1.º de junho*]

Luar em céu estrelado; neblina pela manhã; dia de sol; tarde clara.

Temperatura de 18,2° a 24,3° centígrados.

5 horas — Acordar, toalete, banho, diário, balancete etc.
7 — Continuando a trabalhar no *Dicionário politécnico*.
10½ — No Ministério das Obras Públicas tratando da Estrada de Ferro Conde d'Eu.
11½ — No Clube de Engenharia e no escritório do amigo engenheiro José Américo dos Santos.
1½ — Na Sociedade Central de Imigração com os colegas da diretoria Taunay e Saturnino Gomes.
2½ — No Clube de Engenharia em sessão do conselho.
4½ — De volta ao Hotel dos Estrangeiros.
5h — Em estudos sobre resistência dos materiais.

[*2 de junho*]

Luar em céu estrelado; manhã clara; dia de sol; tarde brilhante.

Temperatura de 18,5° a 25,9° centígrados.

5h — Acordar, toalete, banho, diário, balancete etc.
7 — Recordando e aperfeiçoando a lição 22.ª do curso.
9¾ — Dando-a na Escola Politécnica.
11½ — No Clube de Engenharia e no escritório do amigo engenheiro José Américo dos Santos.

1 hora — Na Sociedade Central de Imigração com os diretores Taunay, Saturnino Gomes e tesoureiro Wenceslau Guimarães felizmente restabelecido.
3h — Na Confederação Abolicionista com o presidente J. F. Clapp, que obteve da Relação ordem de habeas corpus em favor do comendador Carlos de Lacerda preso em Campos pela reação escravista.
4h — De volta ao Hotel dos Estrangeiros.
4½ — Fazendo acréscimos ao *Guia para os alunos* sobre muralhas de resistência.

[*3 de junho*]

Noite estrelada; manhã clara; dia de sol; algumas nuvens à tarde.
Temperatura de 18,0° a 25,8° centígrados.

5 horas — Acordar, toalete, banho, diário, balancete etc.
7 — Continuando a trabalhar no *Dicionário politécnico*.
10½ — Na Escola Politécnica, no Gabinete de Engenharia Civil e na biblioteca.
11½ — No Clube de Engenharia e no escritório do amigo engenheiro José Américo dos Santos.
1½ — Na Sociedade Central de Imigração com os diretores Taunay, Saturnino Gomes e Gustavo Trinks.

3h — Na Confederação Abolicionista com o presidente J. F. Clapp.
4h — De volta ao Hotel dos Estrangeiros.
4½ — Continuando a trabalhar no *Dicionário politécnico*.

[*4 de junho*]

Noite estrelada; algumas nuvens pela manhã; dia de sol; tarde clara.

Temperatura de 18,7° a 26,3° centígrados.

5h — Acordar, toalete, banho, diário, balancete etc.
7 — Continuando a trabalhar no *Dicionário politécnico*.
11h — Escrevendo ao amigo Bruno sobre negócios da família na Bahia.
12 — Aumentando o curso proferido na escola com uma nota sobre muralhas de igual resistência.
2h — Fazendo correções e acréscimos ao *Guia para os alunos*.
3h — Continuando a trabalhar no *Dicionário politécnico*.

[*5 de junho*]

Algumas nuvens à noite e pela manhã; ameaças de chuva durante o dia e à tarde.

Temperatura de 19,5° a 25,4° centígrados.

5 horas — Acordar, toalete, banho, diário, balancete etc.
7 — Continuando a trabalhar no *Dicionário politécnico*.
10½ — Na Escola Politécnica providenciando sobre o Gabinete de Engenharia Civil.
11½ — No Clube de Engenharia e no escritório do amigo engenheiro José Américo dos Santos.
1½ — Na Sociedade Central de Imigração com os diretores Taunay, Saturnino Gomes, Wenceslau Guimarães e Gustavo Trinks.
2h — Na Escola Politécnica em congregação de lentes para o expediente mensal.
3h — Na Confederação Abolicionista com os amigos Miguel Antônio Dias e J. F. Clapp.
4h — De volta ao Hotel dos Estrangeiros.
4½ — Em estudos sobre resistência de materiais.

Falece em Piracicaba (São Paulo) às onze e meia da noite em casa do engenheiro José Rebouças, d. Aprígia Francisca da Costa Aranha, viúva do conselheiro Manoel Ladislau Aranha Dantas, lente da Academia de Medicina da Bahia.

[*6 de junho*]

Noite enublada; manhã clara; dia de sol; raras nuvens à tarde.

Temperatura de 19,0° a 25,0° centígrados.

5h — Acordar, toalete, banho, diário, balancete etc.
7 — Recordando e aperfeiçoando a 23.ª lição do curso.
9¾ — Dando-a na Escola Politécnica.
11½ — No Tesouro Nacional com o dr. Antônio Veríssimo de Matos tratando de negócios da família.
12½ — No Clube de Engenharia e no escritório do amigo engenheiro José Américo dos Santos.
1½ — Na Sociedade Central de Imigração com os diretores Taunay, Saturnino Gomes e tesoureiro Wenceslau Guimarães.
3h — Na Confederação Abolicionista com o presidente J. F. Clapp.
4h — De volta ao Hotel dos Estrangeiros.
4½ — Continuando a trabalhar no *Dicionário politécnico*.

Joaquim Nabuco
[*7 de junho*]

Noite e manhã mais ou menos enubladas; dia de sol; tarde brilhante.

Temperatura de 20,5° a 24,3° centígrados.

5 horas — Acordar, toalete, banho, diário, balancete etc.
7 — Determinando fórmulas para o cálculo de resistência das abóbodas.
10½ — Em casa do amigo Joaquim Nabuco, à rua Bela da Princesa do Catete n.º 1.
12h — No Teatro Polytheama, à rua do Lavradio, com a Confederação Abolicionista na conferência do conselheiro Rui Barbosa.
3 horas — Com os amigos Joaquim Nabuco e Silveira da Motta (barão de Jaceguai) recebendo os primeiros telegramas sobre a eleição do 5.º distrito de Pernambuco.
6 horas — Jantando no Restaurante do Globo com o amigo Joaquim Nabuco.
7h — Recebendo com ele o último telegrama de Vicência dando a maioria de 44 votos.
8h — De volta ao Hotel dos Estrangeiros.

5.º distrito de Pernambuco

Joaquim Nabuco	366
Lacerda	256
Vitória	110!

A apuração oficial deu 111!!!

[*8 de junho*]

Noite estrelada; algumas nuvens pela manhã; dia de sol; tarde brilhante.

Temperatura de 18,9° a 24,5° centígrados.

5h — Acordar, toalete, banho, diário, balancete etc.
7 — Em estudos de resistência das abóbodas.
10½ — No Ministério das Obras Públicas tratando do pagamento dos juros garantidos ao Caminho de Ferro Conde d'Eu.
11½ — No Clube de Engenharia e no escritório do amigo engenheiro José Américo dos Santos.
1h — Na Sociedade Central de Imigração com os diretores Taunay e Saturnino Gomes.
3h — Na Confederação Abolicionista com os amigos J. F. Clapp, Joaquim Serra e engenheiro André Gustavo Paulo de Frontin.
4h — De volta ao Hotel dos Estrangeiros.
4½ — Redigindo, em nome da Confederação Abolicionista, um manifesto de agradecimento aos dr.s Emírio César Coutinho e Joaquim Francisco de Mello Cavalcanti que cederam com tanta abnegação sua candidatura a Joaquim Nabuco.

[*9 de junho*]

Noite estrelada; neblina pela manhã; dia de sol; tarde clara.

Temperatura de 18,5° a 25,7° centígrados.

5 horas — Acordar, toalete, banho, diário, balancete etc.
7 — Recordando e aperfeiçoando a 24.ª lição do curso.
9¾ — Dando-a na Escola Politécnica.
11½ — No Clube de Engenharia e no escritório do engenheiro José Américo dos Santos encetando um artigo sobre conservação das madeiras.
1½ — Na Sociedade Central de Imigração com os amigos Beaurepaire Rohan e Taunay.
3h — Na Confederação Abolicionista e com os amigos Joaquim Nabuco, Joaquim Serra, J. F. Clapp e José do Patrocínio.
4h — De volta ao Hotel dos Estrangeiros.
4½ — Acrescendo ao *Guia para os alunos* uma nota histórica sobre a teoria das abóbodas.

[*10 de junho*]

Noite estrelada; vento e ameaças de chuva pela manhã; dia dúbio; alguns raios de sol à tarde.

Temperatura de 19,3° a 26,8° centígrados.

5h — Acordar, toalete, banho, diário, balancete etc.
7 — Em estudos sobre resistência dos materiais.
10½ — Na Escola Politécnica, em conferência com o dr. Álvaro de Oliveira, presidente do Centro Abolicionista da Escola Politécnica, para eleição do senador José Bonifácio de Andrada e Silva a sócio benemérito.
12h — No Clube de Engenharia e na Sociedade Central de Imigração com os amigos engenheiro José Américo dos Santos, Taunay e Saturnino Gomes.
3h — Na Confederação Abolicionista com os amigos Joaquim Nabuco, Miguel Antônio Dias, Joaquim Serra, João Clapp e José do Patrocínio.
4h — De volta ao Hotel dos Estrangeiros.
4½ — Continuando a trabalhar no *Dicionário politécnico*.

[***11 de junho***]

Chuva das três horas da madrugada às oito da manhã; dia encoberto; tarde enublada.

Temperatura de 17,5° a 23,2° centígrados.

5 horas — Acordar, toalete, banho, diário, balancete etc.
7 — Recordando e aperfeiçoando a 25.ª lição do curso.
9¾ — Dando-a na Escola Politécnica.

11½ — Em São Cristóvão, à rua Figueira de Melo n.º 30, com o José do Patrocínio e sua família providenciando sobre sua partida amanhã com Joaquim Nabuco para Bahia, Alagoas e Pernambuco.
1 hora — No Clube de Engenharia e no escritório do amigo engenheiro José Américo dos Santos.
1½ — Na Sociedade Central de Imigração com os amigos Taunay e Saturnino Gomes.
2h — Carta ao amigo dr. J. C. Rodrigues, em Londres, sobre imigração e democracia rural.
3h — Na Confederação Abolicionista com os amigos Miguel Antônio Dias, Joaquim Nabuco, Joaquim Serra e João Clapp.
4h — De volta ao Hotel dos Estrangeiros.
4½ — Em trabalhos da propaganda abolicionista.

Joaquim Nabuco
[***12 de junho***]

Noite encoberta; manhã clara; dia de sol; tarde brilhante e ventilada.

Temperatura de 17,5° a 24,3° centígrados.

5 horas — Acordar, toalete, banho, diário, balancete etc.

7 — Continuando a trabalhar na propaganda abolicionista e na da democracia rural.

10½ — Na Gazeta da Tarde, à rua do Ouvidor n.º 144, com José do Patrocínio, na propaganda abolicionista.

12h — A bordo do paquete inglês *Tamar*, acompanhando a Confederação Abolicionista em despedida do seu vice-presidente Luiz de Andrade e de Joaquim Nabuco.

1½ — Na Sociedade Central de Imigração com o diretor Saturnino Gomes.

2½ — No Clube de Engenharia para assembleia-geral em reforma de estatutos, que não funcionou por falta de número.

3h — Na Confederação Abolicionista com os amigos Miguel Antônio Dias e João Clapp.

4h — De volta ao Hotel dos Estrangeiros.

4½ — Redigindo para ser impresso em folheto o improviso pronunciado por Joaquim Nabuco, a 7 de junho, na conferência Rui Barbosa.

[*13 de junho*]

Noite estrelada; manhã clara; dia de sol; tarde quase sem nuvens.
Temperatura de 19,5° a 27,9° centígrados.

5 horas — Acordar, toalete, banho, diário, balancete etc.

7 — Recordando e aperfeiçoando a lição 26.ª do curso.
9¾ — Na Escola Politécnica, os alunos fazem feriado pela festa de santo Antônio.
10½ — No Tesouro Nacional providenciando sobre o pagamento dos juros garantidos em Londres à companhia Conde d'Eu Railway Company, Limited.
11h — Na Gazeta da Tarde, em trabalhos da propaganda abolicionista.
12h — No Clube de Engenharia e no escritório do amigo engenheiro José Américo dos Santos.
1 hora — Na Sociedade Central de Imigração com os diretores Rohan, Taunay e Wenceslau Guimarães.
2 horas — Na Escola Politécnica em congregação de lentes.
3 horas — Na Confederação Abolicionista com os amigos Miguel Antônio Dias, João Clapp e Joaquim Serra.
4 horas — De volta ao Hotel dos Estrangeiros.
4½ — Em trabalhos da propaganda abolicionista.

A *Gazeta da Tarde* publica um artigo de fundo meu — "Tranquilizemos a lavoura".[34]

Democracia rural
[*14 de junho*]

Fortes aguaceiros a partir das três da madrugada; muita chuva e vento pela manhã; dia e tarde chuvosos.

Temperatura de 19,5° a 26,3° centígrados.

5 horas — Acordar, toalete, banho, diário, balancete etc.
7 — Continuando a trabalhar na propaganda abolicionista para a *Gazeta da Tarde* e na de democracia rural pela Sociedade Central de Imigração.
10h — Completando a redação da proposta para tomar o Clube de Engenharia a direção do serviço de distribuição de terras pelos imigrantes e iniciar o Cadastro-Geral do Brasil para o Imposto Territorial.
12h — Respondendo à carta de 18 maio de A. H. Phillpotts, presidente da companhia Conde d'Eu Railway Company, Limited.
1 hora — Extratando o discurso do conselheiro Rui Barbosa na conferência de 7 junho para servir à propaganda abolicionista e democrática.

—

A *Gazeta de Notícias* publica sob a rubrica — "Terra para imigrantes" — o convite da Sociedade Central de Imigração ao Clube de Engenharia ontem redigido por mim e Alfredo Taunay.

Primeiro decálogo abolicionista
[***15 de junho***]

Chuva à noite; sol pela manhã; dia e tarde mais ou menos enublados.

Temperatura de 18,0° a 24,2° centígrados.

5 horas — Acordar, toalete, banho, diário, balancete, etc.
7 — Continuando a trabalhar na propaganda abolicionista e democrática.
10½ — Na Gazeta da Tarde com os amigos José do Patrocínio e João Clapp dando para impressão o decálogo da Confederação Abolicionista.
12h — No Clube de Engenharia e com o amigo engenheiro José Américo dos Santos.
1 hora — Na Sociedade Central de Imigração com o diretor Saturnino Gomes.
2 horas — No Centro Abolicionista da Escola Politécnica que não funcionou por falta de número.

2½ — No Clube de Engenharia dando para imprimir a proposta para a demarcação de lotes para imigrantes e iniciação do cadastro das terras.
4 horas — De volta ao Hotel dos Estrangeiros.
4½ — Continuando a trabalhar na propaganda para abolição e democracia rural.

A *Gazeta da Tarde* publica vários tópicos meus de propaganda abolicionista.

12. TEMPO DE RESILIÊNCIA

16/6 a 6/7/1885

[*16 de junho*]

Noite e manhã encobertas; chuva durante o dia; tarde escura e enublada; aguaceiros ao anoitecer.

Temperatura de 19,0° a 23,4° centígrados.

5 horas — Acordar, toalete, banho, diário, balancete etc.
7 — Preparando tipos de abóbodas de tijolos.
9¾ — Na Escola Politécnica dando a 26.ª lição.
11h — Na Gazeta da Tarde em trabalhos da propaganda abolicionista.
12 — No Clube de Engenharia e no escritório do amigo engenheiro José Américo dos Santos dando para ser distribuída pelos sócios a proposta impressa para demarcação de lotes para imigração e cadastro territorial.
1h — Na Sociedade Central de Imigração com os amigos diretores Taunay e Saturnino Gomes.
3h — Na Confederação Abolicionista e com os amigos Joaquim Serra e dr. Hilário de Gouveia, excelente cunhado de Joaquim Nabuco e de Sizenando Nabuco.

4h — Com o amigo Gusmão Lobo conferenciando sobre abolição e democracia rural.

4½ — De volta ao Hotel dos Estrangeiros.

8h — Continuando a trabalhar na propaganda para abolição e democracia rural.

A *Gazeta da Tarde* publica o meu artigo — "Dantas-Saraiva"[35] — e o meu "Decálogo abolicionista"[36] (*Vide pág. 366 deste diário*).

Democracia rural

[**17 de junho**]

Chuva à noite; manhã clara; dia de sol mais ou menos enublado; tarde encoberta.

Temperatura de 16,7° a 22,3° centígrados.

5 horas — Acordar, toalete, banho, diário, balancete etc.

7 — Trabalhando na propaganda abolicionista e democracia para a *Gazeta da Tarde*.

10½ — Na Confederação Abolicionista e na Gazeta da Tarde com João Clapp, José do Patrocínio e o comendador Carlos

de Lacerda, chefe abolicionista em Campos, que ontem obteve habeas corpus da Relação.
11½ — No escritório do amigo engenheiro Paulo de Frontin, 28 rua do Hospício, em assembleia-geral do Centro Abolicionista da Escola Politécnica aclamando sócios honorários Joaquim Nabuco e José Bonifácio.
1½ — Na Sociedade Central de Imigração com o amigo Alfredo Taunay.
2½ — Em sessão da diretoria do Clube de Engenharia para discussão e aprovação da minha proposta para demarcação de lotes para imigrantes e cadastro territorial.
4½ — De volta ao Hotel dos Estrangeiros.
5h — Continuando a trabalhar na propaganda abolicionista e democrática.

O *Paiz* publica em artigo de fundo a minha proposta ao Clube de Engenharia sobre lotes para imigrantes, imposto e cadastro territorial.[37]

[*18 de junho*]

Crescente a leste de Júpiter em céu estrelado; neblina pela manhã; dia de sol; tarde enublada.

Temperatura de 16,9° a 23,1° centígrados.

5 horas — Acordar, toalete, banho, diário, balancete etc.
7 — Recordando a teoria das abóbodas policêntricas.
9¾ — Na Escola Politécnica dando a 27.ª lição.
11h — Na Gazeta da Tarde com o seu redator proprietário José do Patrocínio em trabalhos da propaganda abolicionista.
12h — No Clube de Engenharia e no escritório do amigo engenheiro José Américo dos Santos, respondendo à carta de 8 junho de Richard Felton, gerente da Estrada de Ferro Conde d'Eu na Paraíba do Norte.
1½ — Na Sociedade Central de Imigração com os diretores Saturnino Gomes e Wenceslau Guimarães.
2½ — Na Confederação Abolicionista com os amigos Miguel Antônio Dias, Joaquim Serra e J. F. Clapp.
4h — De volta ao Hotel dos Estrangeiros.
4½ — Continuando a trabalhar na propaganda abolicionista e democrática.

Quinto aniversário do falecimento do meu muito amado pai o advogado Antônio Pereira Rebouças
[*19 de junho*]

Noite e manhã enubladas; dia dúbio; fortes aguaceiros das três da tarde em diante.

Temperatura de 16,8° a 22,5° centígrados.

5 horas — Acordar, toalete, banho, diário, balancete etc.
7 — Trabalhando na propaganda abolicionista e democrática.
9h — Na Capela Imperial ouvindo a missa rezada pelo padre e amigo André Motum.
10½ — No Cemitério de São João Batista visitando o túmulo de meu pai e do grande amigo visconde de Itaboraí e providenciando sobre a trasladação para o túmulo da família.
12½ — Na Gazeta da Tarde com José do Patrocínio e J. Clapp organizando as finanças dessa empresa.
1½ — Na Sociedade Central de Imigração com o vice-presidente Taunay.
2h — No Banco do Brasil com o presidente José Machado Coelho de Castro, companheiro de trabalho na organização das companhias das Docas da Alfândega e de D. Pedro II tratando de promover a subdivisão das grandes fazendas.

3h — No Clube de Engenharia, com o amigo tesoureiro Conrado Niemeyer promovendo a doação de um prelo Marinoni à *Gazeta da Tarde*.
4 horas — Com o amigo Joaquim Serra iniciando a subscrição.
5 horas — Com o senador Diogo Velho e deputado Anísio Cunha do Caminho de Ferro Conde d'Eu e de melhorar as condições econômicas da província da Paraíba [sic].
6h — De volta ao Hotel dos Estrangeiros.
8 horas — Despedindo-me do conselheiro Lopes Neto, ministro do Brasil na Itália, e recomendando-lhe Carlos Gomes, ora em dificuldades.

[*20 de junho*]

Muita chuva à noite e pela manhã; dia sempre encoberto e chuvoso; tarde dúbia.

Temperatura de 17,5° a 18,9° centígrados.

5h — Acordar, toalete, banho, diário, balancete etc.
7 — Trabalhando na propaganda abolicionista e democrática.
9¾ — Na Escola Politécnica onde os alunos pediram feriado para a próxima semana (são João — são Pedro).
10½ — Na Gazeta da Tarde em trabalhos de redação com os amigos J. F. Clapp e José do Patrocínio.

12h — Encomendando a placa de bronze para o túmulo da família com os nomes de meu bom pai e do engenheiro Antônio Rebouças.

1 hora — Na Sociedade Central de Imigração com os diretores Taunay, Saturnino Gomes e Januário Cândido de Oliveira.

2½ — Em assembleia-geral do Clube de Engenharia para reforma dos estatutos.

4h — De volta ao Hotel dos Estrangeiros.

4½ — Continuando a trabalhar na propaganda abolicionista e democrática.

José do Patrocínio

[***21 de junho***]

Noite enublada; sol pela manhã; dia e tarde intercalados de chuviscos.

Temperatura de 18,1° a 24,5° centígrados.

5 horas — Acordar, toalete, banho, diário, balancete etc.

7 — Continuando a trabalhar na propaganda abolicionista e democrática.

10h — Na Gazeta da Tarde revendo o livro de assinantes para a Corte e províncias.

12h — Com o engenheiro José Ewbank da Câmara, diretor do Caminho de Ferro de D. Pedro II, demonstrando-lhe a necessidade de construir um cais para receber a dragagem da enseada da Gamboa.
2 horas — Com os amigos José do Patrocínio e Joaquim Serra discutindo a reorganização da *Gazeta da Tarde* e a fundação da *Gazeta da Manhã*, órgão de Joaquim Nabuco.
4 horas — No Hotel dos Estrangeiros com José do Patrocínio, que foi o primeiro a ler este diário e o resumo da minha biografia.
5½ — Jantando com ele neste hotel.
6½ — No Clube Beethoven em conversação interna.
8½ — Em casa de José do Patrocínio, em São Cristóvão, 30 rua Figueira de Melo, onde travei conhecimento com sua mãe, recém-chegada de Campos.
11h — De volta ao Hotel dos Estrangeiros.

Gazeta da Manhã
[**22 de junho**]

Chuviscos à noite; manhã encoberta; dia de sol mais ou menos enublado; tarde dúbia.

Temperatura de 17,2° a 22,3° centígrados.

5h — Acordar, toalete, banho, diário, balancete etc.
7 — Continuando a trabalhar na propaganda abolicionista e democrática para a *Gazeta da Tarde*.
10h — Na Gazeta da Tarde com José do Patrocínio trabalhando na reorganização de suas finanças.
10½ — Na Escola Politécnica ativando a recepção de Joaquim Nabuco.
11h — No Tesouro Nacional tratando dos negócios da família na Bahia.
12h — Na Tipografia Aldina — *Rio News* — encomendando o projeto da *Gazeta da Manhã* — órgão de Joaquim Nabuco — propriedade de André Rebouças & Co.
12½ — Na praça do Comércio com o corretor Alfredo de Barros mandando emitir bônus de 100$000 Rs., 6%, juros trimestrais, amortização a partir de 1.º janeiro 1887.
1 hora — Em casa de Norton, Megaw & Co., recebendo £ 52, das quais dei 500$000 Rs. para a doação do prelo Marinoni à Gazeta da Tarde.
2h — No Clube de Engenharia com o presidente Bulhões, e na Sociedade Central de Imigração com os amigos Taunay e Saturnino Gomes.
3h — Na Gazeta da Tarde com Joaquim Serra e José do Patrocínio.
5h — Jantando com ele no Hotel dos Estrangeiros.

7½ — De novo na Gazeta da Tarde com José do Patrocínio e Gusmão Lobo.
11h — De volta ao Hotel dos Estrangeiros.

Eleito professor honorário do Liceu de Artes e Ofícios (diretor F. J. Bittencourt da Silva).

[*23 de junho*]

Noite enublada; neblina pela manhã; dia de sol; tarde um pouco encoberta.

Temperatura de 16,3° a 23,5° centígrados.

5 horas — Acordar, toalete, banho, diário, balancete etc.
7 — Preparando o primeiro número da *Gazeta da Manhã* — órgão de Joaquim Nabuco.
10h — Na Escola Politécnica em férias, providenciando sobre a recepção do Joaquim Nabuco.
11h — Na Gazeta da Tarde trabalhando na reorganização da empresa.
12½ — No Arsenal de Guerra encomendando bandeiras, flâmulas e panos de anúncio para as *Gazetas da Tarde* e *da Manhã*.

1½ — No Clube de Engenharia com os amigos Miguel Antônio Dias e engenheiro José Américo dos Santos.
2h — Na Sociedade Central de Imigração com os diretores Taunay e Saturnino Gomes.
3½ — Na Gazeta da Tarde com os amigos Joaquim Serra e José do Patrocínio.
5½ horas — No Hotel dos Estrangeiros jantando com o amigo Joaquim Serra.
8 horas — De novo no escritório da Gazeta da Tarde preparando o prospecto da *Gazeta da Manhã* com os ajudantes Arlindo Fragoso e Carlos A. dos Santos.
10½ — De volta ao Hotel dos Estrangeiros.

Associação Territorial

[***24 de junho***]

Luar enublado; manhã dúbia; aguaceiros a partir das duas horas da tarde até anoitecer.

Temperatura de 16,5° a 22,8° centígrados.

5 horas — Acordar, toalete, banho, diário, balancete etc.
7 — Continuando a trabalhar na propaganda abolicionista e democrática.
9h — Visita-me o amigo Miguel Antônio Dias e leva um presente de roupa de lã e fardas ao irmão Pedro.

10h — Na Tipografia Aldina dando instruções para a impressão do número da *Gazeta da Manhã*, em homenagem a Joaquim Nabuco.

11½ — Em casa do dr. José Machado Coelho de Castro, presidente do Banco do Brasil companheiro de 1869 a 1871 na organização das companhias das Docas da Alfândega e D. Pedro II, preparando o prospecto da Associação Territorial. Esteve presente seu genro o engenheiro Francisco Van Erven, secretário do Clube de Engenharia.

1½ — De volta ao Hotel dos Estrangeiros.

2h — Continuando a trabalhar na propaganda abolicionista e democrática.

Associação Intelectual

(Testamento)

[***25 de junho***]

Muita chuva à noite; manhã encoberta; dia de sol mais ou menos encoberto; tarde dúbia.

Temperatura de 16,7° a 22,3° centígrados.

5 horas — Acordar, toalete, banho, diário, balancete etc.

7 — Redigindo o meu testamento em benefício da Sociedade Central de Imigração.

8 — Preparando as bases da Associação dos Publicistas do Rio de Janeiro (Clube Joaquim Nabuco).

10h — Na Tipografia Aldina revendo provas da *Gazeta da Manhã* em homenagem a Joaquim Nabuco.

11h — Dando ao Henrique Leuzinger o prospecto da *Gazeta da Manhã* dominical.

12h — No Clube de Engenharia e no escritório do engenheiro José Américo dos Santos.

1½ — Na Sociedade Central de Imigração com os amigos Taunay e Saturnino Gomes.

2½ — Na assembleia-geral do Clube de Engenharia.

3½ — Na Gazeta da Tarde com o deputado José Mariano, José do Patrocínio, Joaquim Serra, J. F. Clapp, Gomes (Radical) etc.

5½ horas — Jantando no Hotel dos Estrangeiros.

8h — De novo na Gazeta da Tarde com José Mariano e José do Patrocínio.

9 horas — Com Francisco Castelões, classificando fotografias para servir à cenografia do *Schiavo* de Carlos Gomes.

10½ — De volta ao Hotel dos Estrangeiros.

Associação Predial
[*26 de junho*]

Luar enublado; neblina pela manhã; dia de sol; algumas nuvens à tarde.

Temperatura de 17,5° a 22,3° centígrados.

5 horas — Acordar, toalete, banho, diário, balancete etc.
7 — Trabalhando na propaganda abolicionista e democrática; recepção de Joaquim Nabuco etc.
10h — Na Tipografia Aldina sem pessoal nem recurso para imprimir sequer o número prospecto da *Gazeta da Manhã*.
12h — No Clube de Engenharia e no escritório do engenheiro José Américo dos Santos.
1½ — Na Sociedade Central de Imigração, com os diretores Taunay e Saturnino Gomes.
2½ — Na Gazeta da Tarde em esforços, quase baldados, para reorganizar essa empresa.
4½ — De volta ao Hotel dos Estrangeiros.
8h — De novo na Gazeta da Tarde nos trabalhos de reorganização econômica e financeira.
10h — No Hotel dos Estrangeiros.
10½ — Preparando o modelo da apólice territorial de 100$000 e juros trimestrais de 1$500, em [...], dando toda

a expansão à ideia em voga da Nova Zelândia para rápida transmissão das propriedades rurais. [*Torrens Act*][38]

Meu bom pai
[*27 de* ***junho***]

Luar mais ou menos enublado; manhã clara; dia de sol; tarde belíssima.

Temperatura de 17,5° a 22,7° centígrados.

5 horas — Acordar, toalete, banho, diário, balancete etc.
7 — Preparando-me para a colocação do ossuário do meu bom pai no túmulo da família Rebouças — 1870 — n.º 101-A Cemitério de São João Batista.
10½ — Cumprindo esse dever filial, depois de preparar o ossuário com as mais ricas essências de Atkinson, Rimmel e Pinaud.
11½ — Visitando o amigo Adolfo de Barros em sua casa à rua do Senador Vergueiro.
12½ — Na Imprensa Nacional ajustando a tiragem de 20 mil exemplares do primeiro número da *Gazeta da Manhã*.
1½ — Na Tipografia Aldina em tal miséria que foi necessário adiantar 80$000 Rs. para pagar as férias dos operários.
2½ — Recorrendo à Tipografia Lombaerts para imprimir — *Gênese da escravidão segundo Lamennais — A Joaquim Nabuco*.

3½ — Na Tipografia Leuzinger, incapaz de dar o prospecto da *Gazeta da Manhã*.
4½ — Providenciando sobre a recepção Joaquim Nabuco.
5½ — De volta ao Hotel dos Estrangeiros.
8h — Com o engenheiro Luiz Schreiner, alugando por 200$000 Rs. catorze janelas do Hotel Ravot para as famílias dos sócios do Clube Joaquim Nabuco (Associação Intelectual).

Joaquim Nabuco
[***28 de junho***]

Noite maravilhosa de luar em céu estrelado; manhã clara; dia de sol; tarde esplêndida.

Temperatura de 16,8° a 23,2° centígrados.

5 horas — Acordar, toalete, banho, diário, balancete etc.
7 — Revendo provas dos impressos da *Gazeta da Manhã* diária e dominical e do prospecto do Clube Joaquim Nabuco — Associação Intelectual — Associação dos Publicistas do Rio de Janeiro.
8½ — Em casa do amigo Luiz Gomes e do arquiteto Luiz Schreiner, providenciando sobre a recepção do Taunay, Joaquim Nabuco.
9½ — No Hotel Ravot nas janelas fronteiras da Gazeta da Tarde.
11h — Na sala do Hotel Ravot, sobre a rua do Ouvidor e o largo

de São Francisco de Paula, almoçando com os amigos Joaquim Nabuco, dr. Hilário de Gouveia e engenheiro José Américo dos Santos.

1 hora — O dr. Hilário de Gouveia decide que parte amanhã para Petrópolis por estar muito fatigado e anêmico.

2 horas — Em casa do amigo Joaquim Nabuco, à rua Bela da Princesa do Catete n.º 1, exatamente na sala em que se fundou, a 7 de setembro de 1880, a Sociedade Brasileira contra a Escravidão.

5 horas — Jantando com a família Nabuco e Silveira da Motta (barão de Jaceguai).

8h — Visitando com eles a iluminação da Gazeta da Tarde e Hotel Ravot.

9½ — De volta ao Hotel dos Estrangeiros.

Mudança para Petrópolis

[*29 de junho*]

Luar em céu estrelado; manhã clara; dia de sol esplêndido em Petrópolis; tarde brilhante.

Temperatura de 15,8° a 18,5° centígrados.

3 horas — Acordar, toalete, banho, diário, balancete etc.

4 — Em preparativos de mudança para Petrópolis.

6h — Partindo do Hotel dos Estrangeiros.
6½ — Despedindo-me do amigo Luiz Gomes.
7 horas — Partindo na barca para Petrópolis; aí encontrei o aluno Pederneiras e o ex-aluno L. Guedes de Moraes Sarmento, atualmente empregado em levantar a planta dos terrenos pertencentes à fábrica de algodão Petropolitana, fundada pelo cubano Caymari, na Cascatinha, no décimo quilômetro da estrada União e Indústria.
9¾ — Hospedando-me no aposento n.º 6 do Hotel Bragança, sobre a rua do Imperador, tendo pela madrugada Sirius em frente; exposição quase NE a sudoeste.
12h — Passeio a cavalo à Presidência,[39] hoje pertencendo ao amigo engenheiro Antônio Paulo de Melo Barreto, e à Quitandinha, deixada pela filha do barão de Penedo, viúva do conselheiro de Estado Andrade Pinto, falecido em março 1885.
5h — De volta ao Hotel de Bragança.

Em Petrópolis
Aposento n.º 6 — Hotel Bragança — Sobre a rua do Imperador
[30 ***de junho***]

Noite mais ou menos enublada; ameaças de chuva pela manhã; dia encoberto; tarde dúbia.

Temperatura de 8,7° a 17,3° centígrados.

5 horas — Acordar, toalete, banho, diário, balancete etc.
7 — Coordenando vários documentos da propaganda abolicionista e democrática.
11 horas — Passeio a cavalo à fabrica de algodão Petropolitana, fundada pelo cubano Caymari junto à Cascatinha; aí esperava-me o ex-aluno L. Guedes de Moraes Sarmento.
3 horas — Partindo da fábrica e dirigindo-me a Petrópolis pela estrada União e Indústria.
4½ — De volta ao Hotel de Bragança.

Em Petrópolis
[***1.º de julho***]

Manhã mais ou menos enublada; raros raios de sol; tarde escura e invernosa.

Temperatura de 7,5° a 16,5° centígrados.

5 horas — Acordar, toalete, banho, diário, balancete etc.
7 — Escrevendo ao dr. Hilário de Gouveia sobre a criação de asclepíades, escolas práticas de médicos, farmacêuticos e enfermeiros para suceder às atuais casas de saúde e aos hospitais mal situados e pessimamente construídos segundo as velhas ideias. (×)

8½ — Escrevendo ao amigo Miguel Antônio Dias e ao engenheiro José Américo dos Santos providenciando sobre a propaganda abolicionista.
11h — Encontro-me com a viúva d. Anna Coutinho, filha do comendador João Pereira de Andrada, procurador de meu bom pai no Rio de Janeiro, antes de sua vinda da Bahia em fevereiro de 1846. No dia da chegada da família Rebouças ao Rio de Janeiro, 22 fevereiro 1846, pelo paquete nacional *São Salvador*, passamos o dia em casa do comendador João Pereira de Andrada, entrei em grande luxo à praia do Botafogo. Foi só à noite que fomos para o sobrado, que havia alugado à família Eusébio de Souza Queiroz, à rua de Matacavalos n.º 64, atualmente n.º 72 rua do Riachuelo.
3½ — De volta ao Hotel Bragança.

(×) *Vide na* Revista de Engenharia *de 28 abril e 14 maio 1891 o desenvolvimento dessa ideia no artigo "Instrução técnica".*

Em Petrópolis
[*2 de julho*]

Noite encoberta; algumas nuvens pela manhã; dia de sol; tarde brilhante; Vênus no oriente.

Temperatura de 6,9° a 15,8° centígrados.

5 horas — Acordar, toalete, banho, diário, balancete etc.
7 — Continuando a trabalhar na propaganda abolicionista, imigrantista e democrática.
11h — Excursão à chácara do fazendeiro Avelar e adjacências, estudando as localidades mais convenientes para a fundação de asclepíades e de hotéis populares.
3½ — Respondendo a um telegrama da Casa Wilson sobre pagamento de impostos na Estrada de Ferro Conde d'Eu, Paraíba do Norte.
6½ — Recebendo cartas do presidente e secretário dessa companhia em Londres com uma petição sobre a necessidade de prolongar a estrada de ferro até o Cabedelo. (Vide a propaganda de 1864, 1865, 1867 nos respectivos diários e em vários jornais principalmente no Diario Oficial.)

—

Joaquim Nabuco é finalmente reconhecido deputado sob uma chuva de flores; toma a palavra logo e combate o projeto Saraiva em esplêndido discurso.

Em Petrópolis
[*3 de julho*]

Noite dúbia; ao amanhecer Órion e Sirius no oriente; dia escuro e ventoso; tarde encoberta.

Temperatura de 11,5° a 16,3° centígrados.

5 horas — Acordar, toalete, banho, diário, balancete etc.
7h — Respondendo à carta de ontem do amigo Miguel Antônio Dias.
8 — E às de 8 junho do presidente e secretário da Estrada de Ferro Conde d'Eu.
10h — Escrevendo ao amigo A. d'E. Taunay sobre o libreto da ópera *Regina, Schiava e Madre*.
12h — Com o capitalista d. Juan Frias, ex-membro da comissão fiscal das Docas de D. Pedro II estudando vários melhoramentos higiênicos de que necessita Petrópolis.
3h — No Hotel Orléans escolhendo aposento para residência permanente; preferi as do segundo andar com janelas para leste e sul.

Em Petrópolis
[*4 de julho*]

Noite ora com lua e estrelas ora encoberta; dia de sol esplêndido; tarde brilhante e ventilada.

Temperatura de 12,3° a 20,5° centígrados.

5 horas — Acordar, toalete, banho, diário, balancete etc.
7 — Remetendo ao engenheiro Richard Felton, na Paraíba do Norte, cópia da carta escrita ontem ao presidente da companhia Conde d'Eu, em Londres.
8 horas — Escrevendo ao engenheiro A. M. de Oliveira Bulhões, presidente do Clube de Engenharia, sobre a conferência tida ontem com d. Juan Frias e enviando-lhe os papéis da Companhia Progresso Petropolitano.
11h — No aposento preferido do Hotel Orléans projetando vários melhoramentos para Petrópolis.
2h — De volta ao Hotel Bragança.
3h — Principiando a ler e anotar — F. Lamennais — *De l'Esclavage Moderne.*

Em Petrópolis e no Rio
[*5 de julho*]

Pela madrugada no oriente Aldebarã, Órion, Sirius, Canopus; dia de sol com algumas nuvens.

Temperatura de 12,5° a 19,2° centígrados.

5 horas — Acordar, toalete, banho, diário, balancete etc.
7 — Continuando nos trabalhos da propaganda abolicionista e democrática.
11 horas — Em preparativos para passar no Rio de Janeiro os dias 6 e 7 de julho.
4½ — Partindo de Petrópolis.
6½ — Chegando ao Rio de Janeiro.
7 — No Hotel dos Estrangeiros (aposento n.º 20).
7½ — Com o amigo Joaquim Nabuco tratando da propaganda abolicionista.
8½ — Passando a noite em casa do amigo Alfredo de Barros, em São Clemente.
11h — De volta ao Hotel dos Estrangeiros.

No Rio de Janeiro

[*6 de julho*]

Noite estrelada; manhã clara; dia de sol; raras nuvens à tarde. Temperatura de 17,3° a 26,5° centígrados.

5 horas — Acordar, toalete, banho, diário, balancete etc.
7 — Trabalhando na propaganda abolicionista e democrática.
9½ — Nas tipografias do Rio Novo, Lombaerts e Leuzinger providenciando sobre várias impressões encomendadas para a *Gazeta da Manhã* e Confederação Abolicionista.
11h — Na Escola Politécnica avisando os alunos para apresentarem os cadernos amanhã.
12 — No Ministério do Império arquivando o pagamento do prêmio do *Guia para os alunos* e falando ao conselheiro Meira de Vasconcelos sobre o Caminho de Ferro Conde d'Eu (Paraíba).
2h — No Clube de Engenharia e com o engenheiro José Américo dos Santos.
3h — Com os amigos Joaquim Serra e Miguel Antônio Dias em conferência sobre abolição.
4h — De volta ao Hotel dos Estrangeiros.
7h — Visitando o deputado dr. Anísio s. c. da Cunha para tratar do Caminho de Ferro Conde d'Eu e o amigo Adolfo de Barros.
10h — De volta ao Hotel dos Estrangeiros.

7/7 a 5/8/1885

13. NOVO ENDEREÇO

No Rio e em Petrópolis

[*7 de julho*]

Plêiades, Taurus, Órion etc. pela madrugada; dia de sol; tarde clara; neblina ao anoitecer em Petrópolis.

Temperatura de 15,5° a 26,7° centígrados.

5h — Acordar, toalete, banho, diário, balancete etc.

7 — Em preparativos para deixar o Hotel dos Estrangeiros e mudança total para Petrópolis.

9¾ — Na Escola Politécnica, recebendo os cadernos dos alunos, os mais preguiçosos que hei lido.

11½ — No Ministério do Império, onde ainda não tinham preparado a ordem para pagamento do prêmio de 2:000$000 Rs. concedido ao *Guia para os alunos*.

12½ — Na Gazeta da Tarde em trabalhos da propaganda abolicionista e democrática.

2h — Na Caixa d'Amortização recebendo os juros das apólices.

3h — Depositando 500$000 Rs. no Banco do Brasil.

3½ — Voltando para Petrópolis.

6h — No aposento n.º 6 do Hotel Bragança.

—

Reatou relações o antigo companheiro do Colégio Marinho (1852-1853) José Ferreira da Paixão atual diretor do Colégio Paixão em Petrópolis.

Em Petrópolis
[***8 de julho***]

Noite mais ou menos enublada; dia de sol; tarde dúbia; chuva ao anoitecer.

Temperatura de 14,7° a 22,3° centígrados.

5h — Acordar, toalete, banho, diário, balancete etc.
7 — Pondo em ordem vários documentos da propaganda abolicionista.
8 — Continuando os trabalhos para divisão das grandes propriedades territoriais em lotes ao alcance da democracia rural.
11½ — Visitando o Colégio Paixão, situado no Palatinado Inferior, a pequena distância da estação da estrada de ferro. Este edifício era ocupado pelo Colégio Calógeras quando eu era aluno (1850 e 1851) do Colégio Köpke.
4h — De volta ao Hotel Bragança.

5h — Estudando o projeto da Companhia dos Melhoramentos de Petrópolis. Capital 1 000 contos sobre 50.000 *bonds* ou ações de preferência de 100$000 com juros trimestrais de 1$500 garantidos por 15 contos da receita bruta do Caminho de Ferro do Grão-Pará. — Esgoto e limpeza. — Abastecimento d'água. — Levantamento de 1 metro d'água nos rios e canais. — Luz elétrica e gás. — Asclepíades (hotéis populares) de 2$000 Rs. por dia. — Banhos de 200 Rs. — Piscinas. — Lavanderia. — Cassino. — Salas baile concerto. — Teatro etc.

Em Petrópolis e no Rio
[*9 de julho*]

Chuva à noite e pela manhã; dia escuro e chuvoso tanto no Rio como em Petrópolis.

Temperatura de 13,5° a 21,6° centígrados.

5 horas — Acordar, toalete, banho, diário, balancete etc.
6 — Preparando o modelo de apólice predial para um empréstimo de 50:000$000 Rs. ao Colégio Paixão, carregado de um débito de 32 contos.
7½ — Descendo de Petrópolis.
8 horas — Entregando ao M. Calógeras, membro da comissão fiscal da Companhia da Estrada de Ferro do Grão-Pará

cópia do projeto da Companhia dos Melhoramentos de Petrópolis.

9¾ — Na Escola Politécnica dando a 28.ª lição (funilaria).

11½ — Na Gazeta da Tarde, na propaganda abolicionista com José do Patrocínio e J. F. Clapp.

12½ — Com os amigos Miguel Antônio Dias e Joaquim Serra.

1½ — No Banco do Brasil com o presidente dr. J. M. Coelho de Castro consultando sobre o empréstimo ao Colégio Paixão e sobre o projeto da Companhia dos Melhoramentos de Petrópolis.

2½ — No Clube de Engenharia com o presidente A. M. de Oliveira Bulhões trabalhando na propaganda do Imposto Territorial.

3½ — Voltando para Petrópolis.

6h — No aposento n.º 6 do Hotel Bragança.

Em Petrópolis

[***10 de julho***]

Chuviscos à noite; sol pela manhã; dia encoberto por negras nuvens de chuvas; tarde dúbia.

Temperatura de 12,8° a 18,7° centígrados.

5 horas — Acordar, toalete, banho, diário, balancete etc.

7 — Escrevendo ao amigo Francisco Bruno Pereira sobre a família na Bahia.

9h — Coordenando vários documentos da propaganda abolicionista e democrática.
11½ — Visitando o dr. Köpke, presidente da Câmara Municipal de Petrópolis, não estava em casa.
1½ — Respondendo à carta de 23 junho do Richard Felton, gerente (*manager*) da Estrada de Ferro Conde d'Eu, Paraíba do Norte.
3 horas — Tirando cópia do prospecto da Companhia dos Melhoramentos de Petrópolis.[40]

Em Petrópolis e no Rio
[***11 de julho***]

Noite mais ou menos enublada; manhã clara; dia de sol; algumas nuvens à tarde.

Temperatura de 13,1° a 21,5° centígrados.

5 horas — Acordar, toalete, banho, diário, balancete etc.
7½ — Partindo de Petrópolis pela estrada de ferro.
8½ — Encontramos a barca a vapor encalhada por uma extraordinária maré vazia.
11½ — Chegando ao Rio de Janeiro.
12h — Na Escola Politécnica depositando no Gabinete de Engenharia Civil o manuscrito do *Dicionário politécnico* (perto de 10 mil vocábulos).

1½ — Na Sociedade Central de Imigração com os amigos Rohan, Taunay e Saturnino Gomes.
2½ — Na propaganda abolicionista com os amigos Joaquim Nabuco e Joaquim Serra.
3h — No Banco do Brasil depositando 300$000 Rs. dos dividendos das Docas de D. Pedro II e tratando da organização da Companhia dos Melhoramentos de Petrópolis com o presidente José Machado Coelho de Castro e diretores barão de Araújo Ferraz e d. Juan M. Frias.
3½ — Voltando para Petrópolis.
6h — Retornando ao meu aposento n.º 6 (Hotel Bragança).[41]

Em Petrópolis
[**12 de julho**]

Chuviscos pela madrugada; dia de sol; noite enublada; algumas nuvens à tarde.

Temperatura de 14,2° a 21,6° centígrados.

5 horas — Acordar, toalete, banho, diário, balancete etc.
7 — Preparando o frontispício do *Dicionário politécnico*; o original está atualmente no meu Gabinete de Engenharia Civil.
11h — Visitando o dr. Henrique Köpke, presidente da Câmara Municipal de Petrópolis.

12h — No Colégio Köpke, com a família do conselheiro Pinto Lima, revendo os sítios onde constituí o meu caráter atual de 1850 a 1851.
4¼ — No Alto da Serra (Vila Teresa) despedindo-me do amigo Antônio Paulo de Melo Barreto, presidente da Companhia Leopoldina e atual proprietário da Presidência, em Petrópolis.
6 horas — Passando a noite com a família do diretor José Ferreira da Paixão, meu companheiro de colégio no Colégio Marinho, à rua de Matacavalos (atual rua do Riachuelo n.º 86) nos anos de 1852 e 1853 até matricular-me, em 15 de março de 1854, na Escola Militar, depois Escola Central, atual Escola Politécnica.

Em Petrópolis
[*13 de julho*]

Ventania (NE, ENE) à noite e pela manhã; dia de sol claro e ventilado; algumas nuvens à tarde.

Temperatura de 14,5° a 21,3° centígrados.

5 horas — Acordar, toalete, banho, diário, balancete etc.
7 — Preparando o artigo "Desbarrancados" para o *Dicionário politécnico* resumindo as observações feitas em 1883 e 1884 nas viagens à província de Minas Gerais.
11½ — No Colégio Paixão avaliando em 120 contos os prédios e terrenos deste estabelecimento.

2h — Na repartição de Obras Públicas de Petrópolis obtendo do engenheiro José Martins da Silva a planta de Petrópolis e vários dados sobre sua fundação e desenvolvimento.
4h — Tirando outra cópia do prospecto da Companhia dos Melhoramentos de Petrópolis.

Em Petrópolis e no Rio
[14 ***de julho***]

Noite enublada; chuviscos pela manhã; dia escuro e chuvoso; tarde dúbia.

Temperatura de 13,8° a 26,1° centígrados.

5h — Acordar, toalete, banho, diário, balancete etc.
7 — Descendo de Petrópolis.
10h — Na Escola Politécnica dando a 29.ª lição (primeira da teoria de empuxo de terras).
11½ — No Tesouro Nacional conseguindo receber afinal o prêmio de 2:000$000 Rs. concedido ao meu *Guia para os alunos*.
12 — Depositando esta soma em conta-corrente no Banco do Brasil.
1h — Na propaganda abolicionista com o amigo Joaquim Serra e deputado José Mariano.
2h — Na Gazeta da Tarde fazendo um tópico abolicionista ao artigo sobre 14 julho.

3h — No Clube de Engenharia e no escritório do amigo engenheiro José Américo dos Santos.
3½ — Voltando para Petrópolis.
6h — No meu aposento n.º 6 Hotel Bragança.

Em Petrópolis e no Rio
[***15 de julho***]

Chuviscos ao amanhecer; dia de sol; tarde mais ou menos enublada.
Temperatura de 14,3° a 25,2° centígrados.

5h — Acordar, toalete, banho, diário, balancete etc.
7½ — Descendo de Petrópolis.
10h — No Ministério da Agricultura entregando uma petição cobrando a tradução oficial da representação, vinda de Londres, sobre os prejuízos sofridos com a demora da concessão Cabedelo.
11½ — Na Escola Politécnica melhorando o Gabinete de Engenharia Civil.
12½ — Na Gazeta da Tarde, na propaganda abolicionista com José do Patrocínio e J. F. Clapp.
1½ — Na Sociedade Central de Imigração com os amigos Rohan, Taunay e Saturnino Gomes.
2½ — No Clube de Engenharia, em sessão do conselho, fazendo sócio remido o arquiteto L. Schreiner e dando um voto de louvor

ao presidente Bulhões por seus trabalhos sobre Imposto Territorial e Cadastro-Geral do Brasil.
3½ — Voltando para Petrópolis.
6h — No aposento n.º 6 do Hotel de Bragança.

Em Petrópolis e no Rio
[***16 de julho***]

Canopus, Órion, Sirius pela madrugada; dia de sol, raras nuvens à tarde.

Temperatura de 15,1° a 28,5° centígrados.

5h — Acordar, toalete, banho, diário, balancete etc.
7½ — Descendo de Petrópolis.
10h — Na Escola Politécnica dando a trigésima lição (segunda de empuxo de terras) em parte assistida pelo ministro do Império Meira de Vasconcelos, deputado conselheiro André de Pádua Fleury e diretor Ignácio da Cunha Galvão.
12h — No Ministério da Justiça tratando do aluguel e da venda da casa da Bahia, ocupada pela polícia.
1h — Na Gazeta da Tarde na propaganda abolicionista.
1½ — Na Sociedade Central de Imigração com os amigos Taunay e Saturnino Gomes oficiando ao presidente do Banco do Brasil.

2½ — No Clube de Engenharia e no escritório do amigo engenheiro José Américo dos Santos.
3h — No Banco do Brasil, com o presidente dr. José Machado Coelho de Castro em trabalhos para subdivisão do solo e democracia rural.
3½ — Voltando para Petrópolis.
6h — No meu aposento n.º 6 do Hotel de Bragança.[42]

Em Petrópolis
[17 ***de julho***]

Crescente entre Júpiter e Vênus; madrugada belíssima; dia de sol; tarde esplêndida.

Temperatura de 14,3° a 21,5° centígrados.

5 horas — Acordar, toalete, banho, diário, balancete etc.
7 — Escrevendo ao dr. Antônio Veríssimo de Matos para providenciar sobre o aluguel e venda da casa ocupada pela polícia na Bahia.
9h — Coligindo vários documentos da propaganda para abolição e democracia rural.
12h — Visitando a família do companheiro do Colégio Marinho, José Ferreira da Paixão.

A *Gazeta de Notícias* publica, em artigo de fundo, o resumo do ofício, que ontem redigi com o amigo Taunay, convidando o presidente do Banco do Brasil a guiar os fazendeiros da província do Rio de Janeiro na subdivisão das suas grandes propriedades territoriais para o projeto de colonização nacional.

Em Petrópolis e no Rio

[***18 de julho***]

Crescente entre Júpiter e Vênus; manhã enublada; ameaças de chuva durante o dia; tarde dúbia.

Temperatura de 13,5° a 26,8° centígrados.

5h — Acordar, toalete, banho, diário, balancete etc.
7½ — Descendo de Petrópolis pelo Caminho de Ferro Riggenbach.
10h — Na Escola Politécnica dando a 31.ª lição.
11½ — Na Gazeta da Tarde com José do Patrocínio, J. F. Clapp e Joaquim Serra.
1 hora — Na Sociedade Central de Imigração com os amigos Taunay e Saturnino Gomes.
2h — No Banco do Brasil promovendo com o presidente dr. José Machado Coelho de Castro a organização da Associação Territorial.

2½ — No Clube de Engenharia, em sessão do conselho, discutindo e conseguindo a passagem da representação ao Governo imperial sobre o Imposto Territorial e Cadastro-Geral do Brasil.
3½ — Voltando para Petrópolis.
6h — No meu aposento n.º 6 do Hotel Bragança.

Em Petrópolis
[***19 de julho***]

Noite encoberta; algumas nuvens pela manhã; ameaças de chuva durante o dia e à tarde.

Temperatura de 13,2° a 17,5° centígrados.

5h — Acordar, toalete, banho, diário, balancete etc.
7 — Conseguindo as provas do folheto — "Apontamentos sobre o Cadastro e Imposto Territorial do Brasil" — redigido pelo dr. A. M. de Oliveira Bulhões, presidente do Clube de Engenharia.
10h — Preparando duas máximas para integrar o *Dicionário politécnico*.
11h — Coordenando vários documentos da propaganda abolicionista e democrática.
12½ — Visitando a família do companheiro do Colégio Marinho, José Ferreira da Paixão.

Em Petrópolis

[20 ***de julho***]

Chuva à noite e pela manhã; dia de pequenos aguaceiros incessantes.

Temperatura de 13,5° a 19,2° centígrados.

5h — Acordar, toalete, banho, diário, balancete etc.
7 — Respondendo à carta de 14 julho do amigo Francisco Bruno Pereira, procurador da família na Bahia.
8h — Transmitindo esta carta ao dr. Antônio Veríssimo de Matos, para providenciar sobre a casa da família, ocupada pela polícia da Bahia.
11h — Respondendo à carta de 23 de junho de A. H. Phillpotts, presidente da companhia Conde d'Eu.
12 — Escrevendo cópia dessa carta ao engenheiro Richard Felton, na Paraíba do Norte.
1 hora — Participando ao ministro do Império, senador pela província da Paraíba, João Florentino Meira de Vasconcelos, a entrega da reclamação Cabedelo.
2½ — Escrevendo ao amigo João Batista de Oliveira e Souza, de Brumado, cidade de Entre Rios, província de Minas Gerais, sobre o Caminho de Ferro de Pitangui. (Vide os diários de 1883 e 1884.)

Em Petrópolis e no Rio

[***21 de julho***]

Muita chuva à noite e pela manhã; dia sempre escuro e chuvoso; aguaceiros à tarde em Petrópolis.

Temperatura de 11,2° a 16,4° centígrados.

5 horas — Acordar, toalete, banho, diário, balancete etc.
7½ — Descendo de Petrópolis pelo Caminho de Ferro Riggenbach.
10 — Na Escola Politécnica dando a 32.ª lição (última da teoria do empuxo de terras).
11½ — Na Gazeta da Tarde e na propaganda abolicionista com Joaquim Serra, José do Patrocínio, Rui Barbosa e J. F. Clapp.
12½ — No Clube de Engenharia e no escritório do amigo engenheiro José Américo dos Santos.
1½ — Na Sociedade Central de Imigração com os amigos Taunay e Saturnino Gomes.
2½ — No Banco do Brasil com o presidente José Machado Coelho de Castro acelerando a divisão do solo pela organização da Associação Territorial.
3½ — Voltando para Petrópolis.
6h — No meu aposento n.º 6 do Hotel Bragança.

Em Petrópolis

[**22 de julho**]

Chuva à noite; manhã enublada; alguns raios de sol durante o dia; tarde clara.

Temperatura de 12,1° a 15,6° centígrados.

5 horas — Acordar, toalete, banho, diário, balancete etc.
7 — Pondo em ordem vários documentos da propaganda abolicionista e democracia rural.
9 — Continuando a trabalhar no *Dicionário politécnico*.
12 — Visitando a família do companheiro do Colégio Marinho, José Ferreira da Paixão.

Em Petrópolis e no Rio

[**23 de julho**]

Lua em céu estrelado; Órion, Sirius, Canopus pela madrugada; dia de sol; tarde brilhante.

Temperatura de 11,3° a 21,5° centígrados.

5 horas — Acordar, toalete, banho, diário, balancete etc.
7½ — Descendo de Petrópolis pelo Caminho de Ferro.

10 — Na Escola Politécnica dando a 33.ª lição (primeira da teoria da flexão).

11½ — Na Gazeta da Tarde, com o José do Patrocínio, no escritório à rua do Ouvidor n.º 144 e na tipografia à rua do Sacramento n.º 8, em frente ao Tesouro Nacional, providenciando sobre as finanças da empresa (cheque de 2:000$000 Rs.).

1h — No Ministério da Justiça promovendo o pagamento do aluguel da casa da Bahia, ocupada pela polícia.

1½ — Na Sociedade Central de Imigração com os amigos Rohan e Taunay.

2h — No Clube de Engenharia, na propaganda do Imposto Territorial, com o presidente Bulhões, e no escritório do amigo engenheiro José Américo dos Santos.

3 horas — No Banco do Brasil com o presidente José Machado Coelho de Castro promovendo a Associação Territorial.

3½ — Voltando para Petrópolis a vapor.

6h — No meu aposento n.º 6 Hotel Bragança.

Em Petrópolis

[*24 de julho*]

Luar em céu estrelado; Órion, Sirius, Canopus etc., pela madrugada; dia de sol; tarde enublada.

Temperatura de 10,1° a 18,5° centígrados.

5 horas — Acordar, toalete, banho, diário, balancete etc.
7 — Trabalhando na propaganda abolicionista e democrática (Imposto Territorial — Confederação Brasileira).
10h — Preparando um extrato para introdução do *Dicionário politécnico*.
12 — Coligindo vários termos para esse dicionário.

É meu companheiro de Hotel, em convalescença, o dr. Ernesto Júlio Bandeira de Melo, juiz de direito no Rio de Janeiro; filho de um velho amigo de meu bom pai.

Em Petrópolis e no Rio
[***25 de julho***]

Noite e manhã enubladas; chuva e vento sul no Rio; tarde com algumas nuvens em Petrópolis.

Temperatura de 9,5° a 18,0° centígrados.

5 horas — Acordar, toalete, banho, diário, balancete etc.
7½ — Descendo de Petrópolis pelo Caminho de Ferro Riggenbach.

10 — Na Escola Politécnica dando a 34.ª lição (segunda da teoria da flexão).

11½ — Na Gazeta da Tarde, na propaganda abolicionista com Joaquim Serra e José do Patrocínio.

12½ — No Clube de Engenharia e no escritório do amigo engenheiro José Américo dos Santos.

1½ — Na Sociedade Central de Imigração, com os diretores Rohan, Taunay, Saturnino Gomes e tesoureiro Wenceslau Guimarães.

2½ — No Banco do Brasil, com o presidente José Machado Coelho de Castro, tratando da Associação Territorial em fazendas centrais de café.

3½ — Subindo para Petrópolis com o amigo Joaquim Nabuco e deputado por Goiás Leopoldo de Bulhões.

6h — No meu aposento n.º 6 do Hotel de Bragança.

7½ — Poético passeio ao luar com os dois amigos.

9h — Joaquim Nabuco lê, em meu aposento, o libelo do *Lo schiavo* de Carlos Gomes, recebido ontem pelo amigo Alfredo Taunay.

Joaquim Nabuco em Petrópolis

[***26 de julho***]

Lua no oriente; Júpiter e Vênus no ocidente; manhã clara e ventosa; dia de sol maravilhoso.

Temperatura de 10,3° a 18,5° centígrados.

5 horas — Acordar, toalete, banho, diário, balancete etc.
7 — Coligindo vários documentos da propaganda abolicionista e democrática.
11h — Passeio de carro pela estrada União e Indústria até a Cascatinha e a fábrica de algodão Petropolitana, fundada pelo Caymari.
2h — Visitando o Hotel de Orléans, infelizmente fechado de junho a novembro.
4 horas — Na estação da estrada de ferro com o deputado Leopoldo de Bulhões.
5h — Jantar no Hotel Bragança com o Joaquim Nabuco.
7 — Excursão ao Alto da Serra e Palatinado ao nascer da lua.
8½ — Visitando a família do secretário da legação de Buenos Aires Vasconcelos.

Partiu às quatro e meia da madrugada para Entre Rios o amigo dr. Ernesto Júlio Bandeira de Melo.

Em Petrópolis
[***27 de julho***]

Luar esplêndido com Júpiter e Vênus no ocidente; manhã clara; dia de sol; tarde belíssima.

Temperatura de 14,1° a 22,3° centígrados.

5 horas — Acordar, toalete, banho, diário, balancete etc.
7 — Coligindo vários documentos da propaganda abolicionista e democrática.
8 — Respondendo em nome dos democratas brasileiros à frase de Eleonora Duse-Checchi "*Dio, guardi il bel paese che sorride all'artista*".[43]
9h — Passando procuração ao dr. Antônio Veríssimo de Matos para tratar da casa da família na Bahia e escrevendo-lhe para mandar norma da escritura de cessão em favor dos órfãos do engenheiro Antônio Rebouças.
11h — Lendo e anotando — *Lo Schiavo — Melodramma Tragico in 4 Atti dei Signori R. Paravicini e G. Loscar*[44] *— Musica di* A. C. *Gomes.*
3 horas — Enviando a Carlos Gomes as correções a fazer para evitar erros de história e geografia.

Em Petrópolis e no Rio
[**28 de julho**]

Luar maravilhoso; Órion, Sirius, Canopus ao amanhecer; dia de sol; algumas nuvens à tarde.

Temperatura de 13,2° a 28,4° centígrados.

5h — Acordar, toalete, banho, diário, balancete etc.

7½ — Descendo de Petrópolis pelo Caminho de Ferro Riggenbach.

10 — Na Escola Politécnica dando a 35.ª lição (terceira da teoria da flexão).

11½ — Na Livraria Faro & Lino com os amigos Miguel Antônio Dias, Joaquim Serra e J. F. Clapp na propaganda abolicionista.

12½ — No Clube de Engenharia e no escritório do amigo engenheiro José Américo dos Santos revendo provas do artigo — "Desbarrancados".

1½ — Na Sociedade Central de Imigração com os amigos Taunay e Saturnino Gomes, redigindo o pagamento de pensão à viúva do brigadeiro Tibúrcio de Souza, meu companheiro na ilha Itapiru — Paraguai. (Vide o diário da campanha em março e abril 1866.)

2½ — No Banco do Brasil com o presidente dr. José Machado Coelho de Castro tratando da organização da Associação Territorial.

3½ — Voltando para Petrópolis.

6h — No meu aposento n.º 6 do Hotel Bragança.

Em Petrópolis
[*29 de julho*]

Luar em céu estrelado; madrugada com Órion, Sirius, Canopus etc.; dia de sol; tarde clara.

Temperatura de 12,1° a 24,0° centígrados.

5 horas — Acordar, toalete, banho, diário, balancete etc.
7 — Coligindo os documentos ontem obtidos sobre a propaganda abolicionista e democrática.
10h — Coligindo alguns termos para o *Dicionário politécnico*.
11h — Visita-me o professor público Moret, irmão do falecido engenheiro Horácio da Gama Moret, vistoriando o primeiro acidente da Estrada de Ferro de D. Pedro II.
12½ — Visitando a família do companheiro do Colégio Marinho, José Ferreira da Paixão.
3h — Principiando a ler — *Les Danicheff* — da qual o amigo Taunay tirou a ideia inicial do libreto de *Lo schiavo*, de Carlos Gomes.[45]

(Vide o diário de julho a dezembro 1880.)

[*30 de julho*]

Luar em céu estrelado; madrugada com Órion, Sirius, Canopus etc.; dia de sol; tarde clara.

Temperatura de 11,0° a 26,3° centígrados.

5 horas — Acordar, toalete, banho, diário, balancete etc.
7½ — Descendo de Petrópolis pelo Caminho de Ferro Riggenbach.
10h — Na Escola Politécnica dando a 36.ª lição (quarta da teoria da flexão).
11½ — Na Gazeta da Tarde com o José do Patrocínio tratando da reorganização dessa empresa e da propaganda abolicionista.
12½ — No Ministério da Justiça promovendo o pagamento do aluguel da casa da Bahia, ocupada pela polícia.
1½ — Na Sociedade Central de Imigração com o amigo Alfredo Taunay.
2½ — No Clube de Engenharia e no escritório do engenheiro José Américo dos Santos.
3h — No Banco do Brasil com o presidente dr. José Machado Coelho de Castro tratando da Associação Territorial.
3½ — Voltando em vapor para Petrópolis.
6h — No meu aposento n.º 6 do Hotel Bragança.

Em Petrópolis
[*31 de julho*]

Noite belíssima estrelada e com luar; madrugada com Órion, Sirius, Canopus; dia e tarde claros.

Temperatura de 10,5° a 23,1° centígrados.

5 horas — Acordar, toalete, banho, diário, balancete etc.
7h — Registrando vários documentos da propaganda abolicionista e democrática.
9h — Escrevendo ao dr. Veríssimo de Matos sobre a casa da Bahia.
10h — Respondendo à carta de 8 de julho do amigo dr. José Carlos Rodrigues, em Londres. (Vide o registro da correspondência.)
11h — Continuando a trabalhar no *Dicionário politécnico*.
3½ — Terminando a leitura — *Les Danicheff par M. Pierre Newski* — donde o amigo Taunay tirou a ideia fundamental do libreto da ópera — *Lo schiavo* — de Carlos Gomes.

Sessão solene no Polytheama pelo terceiro aniversário do Centro Abolicionista da Escola Politécnica — Discurso do amigo Joaquim Nabuco elogiando-me.[46]

Em Petrópolis e no Rio

[***1.º de agosto***]

Noite estrelada e com luar; madrugada belíssima em Petrópolis; neblina no Rio, dia de sol; tarde clara.

Temperatura de 11,1° a 26,3° centígrados.

5h — Acordar, toalete, banho, diário, balancete etc.

7½ — Descendo de Petrópolis pelo Caminho de Ferro Riggenbach.

10 — Na Escola Politécnica, dando a 37.ª lição (quinta da teoria da flexão).

11½ — Na Gazeta da Tarde com José do Patrocínio em trabalhos da propaganda abolicionista.

1 hora — Na Sociedade Central de Imigração em sessão da diretoria com os amigos Rohan, Taunay, Saturnino Gomes e Wenceslau Guimarães.

2h — Escrevendo ao conselheiro Lopes Netto, ministro do Brasil na Itália, recomendando-lhe Carlos Gomes, *Lo schiavo* e a imigração.

3h — No Clube de Engenharia para sessão do conselho diretor, que não funcionou por falta de número.

4h — Voltando para Petrópolis na barca a vapor.

6½ — No meu aposento n.º 6 do Hotel Bragança.

Em Petrópolis

[*2 de agosto*]

Noite estrelada e luar; manhã clara; dia de sol; anoitecer esplêndido com Júpiter, Regulus e Vênus.

Temperatura de 11,5° a 22,6° centígrados.

5 horas — Acordar, toalete, banho, diário, balancete etc.

7 — Redigindo a norma da escritura de cessão de minha parte no prédio da rua do Bispo, ainda ocupado pela polícia da Bahia, em favor dos órfãos do engenheiro Antônio Rebouças — André Veríssimo Rebouças e Maria Carolina Rebouças, netos do dr. Antônio Veríssimo de Matos.

8h — Resgatando vários documentos da propaganda para abolição, imigração e democracia rural.

12h — Visitando o companheiro do Colégio Marinho, José Ferreira da Paixão e sua família.

4½ — Na rua Nassau n.º 7, junto ao Colégio Köpke com o segundo-oficial do Ministério dos Estrangeiros Germano de Barros e Mlles Joana e Adelaide Vasconcelos, filhas do secretário da legação brasileira em Buenos Aires.[47]

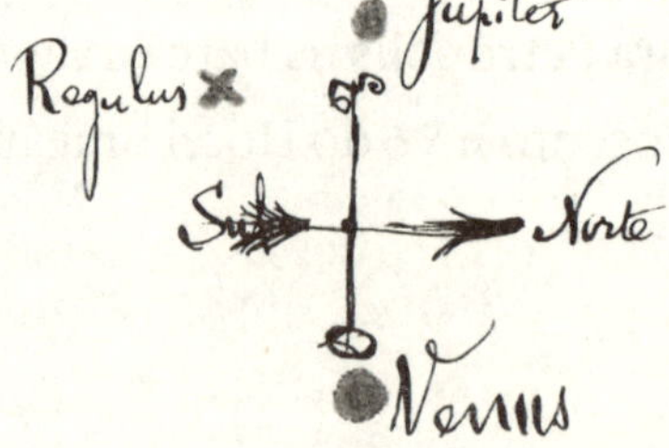

Em Petrópolis

[*3 de agosto*]

Madrugada com Lua, Plêiades, Aldebarã, Saturno, Órion, Sirius, Canopus etc.; dia e tarde belíssimos.

Temperatura de 12,1° a 23,2° centígrados.

5h — Acordar, toalete, banho, diário, balancete etc.
7 — Demonstrando um novo teorema sobre os ângulos φ, φ', φ'' na teoria da flexão das vigas assentadas sobre muitos pontos de apoio. (Vide lições 36.ª e 37.ª do meu curso.)
8h — Redigindo para o amigo Taunay um esboço da resposta ao presidente do Banco do Brasil sobre a divisão das grandes propriedades territoriais (democracia rural e imigração).
12 — Coligindo vários documentos para a obra — *Socionomia aplicada*.
3h — Trabalhando no *Dicionário politécnico*.
6 — Passando a noite, em casa do amigo Germano de Barros, 7 rua de Nassau, com as famílias Vasconcelos e comandante Castro (21.° aniversário de d. Josefina de Barros).

Em Petrópolis e no Rio
[4 *de agosto*]

Pela madrugada Lua ao Ocidente das Plêiades, Aldebarã, Saturno, Órion, Sirius e Canopus; dia e tarde claros.

Temperatura de 12,5° a 28,7° centígrados.

5h — Acordar, toalete, banho, diário, balancete etc.
7½ — Descendo de Petrópolis pelo Caminho de Ferro Riggenbach.
10h — Na Escola Politécnica dando a 38.ª lição (última da teoria das vigas sobre muitos pontos de apoio).
11½ — Na Gazeta da Tarde e com os amigos Joaquim Serra e J. F. Clapp tratando da propaganda abolicionista.
12h — No Tabelião Bustamante encomendando a escritura de doação da casa da Bahia.
1 hora — Na Sociedade Central de Imigração com os amigos Taunay e Saturnino Gomes.
1½ — Escrevendo ao Viana de Lima, da legação de Londres, sobre imigração de judeus para o Brasil.
2½ — No Clube de Engenharia em sessão de assembleia-geral para eleição da comissão de contas.
3h — No Banco do Brasil, com o dr. José Machado Coelho de Castro, tratando da divisão em lotes para imigrantes das fazendas hipotecadas.

4h — Voltando em barca para Petrópolis.

6½h — No meu aposento n.º 6 do Hotel Bragança.

Em Petrópolis

[***5 de agosto***]

Noite e manhã com algumas nuvens; chuva das onze horas em diante; tarde escura.

Temperatura de 13,1° a 17,2° centígrados.

5 horas — Acordar, toalete, banho, diário, balancete etc.

7 — Remetendo ao dr. Veríssimo de Matos vários documentos da família na Bahia.

8 — Escrevendo ao amigo Francisco Bruno Pereira remetendo a pensão às órfãs de Manoel Maurício Rebouças.

9 — Carta ao amigo Charles Neate em Londres sobre a imigração de judeus para o Brasil, engenho central a Santa Rita e minas de caulim da serra da Caxexa a léguas do Brejo d'Areia (Paraíba do Norte).

11h — Visitando as famílias Vasconcelos e Gusmão de Barros.

1 hora — Trabalhando no *Dicionário politécnico*.

3h — Preparando novos teoremas para a lição 38 do curso — espirais de empuxo d'água sobre as agulhas das barragens.

6/8 a 6/9/1885

14.
A LUTA CONTINUA

Petrópolis e Rio de Janeiro

[*6 de agosto*]

Muita chuva à noite; neblina pela manhã; dia sempre escuro e tempestuoso.

Temperatura de 12,1° a 17,3° centígrados.

5 horas — Acordar, toalete, banho, diário, balancete etc.
7½ — Descendo de Petrópolis pela Estrada de Ferro Riggenbach.
10h — Na Escola Politécnica dando a 39.ª lição do curso (pressão d'água nas agulhas de barragem).
11h — Na Gazeta da Tarde, na propaganda abolicionista com Joaquim Serra e José do Patrocínio.
11½ — Na Sociedade Central de Imigração com os amigos Taunay e Saturnino Gomes.
12½ — Na Escola Politécnica em congregação de lentes.
2 horas — No Tabelião Bustamante assinando com o dr. Antônio Veríssimo de Matos a escritura de doação da casa da Bahia aos órfãos do engenheiro Antônio Rebouças.
3 horas — No Clube de Engenharia e com o engenheiro José Américo dos Santos.

4h — Voltando de barca para Petrópolis.
6½ — No meu aposento n.º 6 do Hotel Bragança.

A *Gazeta de Notícias* publicou o ofício que redigi com o Taunay ao Banco do Brasil sobre imigração e democracia rural. A *Gazeta da Tarde* publicou o meu artigo "Pirataria negreira".[48]

Petrópolis
[*7 de agosto*]

Noite e manhã enubladas; sol das dez horas da manhã em diante; tarde belíssima.

Temperatura de 10,5° a 18,7° centígrados.

5 horas — Acordar, toalete, banho, diário, balancete etc.
7 — Coligindo vários documentos sobre abolição, democracia rural, imigração etc.
8 — Escrevendo ao engenheiro José Rebouças pedindo procuração para transferir a Maria Carolina Rebouças, órfã do engenheiro Antônio Rebouças, as onze apólices inscritas em 1880 em seu nome. (Vide o diário e registro correspondente.)

9h — Cartas ao amigo dr. J. C. Rodrigues em Londres e Santana Nery, em Paris, remetendo o ofício de Taunay ao Banco do Brasil e instando na propaganda para democracia rural.
10 horas — Trabalhando no *Dicionário politécnico*.
12h — Passeio à tarde com os amigos Germano de Barros, segundo-oficial do Ministério dos Estrangeiros.
7h — Passando a noite com a família do secretário da legação de Buenos Aires Vasconcelos.

Em Petrópolis e no Rio
[***8 de agosto***]

Noite estrelada; manhã clara; dia de sol; tarde belíssima com Vênus, Regulus e Júpiter.

Temperatura de 12,3° a 23,5° centígrados.

5 horas — Acordar, toalete, banho, diário, balancete etc.
7 — Descendo de Petrópolis pelo Caminho de Ferro Riggenbach.
10 — Na Escola Politécnica dando a quadragésima lição (momentos de inércia).
12h — No Restaurante do Louvre, na praça da Constituição, em almoço com os amigos Joaquim Nabuco, José do Patrocínio e Sizenando Nabuco, discutindo a redação da Gazeta

da Tarde por Joaquim Nabuco e sua missão às repúblicas da América para propaganda de paz, arbitragem e Zollverein.[49]

1½ — Na Sociedade Central de Imigração com os amigos Taunay e Wenceslau Guimarães.

3h — No Clube de Engenharia e com o amigo engenheiro José Américo dos Santos.

4h — Voltando em barca para Petrópolis.

6½ — No meu aposento n.º 6 do Hotel Bragança.

8 — Visitando a família do secretário da legação de Buenos Aires Vasconcelos.

Em Petrópolis
[***9 de agosto***]

Noite belíssima; manhã clara; dia de sol; delicioso ocaso com Vênus, Regulus e Júpiter.

Temperatura de 13,4° a 19,2° centígrados.

5 horas — Acordar, toalete, banho, diário, balancete etc.

7 — Escrevendo ao engenheiro José Rebouças, atual diretor das obras da Companhia Ituana, repetindo a carta de 7 agosto.

8h — Escrevendo para o *Dicionário politécnico* o artigo — "Bitola estreita".

12h — No Palatinado Inferior, no Colégio Paixão, visitando a família do colega José Ferreira da Paixão.
4h — Despedindo-me na estação da família do secretário Vasconcelos, que vai residir na Corte por dois meses.
5h — Passeio à tarde com o amigo Germano de Barros e sua filha d. Josefina.

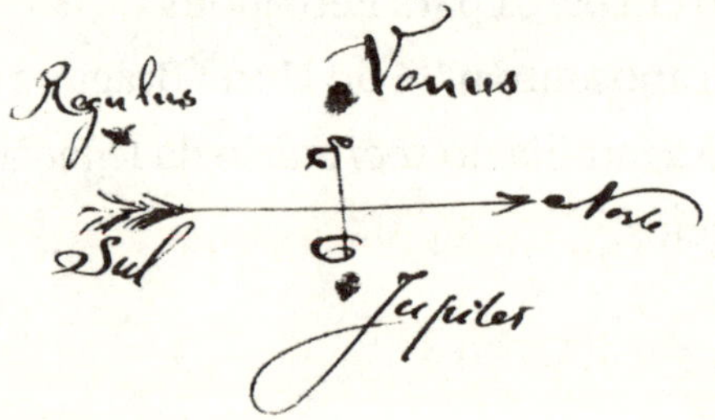

Em Petrópolis
[*10 de agosto*]

Noite e manhã mais ou menos enubladas; dia de sol; tarde dúbia.

Temperatura de 13,8° a 22,5° centígrados.

5 horas — Acordar, toalete, banho, diário, balancete etc.
7 — Trabalhando no *Dicionário politécnico* e na propaganda abolicionista e democrática.
9 — Anotando os mais notáveis capítulos da minha obra — *Agricultura nacional — Estudos econômicos*.

12 — Em passeio pelo vale de Nassau com o amigo Germano de Barros, sua filha Josefina e os órfãos Diógenes e Abigail.
4h — Visitando o Schmidt,[50] primeiro-tesoureiro da Sociedade Central de Imigração.

Em Petrópolis e no Rio
[***11 de agosto***]

Chuviscos à noite e pela manhã; dia escuro; neblina ao anoitecer em Petrópolis.
Temperatura de 14,1° a 22,6° centígrados.

5h — Acordar, toalete, banho, diário, balancete etc.
7½ — Descendo de Petrópolis pelo Caminho de Ferro Riggenbach.
10 — Na Escola Politécnica dando a lição 41 (teoria da flexão oblíqua).
11½ — No Restaurante do Louvre com os amigos Joaquim e Sizenando Nabuco e José do Patrocínio — discussão sobre a propaganda abolicionista e os escândalos da plutocracia inglesa, denunciados pela *Pall Mall Gazette*.
1 hora — Sacando £ 46 — 19 — 0 na casa Norton, Megaw & Co. para pagar contas da companhia Conde d'Eu.

1½ — Na Sociedade Central de Imigração com os amigos Taunay e Saturnino Gomes.
2½ — No Clube de Engenharia e com o amigo engenheiro José Américo dos Santos.
4h — Voltando de barca a vapor para Petrópolis.
6½ — No meu aposento n.º 6 do Hotel Bragança.[51]

Em Petrópolis
[***12 de agosto***]

Chuviscos à noite e pela manhã; sol das onze em diante; neblina e chuvas ao anoitecer.

Temperatura de 12,3° a 18,5° centígrados.

5 horas — Acordar, toalete, banho, diário, balancete etc.
7 — Registrando vários documentos da propaganda abolicionista e democrática.
9 — Respondendo às cartas de 17 julho do presidente e do secretário da companhia The Conde d'Eu Railway Co., Limited.
11h — Encetando a redação da — "Efeméride socionômica" — destinada à *Gazeta da Manhã* ou ao jornal que conseguir fundar.
1 hora — Continuando a trabalhar no *Dicionário politécnico*.
3 — Lendo e anotando Vauban — *La Dîme royale*.
7 — Visitando o amigo Germano de Barros.[52]

Em Petrópolis e no Rio de Janeiro

[*13 de agosto*]

Neblina e chuviscos à noite; dia escuro e chuvoso; neblina ao anoitecer em Petrópolis.

Temperatura de 11,2° a 16,5° centígrados.

5 horas — Acordar, toalete, banho, diário, balancete etc.
7 — Descendo de Petrópolis pelo Caminho de Ferro Riggenbach.
10h — Na Escola Politécnica; pediram os alunos feriado por não poderem acompanhar o curso por sua ignorância em mecânica racional.
11 — Almoço no Grand Hôtel du Louvre, 8 praça da Constituição, com Joaquim Nabuco, Joaquim Serra, Carvalho Moreira (filho do barão de Penedo), dois oficiais da Marinha dos Estados Unidos e um repórter — celebrando a sublime vitória da *Pall Mall Gazette* sobre a plutocracia inglesa.
1½ — Na Sociedade Central de Imigração com os amigos H. de B. Rohan e A. d'E. Taunay.
3h — No Clube de Engenharia e com o engenheiro José Américo dos Santos.
4h — Voltando em barca para Petrópolis.[53]

Em Petrópolis
[*14 de agosto*]

Noite mais ou menos enublada; manhã belíssima; esplêndido dia de sol de Bruxelas.

Temperatura de 5,1° a 12,3° centígrados.

5 horas — Acordar, toalete, banho, diário, balancete etc.
7 — Redigindo, como diretor primeiro-secretário da Sociedade Central de Imigração, uma circular remetendo aos cônsules brasileiros, para o folheto sobre Imposto Territorial e a carta do presidente do Banco do Brasil.
8h — Trabalhando no *Dicionário politécnico*.
1h — Com o amigo Germano de Barros e sua filha d. Josefina, no Colégio Paixão, ouvindo cantar e tocar d. Carlota Amália Paixão.
5h — Travando conhecimento com o negociante Júlio Roberto Dunlop, autor do panfleto — "Efeitos da lei de 28 de setembro de 1871", Tipografia Laemmert, 1884.[54]

Em Petrópolis
[*15 de agosto*]

Crescente ao anoitecer; noite e manhã mais ou menos enubladas; dia de sol; tarde clara.

Temperatura de 9,1° a 15,3° centígrados.

5h — Acordar, toalete, banho, diário, balancete etc.
7 — Enviando ao engenheiro Cândido Alves Mourão do Vale uma carta de urgente recomendação do presidente da província do Rio de Janeiro Cesário Alvim.
8 — Em trabalhos da propaganda abolicionista e democrática.
11h — Com o amigo Frederico Colin, oficial do gabinete do meu bom visconde de Itaboraí, em 1870, durante a organização da Companhia das Docas da Alfândega e do Rio de Janeiro. (Vide os diários de 1869 a 1872.)
4h — Despedindo-me na estação do Caminho de Ferro de Petrópolis.

Em Petrópolis
[***16 de agosto***]

Crescente em céu estrelado; manhã brilhante; dia de sol; raras nuvens à tarde.
Temperatura de 9,3° a 16,5° centígrados.

5h — Acordar, toalete, banho, diário, balancete etc.
7 — Trabalhando na propaganda abolicionista e democrática.

10h — O desembargador Tito de Matos, ao chegar da Corte, comunica-me a queda do Gabinete Saraiva.
11h — Na Cascatinha (piquenique) em casa da família de Tancredo Ribeiro, estrada União e Indústria.
5h — De volta ao meu aposento n.º 6 Hotel Bragança.[55]

Em Petrópolis
[*17 de agosto*]

Crescente em céu estrelado; manhã clara; dia de sol; tarde brilhante.

Temperatura de 9,5° a 21,4° centígrados.

5h — Acordar, toalete, banho, diário, balancete etc.
7 — Trabalhando no *Dicionário politécnico*.
9 — Preparando notas para a propaganda abolicionista e democrática na Gazeta da Tarde.
12h — Com o amigo Germano de Barros no Colégio Paixão tratando da reforma deste estabelecimento.
2h — Redigindo o programa do Instituto Paixão com jardins de infância e liceu de preparatórios para todas as academias.
7h — Recebendo carta de Paris do amigo engenheiro Zózimo Barroso, iniciador da reforma da iluminação da costa

do Brasil, acompanhando o seu belo folheto — "Noções e sugestões sobre o comércio estrangeiro do Brasil", Paris, 1885.[56]

Em Petrópolis e no Rio de Janeiro.
[***18 de agosto***]

Luar em céu estrelado; manhã clara; dia de sol; tarde um pouco incinerada.

Temperatura de 10,1° a 24,6° centígrados.

5 horas — Acordar, toalete, banho, diário, balancete etc.
7½ — Descendo de Petrópolis pelo Caminho de Ferro Riggenbach.
10h — Na Escola Politécnica dando a lição 42 (teoria e prática das vigas armadas).
11½ — Na Gazeta da Tarde e na propaganda abolicionista com José do Patrocínio, Rui Barbosa, Clapp e Joaquim Serra.
1h — Na Sociedade Central de Imigração com os amigos Taunay e Saturnino Gomes.
2h — No Clube de Engenharia e no escritório do amigo engenheiro José Américo dos Santos.
3h — Com os amigos Joaquim e Sizenando Nabuco projetando o jornal — *A Opinião* e redigindo o seu programa no clube do grupo parlamentar abolicionista, à rua do Ouvidor n.º 29.
4h — Voltando de barca para Petrópolis.

6½ — No meu aposento n.º 6 do Hotel Bragança.
7 — Visita-me o amigo Germano de Barros.

Travei conhecimento na viagem de volta com o engenheiro A. Durieux, administrador de La Compagnie Générale des Chemins de Fer Brésiliens (Paraná).

Falecimento da mãe de José do Patrocínio.[57]

Em Petrópolis
36.º aniversário de Joaquim Nabuco
[***19 de agosto***]

Luar e manhã incineradas; dia de sol, tarde com o colorido cáustico das queimadas de agosto.

Temperatura de 10,3° a 21,2° centígrados.

5h — Acordar, toalete, banho, diário, balancete etc.
7 — Escrevendo ao José Ferreira da Paixão sobre a reforma do seu estabelecimento.

8 — Respondendo à carta do amigo Zózimo Barroso sobre abolição, liberdade de comércio etc.
9 — Trabalhando na "Efeméride socionômica" e na propaganda abolicionista e democrática.
12 — Visitando o estabelecimento hidroterápico de A. Court com o amigo Germano de Barros e sua filha.
2h — Tomando lanche com eles em casa do comandante Castro, ex-proprietário da Presidência.[58]

Em Petrópolis e no Rio
[***20 de agosto***]

Luar e manhã incinerados; dia de sol; tarde um pouco encoberta.
Temperatura de 9,1° a 21,5° centígrados.

5 horas — Acordar, toalete, banho, diário, balancete etc.
7 — Descendo de Petrópolis pelo Caminho de Ferro Riggenbach.
10h — Na Escola Politécnica dando a lição 43.ª (Tesoura Polonceau).
11½ — Na Cancela, em São Cristóvão, casa do capitão Lins com José do Patrocínio, dando pêsames.
12½ — Na propaganda abolicionista com o conselheiro Álvaro de Oliveira, presidente honorário do Centro Abolicio-

nista da Escola Politécnica, com Joaquim Serra, redator do *Paiz*, com Joaquim Nabuco e José Mariano, deputados por Pernambuco.

3h — No Clube de Engenharia e com o engenheiro José Américo dos Santos.

4h — Voltando de barca para Petrópolis.

6½ — No meu aposento n.º 6 do Hotel Bragança.[59]

Em Petrópolis

[***21 de agosto***]

Luar e manhã incinerados; dia de sol, tarde com o colorido especial das queimadas de agosto.

Temperatura de 9,3° a 18,5° centígrados.

5 horas — Acordar, toalete, banho, diário, balancete etc.

7 — Trabalhando na propaganda abolicionista e democrática.

9 horas — Continuando o *Dicionário politécnico*.

10 horas — Acrescentando algumas datas à "Efeméride socionômica".

12 horas — No Colégio Paixão com o amigo Germano de Barros.[60]

Em Petrópolis e no Rio

[**22 de agosto**]

Noite de luar incinerado; manhã e dia de céu especial de agosto; tarde com algumas nuvens.

Temperatura de 9,5° a 25,4° centígrados.

5h — Acordar, toalete, banho, diário, balancete etc.
7½ — Descendo de Petrópolis pelo Caminho de Ferro Riggenbach.
10h — Na Escola Politécnica dando a lição 44 (sólidos de igual resistência) e conferenciando com o diretor sobre aperfeiçoamentos no ensino teórico e prático.
11½ — No Tesouro Nacional obtendo os últimos relatórios e balanços.
12h — Na Gazeta da Tarde fazendo o expediente com o aluno de medicina Ernesto Ferreira da Paixão.
1 hora — Na Sociedade Central de Imigração com os amigos Rohan, Taunay, Saturnino Gomes e Wenceslau Guimarães.
2h — Com os amigos Joaquim Serra, Miguel Antônio Dias e J. F. Clapp na propaganda abolicionista e democrática.
3 horas — No Clube de Engenharia, na sessão inaugural da nova diretoria.
4h — Voltando para Petrópolis em barca a vapor.
6½ — No meu aposento n.º 6 do Hotel Bragança.

Em Petrópolis
[*23 de agosto*]

Noite de luar um pouco incinerada; dia de sol com brisa forte; tarde clara.

Temperatura de 9,8° a 21,3° centígrados.

5h — Acordar, toalete, banho, diário, balancete etc.
7 — Encetando um novo livro — *O orçamento da confederação brasileira*.
11h — Visita-me o ex-tesoureiro da Sociedade Central de Imigração Fernando Schmidt, cônsul da Áustria-Hungria.
12h — Visitando o amigo Germano de Barros.
7½ — Passamos a noite em casa do colega José Ferreira da Paixão (13.º aniversário de sua filha Maria).

Em Petrópolis
[*24 de agosto*]

Luar levemente incinerado com brisa fresca; manhã clara e ventilada; dia de sol.

Temperatura de 10,3° a 18,8° centígrados.

5 horas — Acordar, toalete, banho, diário, balancete etc.

7 — Trabalhando na propaganda abolicionista e democrática.
9 — Continuando a "Efeméride socionômica".
12h — Visitando no bairro de Nassau os amigos Fernando Schmidt e Germano de Barros.

Em Petrópolis e no Rio
[***25 de agosto***]

Luar encoberto; manhã enublada; dia de sol; neblina ao anoitecer em Petrópolis.

Temperatura de 11,2° a 25,1° centígrados.

5 horas — Acordar, toalete, banho, diário, balancete etc.
7½ — Descendo de Petrópolis pelo Caminho de Ferro Riggenbach.
10h — Na Escola Politécnica, dando a lição 45.
12h — Na Gazeta da Tarde e com o amigo Joaquim Serra trabalhando na propaganda abolicionista.
2h — No Clube de Engenharia e com o amigo engenheiro José Américo dos Santos.
4h — Voltando de barca para Petrópolis.
6½ — No meu aposento n.º 6 do Hotel Bragança.

A *Gazeta da Tarde* publica meu elogio — "Álvaro de Oliveira".[61]

Em Petrópolis

[***26 de agosto***]

Luar incinerado; manhã dúbia; aguaceiros das três da tarde em diante.

Temperatura de 12,3° a 17,5° centígrados.

5h — Acordar, toalete, banho, diário, balancete etc.
7 — Trabalhando na propaganda abolicionista e democrática.
9h — Continuando a redação do *Dicionário politécnico*.
11h — Reunindo algumas datas para a "Efeméride socionômica".
2h — Com os amigos Germano de Barros e Frederico Schmidt no bairro de Nassau.[62]

Em Petrópolis e no Rio

[**27 de agosto**]

Chuva à noite; chuviscos pela manhã; dia escuro; quase *fog* à tarde em Petrópolis.

Temperatura de 11,5° a 23,6° centígrados.

5h — Acordar, toalete, banho, diário, balancete etc.
7½ — Descendo de Petrópolis pelo Caminho de Ferro Riggenbach.
10 — Na Escola Politécnica dando a lição 46.ª.
12h — Na Gazeta da Tarde em trabalhos da propaganda abolicionista e de reação ao Ministério Cotegipe.
3h — No Clube de Engenharia e com o amigo engenheiro José Américo dos Santos.
4h — Voltando de barca para Petrópolis.
6½ — No meu aposento n.º 6 do Hotel Bragança.

A *Gazeta da Tarde* publica a Certidão Belisário com o artigo meu e do José do Patrocínio — "A mentira e a verdade".[63]

Em Petrópolis
[*28 de agosto*]

Noite enublada; manhã clara; dia de sol; algumas nuvens à tarde.

Temperatura de 10,5° a 23,4° centígrados.

5 horas — Acordar, toalete, banho, diário, balancete etc.
7 — Trabalhando na propaganda abolicionista e no *Dicionário politécnico*.
11h — Visitando o Fernando Schmidt (poeta Dranmor) primeiro-tesoureiro da Sociedade Central de Imigração.
12h — Em passeio ao vale da Mosela com os amigos Germano de Barros e comandante Castro.

Em Petrópolis e no Rio
[*29 de agosto*]

Noite estrelada; manhã clara; dia de sol; tarde um pouco incinerada.

Temperatura de 11,3° a 26,5° centígrados.

5h — Acordar, toalete, banho, diário, balancete etc.
7 — Descendo de Petrópolis pelo Caminho de Ferro Riggenbach.

9¾ — Verificando estar pronta a chapa de bronze para o túmulo da família com os nomes de meu bom pai e do engenheiro Antônio Rebouças.

10h — Na Escola Politécnica dando a lição 47.ª.

11½ — Na Gazeta da Tarde trabalhando com os amigos José do Patrocínio e Sizenando Nabuco.

12½ — Na propaganda abolicionista com os amigos Joaquim Serra, Miguel Antônio Dias e J. F. Clapp, presidente da Confederação Abolicionista, ao qual entreguei os primeiros exemplares da obra *Recordações da vida parlamentar* do meu bom pai para a quermesse de 30 agosto.

2h — Na Sociedade Central de Imigração com o presidente Rohan.

2½ — Na Gazeta da Tarde em conferência com José do Patrocínio e Rui Barbosa.

4h — De volta de barca para Petrópolis.

6½ — De volta ao meu aposento n.º 6 do Hotel Bragança.

Em Petrópolis

[***30 de agosto***]

Noite estrelada; ventania pela manhã; dia de sol incinerado; tarde com raras nuvens.

Temperatura de 11,3° a 23,0° centígrados.

5h — Acordar, toalete, banho, diário, balancete etc.
7 — Trabalhando na propaganda abolicionista e democrática e redigindo várias notas para a *Gazeta da Tarde*.
10h — Chega ao hotel para passar o dia comigo o bem-amado Joaquim Nabuco. Ocupamo-nos da política atual e da propaganda do *Pall Mall Gazette* contra a aristocracia e plutocracia.
4h — Despedindo-me dele na estação da Estrada de Ferro de Petrópolis.
5h — No Colégio Paixão, tratando da reforma desse estabelecimento.[64]

Em Petrópolis
[***31 de agosto***]

Noite estrelada; manhã e dia incinerados pelas queimadas de agosto; tarde encoberta.
Temperatura de 12,1° a 23,6° centígrados.

5h — Acordar, toalete, banho, diário, balancete etc.
7 — Redigindo os três primeiros artigos da série — *A revolução*.
8h — Continuando nos trabalhos da propaganda abolicionista e democrática.
10h — Acrescentando vários termos ao *Dicionário politécnico* e algumas datas à "Efeméride socionômica".

Em Petrópolis

[***1.º de setembro***]

Noite e manhã encobertas; continua o incinerado característico dos dias de agosto.

Temperatura de 19,5° a 26,8° centígrados.

5 horas — Acordar, toalete, banho, diário, balancete etc.
7½ — Descendo de Petrópolis pelo Caminho de Ferro Riggenbach.
10 — Na Escola Politécnica, dando a lição 48.
12h — Na Gazeta da Tarde com José do Patrocínio e J. F. Clapp na propaganda abolicionista.
2h — No Clube de Engenharia e no escritório do amigo engenheiro José Américo dos Santos.
4h — Voltando de barca para Petrópolis.
6½ — No meu aposento n.º 6 do Hotel Bragança.[65]

Em Petrópolis

[***2 de setembro***]

Incineração durante a noite e o dia; apenas vê-se Vênus como uma pequena lua e o sol como um balão rubro.

Temperatura de 13,2° a 24,6° centígrados.

5 horas — Acordar, toalete, banho, diário, balancete etc.
7 — Continuando nos trabalhos da propaganda abolicionista e democrática.
9 — Trabalhando no *Dicionário politécnico* e na "Efeméride socionômica".
12h — Com a família Germano de Barros, no Colégio Paixão.

Em Petrópolis e no Rio
[***3 de setembro***]

Noite muito incinerada; dia encoberto; à tarde quase *fog* de Londres em Petrópolis.

5h — Acordar, toalete, banho, diário, balancete etc.
7½ — Descendo de Petrópolis pelo Caminho de Ferro Riggenbach.
10h — Na Escola Politécnica dando a 48.ª lição.
12h — Almoçando no Restaurant du Louvre (praça da Constituição) com J. F. Clapp e José do Patrocínio.
2h — No Clube de Engenharia e com o amigo engenheiro José Américo dos Santos.
4h — Voltando de barca para Petrópolis.
6½ — No meu aposento n.º 6 do Hotel Bragança.

Em Petrópolis

[*4 de setembro*]

Chuviscos à noite; manhã encoberta; dia e tarde muito incinerados.

Temperatura de 12,5° a 23,1° centígrados.

5h — Acordar, toalete, banho, diário, balancete etc.
7h — Preparando para a *Gazeta da Tarde* o artigo "Hipoteca Belisário" — conta-corrente com o Banco do Brasil de conformidade com a escritura publicada na *Gazeta da Tarde* de 3 de setembro de 1885.
9h — Continuando a trabalhar na propaganda abolicionista e democrática, no *Dicionário politécnico* e na "Efeméride socionômica".
2h — Trabalhando no *Dicionário politécnico*. [Ensaio de Enciclopédia Brasileira][66]

Em Petrópolis e no Rio

[*5 de setembro*]

Noite e manhã muito incineradas; dia de sol encoberto; tarde em Petrópolis como em Londres.

Temperatura de 13,2° a 27,5° centígrados.

5 horas — Acordar, toalete, banho, diário, balancete etc.
7½ — Descendo de Petrópolis pelo Caminho de Ferro Riggenbach.
10 horas — Na Escola Politécnica dando a 49.ª lição.
12 horas — Na Gazeta da Tarde em trabalhos da propaganda abolicionista.
3h — No Clube de Engenharia e com o amigo engenheiro José Américo dos Santos.
4h — Voltando de barca para Petrópolis.
6½ — No meu aposento n.º 6 do Hotel Bragança.[67]

Em Petrópolis
[***6 de setembro***]

Muito vento à noite e pela manhã; dia de sol sempre incinerado.

Temperatura de 14,1° a 23,5° centígrados.

5h — Acordar, toalete, banho, diário, balancete etc.
7 — Trabalhando na propaganda abolicionista e democrática.
9 — Preparando novos termos para o *Dicionário politécnico*.
12h — Visitando os amigos Fernando Schmidt, Germano de Barros e família Paixão, no colégio, no Palatinado Inferior.[68]

—

O vento NE tem trazido para as ruas de Petrópolis folhas carbonizadas das florestas circunvizinhas, queimadas pela barbaria dos exploradores dos míseros escravizados. Não há como duvidar que o incinerado de agosto e setembro é devido a esses canibais.

Hotel dos Estrangeiros (à esquerda), no antigo largo do Catete, com o Pão de Açúcar ao fundo. Rio de Janeiro, c. 1865

POSFÁCIO

No Hotel dos Estrangeiros: a solidão como destino e a modernidade escravocrata

Hebe Mattos

Como não encontrei registro fotográfico para a década de 1880 do Hotel dos Estrangeiros, no antigo largo do Catete, depois praça José de Alencar, decidi abrir este posfácio com a imagem mais antiga do hotel, de 1865, feita por Georges Leuzinger, ilustrador e fotógrafo suíço radicado no Rio de Janeiro.

Rebouças para ali se mudou muito depois, em 1884, quando hotel e vizinhança já estavam bem mais próximos de modelos europeus de modernidade. O local em que André viveu devia se assemelhar ao registrado em uma foto disponível na internet, sem autoria, datada de cerca de 1875, provavelmente um pouco posterior, com a praça pavimentada, um bonde puxado a burros na frente e senhores de chapéu na janela. Em 1906, o Hotel dos Estrangeiros aparece encoberto por altas árvores na larga praça, dando entrada a uma também arborizada rua Marquês de Abrantes, cortada por linhas de bondes elétricos, em registro de Augusto Malta (ver p. 492-93).

Ao colocar a foto de 1865 na abertura deste ensaio, não pretendi ilustrar a experiência de Rebouças no hotel de junho de 1884 a maio de 1885, mas explicar por que escolhi destacar o nome do estabelecimento no subtítulo do volume.

Na imagem de 1865, o hotel, em funcionamento desde 1849, está à esquerda, com um Pão de Açúcar, obviamente sem o bondinho, ao centro e ao fundo. À frente do prédio da direita, as árvores e sua sombra dão um toque poético à cena. A montanha está solitária e evoca o passado da cidade. A foto não registra nenhuma figura humana, também evocando solidão, como o nome escolhido para o empreendimento.

André morava no Rio de Janeiro e se aproximava dos trinta anos quando a imagem foi registrada. Desde então, assistiu às discussões sobre a modernização da cidade e do país, sendo delas um ator importante. Em 1884, quando foi morar naquele endereço, o largo do Catete já estava totalmente transformado, com a praça pavimentada, iluminada a gás e prestes a receber os bondes elétricos que aparecem nas imagens do início do século XX.

Na época do registro de Leuzinger e na década seguinte, Rebouças lutou por um lugar para empresários brasileiros nesse processo de modernização. Nesse papel, tem sido muito lembrado ao lado do barão de Mauá. Revisitei suas memórias sobre o período no volume anterior. Derrotado, retornou ao Brasil, em 1883, como representante de capitais ingleses, disposto mais uma vez a disputar os sentidos do processo de modernização em curso. As cartas a Nabuco transcritas no prólogo deste volume resumem os principais elementos dessa experiência relatados no primeiro volume de *O engenheiro abolicionista*.

Ele estava aliado agora aos "donos da bola", o capitalismo inglês em expansão, e acreditava que conseguiria dobrar o reacionarismo medular e escravocrata da elite política do país. Antes de decepcionar-se com as potencialidades emancipadoras da colonização europeia no continente africano (quem leu suas *Cartas da África*[1] teve a oportunidade de acompanhar), ele iria descobrir a força da modernidade escravocrata no seu próprio país, como acompanhamos na leitura deste livro.

As cartas de André arquivadas por Nabuco e transcritas no prólogo — desde o retorno de Londres, onde morara por seis meses, em fevereiro de 1883, até a mudança para o Hotel dos Estrangeiros — são uma boa amostra da envergadura das expectativas que se veriam frustradas.

Sua primeira ação ao chegar ao Brasil em 1883 foi recriar a Sociedade Brasileira contra a Escravidão, fundada na casa de Joaquim Nabuco em 1880, a "filha" a que se refere na segunda carta. A missiva dá conta dos nomes dos principais ativistas da sociedade e fala da existência de outros grupos abolicionistas, cuja independência era preciso respeitar.

HOTEL DOS ESTRANGEIROS

Praça José de Alencar (antigo largo do Catete), com o Hotel dos Estrangeiros, ampliado, ao fundo, 1906

Hotel dos Estrangeiros, c. 1875

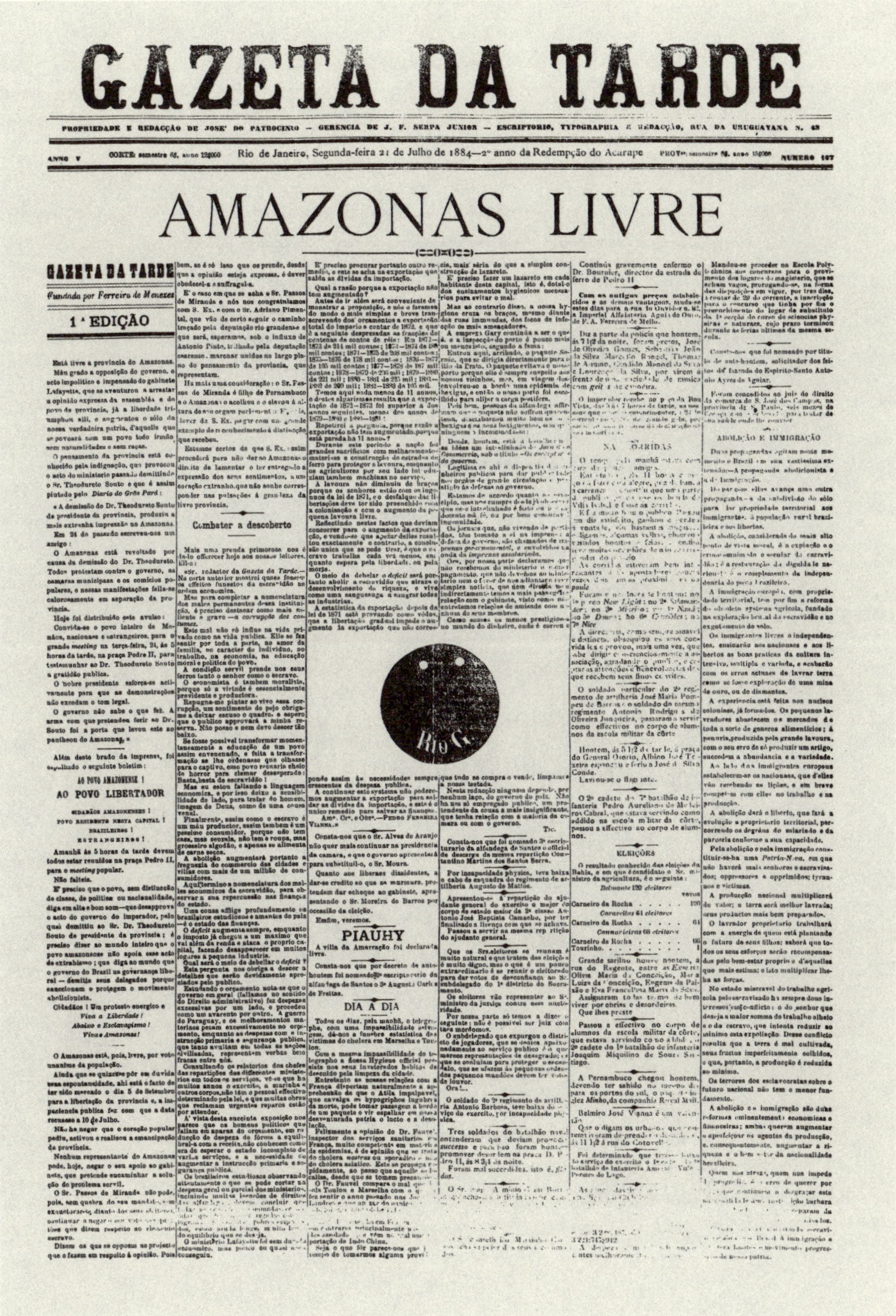

GAZETA DA TARDE

PROPRIEDADE E REDACÇÃO DE JOSÉ DO PATROCINIO — GERENCIA DE J. F. SERPA JUNIOR — ESCRIPTORIO, TYPOGRAPHIA E REDACÇÃO, RUA DA URUGUAYANA N. 43

ANNO V — Rio de Janeiro, Segunda-feira 21 de Julho de 1884—2º anno da Redempção do Acarape — NUMERO 167

AMAZONAS LIVRE

GAZETA DA TARDE

Fundada por Ferreira de Menezes

1ª EDIÇÃO

Combater a descoberto

AO POVO AMAZONENSE!

AO POVO LIBERTADOR

PIAUHY

DIA A DIA

NA ... ÓRIDAS

ELEIÇÕES

ABOLIÇÃO E IMMIGRAÇÃO

Capa da *Gazeta da Tarde* de 21 de julho de 1884

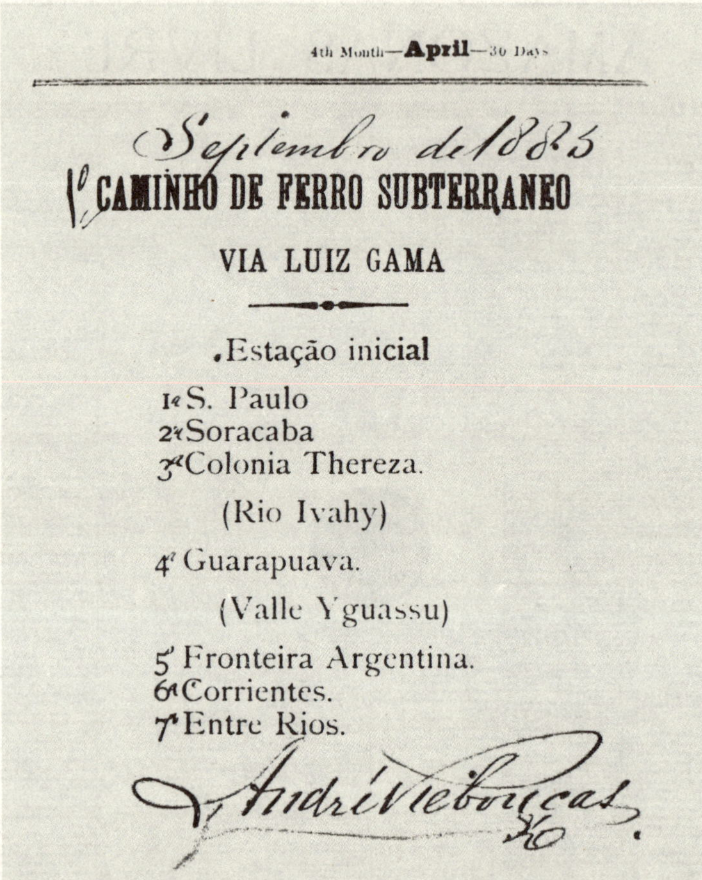

4th Month—**April**—30 Days

Septembro de 1885

1º CAMINHO DE FERRO SUBTERRANEO

VIA LUIZ GAMA

.Estação inicial

1ª S. Paulo
2ª Soracaba
3ª Colonia Thereza.

(Rio Ivahy)

4ª Guarapuava.

(Valle Yguassu)

5ª Fronteira Argentina.
6ª Corrientes.
7ª Entre Rios.

André Rebouças.

Acima e ao lado, capas dos panfletos *Primeiro Caminho de Ferro Subterrâneo* e *Segundo Caminho de Ferro Subterrâneo*, ambas coladas no diário de 1885

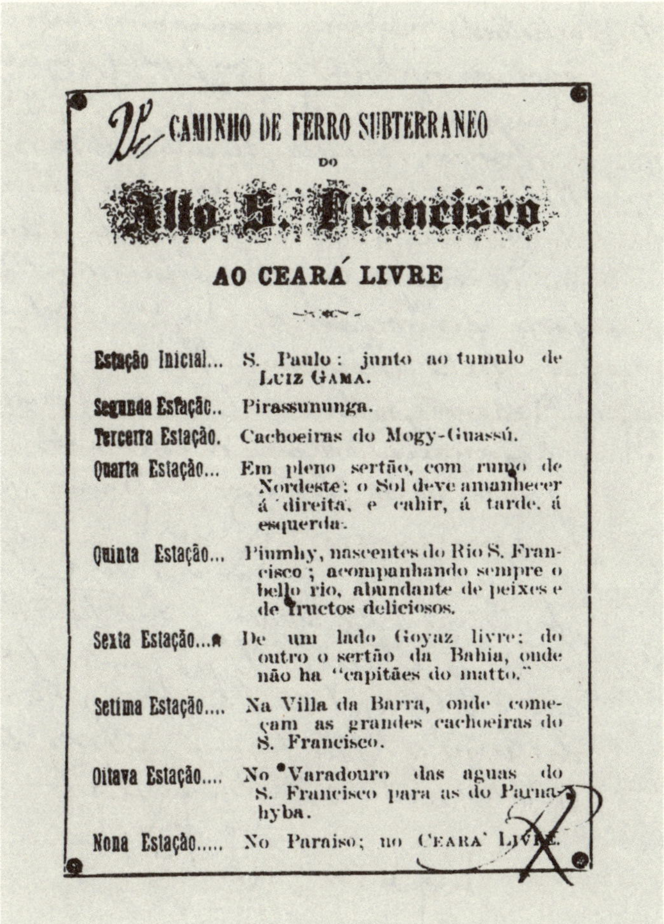

CAMINHO DE FERRO SUBTERRANEO

DO

Alto S. Francisco

AO CEARÁ LIVRE

Estação Inicial...	S. Paulo: junto ao tumulo de LUIZ GAMA.
Segunda Estação..	Pirassununga.
Terceira Estação.	Cachoeiras do Mogy-Guassú.
Quarta Estação...	Em pleno sertão, com rumo de Nordeste: o Sol deve amanhecer á direita, e cahir, á tarde, á esquerda.
Quinta Estação...	Piumhy, nascentes do Rio S. Francisco; acompanhando sempre o bello rio, abundante de peixes e de fructos deliciosos.
Sexta Estação...	De um lado Goyaz livre; do outro o sertão da Bahia, onde não ha "capitães do matto."
Setima Estação....	Na Villa da Barra, onde começam as grandes cachoeiras do S. Francisco.
Oitava Estação....	No Varadouro das aguas do S. Francisco para as do Parnahyba.
Nona Estação.....	No Paraiso; no CEARA' LIVRE.

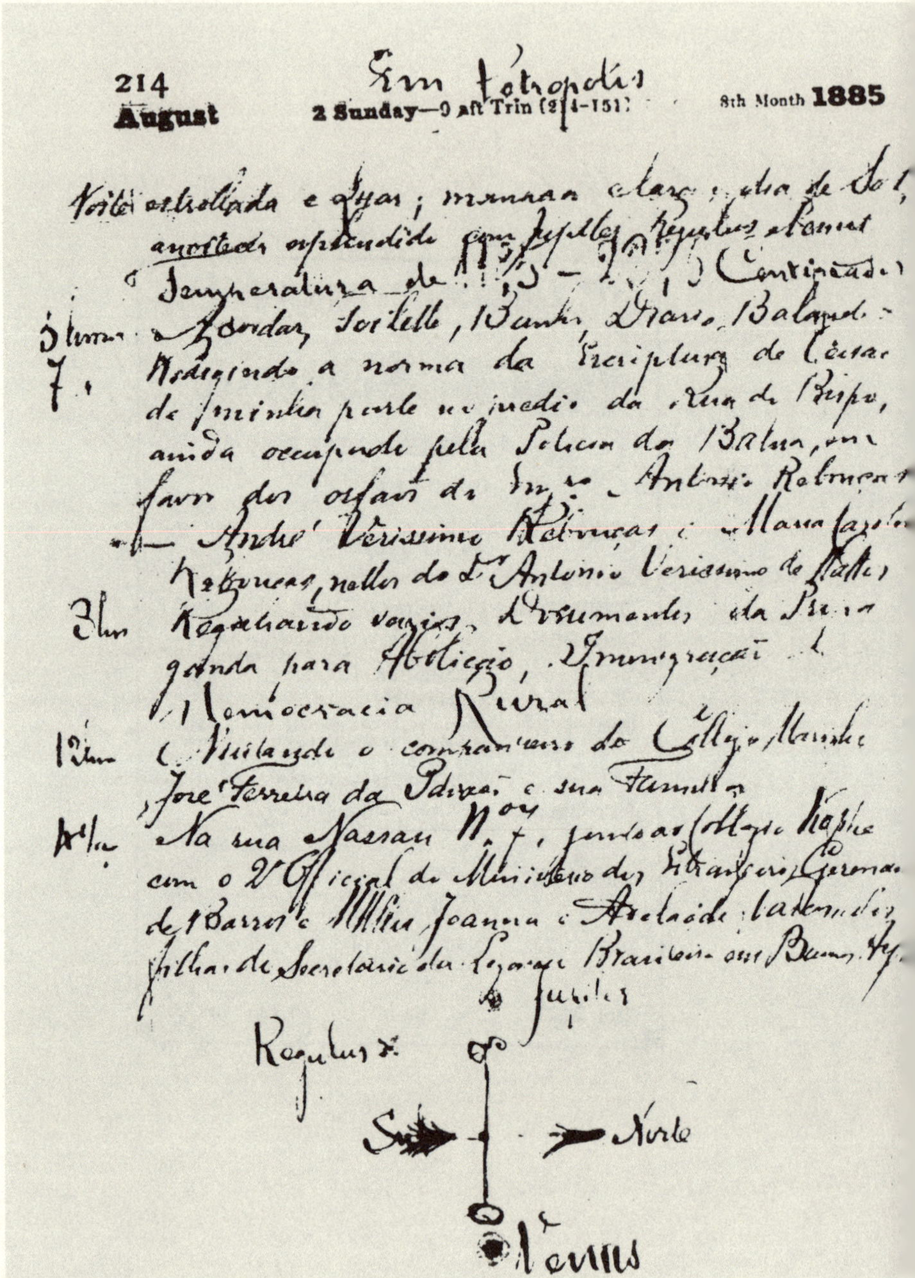

Em Petropolis

214
August
2 Sunday—9 aft Trin (214-151)
8th Month 1885

Noite estrellada e fria; manhã clara, dia de Sol, anoitecer esplendido com Jupiter, Regulus e Venus

Temperatura de [illegible] Centigrados

5 hrs. Jornaes, Figaro, Bank, Diario, Balanço

7 h. Redigindo a norma da escriptura de cessão de pequena parte no predio da Rua do Bispo, ainda occupado pela Policia da Bahia, em favor dos orfãos de meu irmão Antonio Rebouças — André Verissimo Rebouças e Maria Carlota Rebouças, netos do Dr. Antonio Verissimo de Mattos

9 hrs. Regularisando varios Documentos da Propaganda para Abolição, Immigração e Democracia Rural

12 hrs. Visitando o companheiro do Collegio Marinho José Ferreira da Silva e sua familia

4½. Na rua Nassau No 7, jantar com o 2º Official do Ministerio dos Estrangeiros Germano de Barros e Mlles Joanna e Adelaide Latham, filhas do Secretario da Legação Brasileira em Buenos Ayres.

Páginas do diário correspondentes a 2 e 3 de agosto de 1885. Na parte inferior, diagrama de astros desenhado por Rebouças

Em Petropolis

215

1885 31 Days **3 MONDAY** [215-150] **August**

Bank Holiday. ☾ 9h 55m P.M.

Madrugada com Lua, Pleiades, Aldebaran, Saturno, Orion,
Sirius, Canopus &; dia e tarde bellissimos
Temperatura de 17°,2 Centigrados
Acordar, Jornaes, Banho, Diario, Balancete &
Demonstrando um novo Theorema sobre os angulos
φ, φ', φ'' & na theoria da flexão das vigas
assentadas sobre muitos pontos de apoio (Vide
Lições 36ª e 37ª do meu Curso)
Redigindo para o amigo Taunay um extracto
da resposta ao Presidente do Banco do Brazil
sobre a divisão das grandes propriedades territoriaes
(Democracia Rural e Immigração)
Colligindo varios documentos para a obra
Socionomia Applicada
Trabalhando no Diccionario Polytechnico
Passando a noite, em casa do amigo Germano
de Barros, 7 rua de Manáos, com as familias
Vasconcellos e Commendador Castro
(Commemorando [illegible] de Barros)

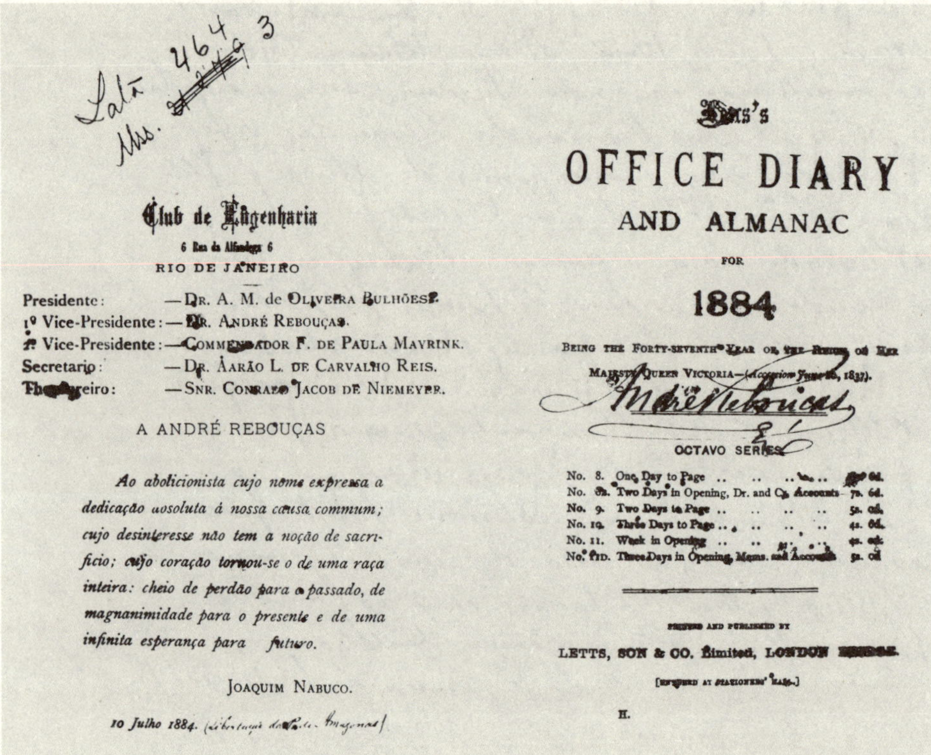

Lata 464
Mss. 3

Club de Engenharia
6 Rua da Alfandega 6
RIO DE JANEIRO

Presidente: — Dr. A. M. de Oliveira Bulhões.
1º Vice-Presidente: — Dr. André Rebouças.
2º Vice-Presidente: — Commendador F. de Paula Mayrink.
Secretario: — Dr. Aarão L. de Carvalho Reis.
Thesoureiro: — Snr. Conrado Jacob de Niemeyer.

A ANDRÉ REBOUÇAS

Ao abolicionista cujo nome expressa a dedicação absoluta á nossa causa commum; cujo desinteresse não tem a noção de sacrificio; cujo coração tornou-se o de uma raça inteira: cheio de perdão para o passado, de magnanimidade para o presente e de uma infinita esperança para futuro.

Joaquim Nabuco.

10 Julho 1884.

Letts's
OFFICE DIARY
AND ALMANAC
FOR
1884

Being the Forty-seventh Year of the Reign of Her Majesty Queen Victoria—(*Accession June 20, 1837*).

André Rebouças

OCTAVO SERIES.

No. 8. One Day to Page .. .. 6d.
No. 8a. Two Days in Opening, Dr. and Cr. Accounts 7s. 6d.
No. 9. Two Days to Page .. .. 5s. 0d.
No. 10. Three Days to Page .. .. 4s. 6d.
No. 11. Week in Opening .. .. 4s. 0d.
No. 11D. Three Days in Opening, Mems. and Accounts 5s. 0d.

Printed and Published by
LETTS, SON & CO. Limited, LONDON BRIDGE.
[Entered at Stationers' Hall.]

H.

Página de abertura do diário de 1884

Hotel Bragança, Petrópolis, c. 1874

Club de Engenharia

6 Rua da Alfandega 6

RIO DE JANEIRO

Presidente: — Dr. A. M. de Oliveira Bulhões.
1º Vice-Presidente: — Dr. André Rebouças.
2º Vice-Presidente: — Commendador F. de Paula Mayrink.
Secretario: — Dr. Aarão L. de Carvalho Reis.
Thesoureiro: — Snr. Conrado Jacob de Niemeyer.

Acima, insígnia da Sociedade Central de Imigração e lista com a diretoria do Clube de Engenharia, coladas na guarda do diário de 1885. À direita, planta do Hotel Bragança, desenhada na página de abertura do diário

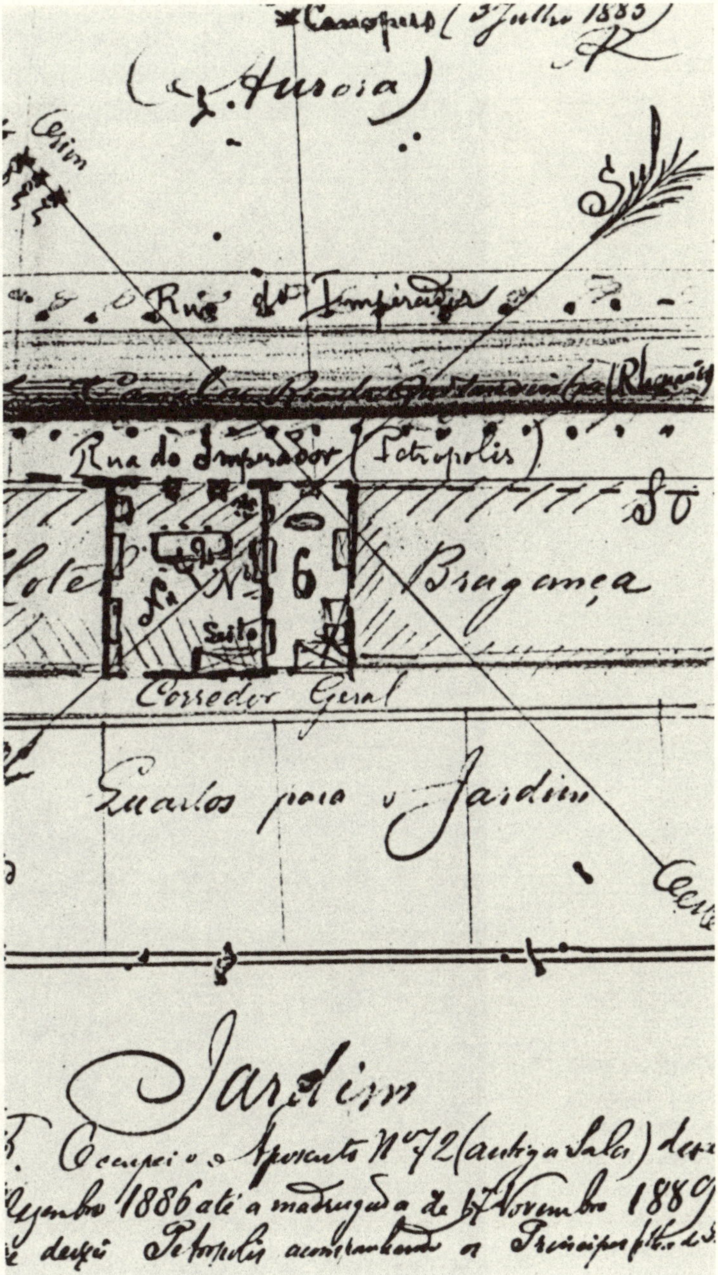
Rua da Imperatriz
Rua do Imperador (Petropolis)
Bragança
Corredor Geral
Quartos para o Jardim
Jardim
Occupei o Aposento Nº 72 (antiga Sala)
1886 até a madrugada de 17 Novembro 1889
deixei Petropolis acompanhando os Principes

Hotel White, em meio à floresta da Tijuca, no Alto da Boa Vista, Rio de Janeiro, c. 1880. Foi nesse hotel que André Rebouças e José Américo dos Santos celebraram o aniversário do segundo, em 1884

Antigo Hotel Orléans, Petrópolis (c. 1880), onde André imaginou organizar com Joaquim Nabuco um Congresso Internacional Abolicionista, que ocorreria em agosto de 1884. O engenheiro morou ali antes de mudar-se para o Hotel dos Estrangeiros, no Rio de Janeiro

Mittwoch, den 17. September 1884. S. PAULO VII. Jahrgang. Nr. 71

Abonnement:
Für 6 Monate . . 6$000
„ 3 Monate . . 3$000

Anzeigen
werden billigst berechnet.
Vorausbezahlung.

Erscheint
wöchentlich zwei Mal:
Mittwoch u. Sonnabend.

Expedition:
Rua da Esperança Nr. 50.

Germania.

Mit der wöchentlichen Beilage: „Illustrirtes Unterhaltungsblatt“.

Agenturen:
Santos: *H. Brügmann.*
Campinas: *J.U. Keller-Frey*
Rua 11 de Agosto 20.
Limeira: *Eduard Stahl.*
Rio Claro: *Otto Jordan.*
Piracicaba: *B. Vollet.*
Rio: *C. Müller*, R. Hospicio 91
Taubaté: *L. Rosner.*
Dona Francisca *L. H. Schultz*
Porto Alegre *Gundlach & C.*
Serig'sche Buchhandlung in Leipzig, Neumarkt N. 3.
Herrcke & Lebeling, Stettin.

André Rebouças.

Wie Taunay, Beaurepaire Rohan, Dr. Ennes de Souza, Barão de Teffé, Barão de Tauthphaeus, G. Trinks, H. A. Gruber u. a. gehört auch André Rebouças demjenigen Theile des Direktoriums der Sociedade Central de Immigração, deren erster Sekretär er ist, an, welchen man den thätigen *par excellence* nennen kann. Die genannten Persönlichkeiten gehen in Kolonisations-Angelegenheiten mit einem Ernste vor und lassen die Sociedade Central als Körperschaft mit solchem Nachdruck auf Behörden und Publikum wirken, dass die bis jetzt geernteten theoretischen Errungenschaften bei weitem alles übertreffen, was man bisher in diesem schlaff und träge vorwärts schreitenden Lande zu sehen gewöhnt ist. Das ganze Land hat gleichsam seine Ansicht geändert; die Nothwendigkeit, dass etwas geschehen müsse, leuchtet allen ein; sobald ein Nativist Eingewanderten gegenüber die althergewohnte übermüthige oder gar abweichende Sprache zu führen sich erdreistet, finden die Beleidigten Tausende von Vertheidigern, welche gleiches Recht für alle Bürger dieses Landes fordern, gleichgültig, ob es eingeborene oder eingewanderte sind. Auf legislativem Gebiete zwar hat die Sociedade Central noch keine sonderlichen Erfolge errungen. Die Aufhebung der Arbeitskontrakte wurde von der Regierung als nothwendig anerkannt, kann aber erst in nächster Parlamentsperiode Thatsache werden. Die grosse Naturalisation, Civilehe und Civilstandsregister, die Besteuerung des unkultivirten Privatbesitzes und alle jene andern Fragen, welche mehr oder weniger mit der Einwanderung zusammenhängen, sind in diesem Jahre um keinen Schritt vorwärts gerückt. Aber wenn den Zielen der Sociedade Central die gesetzlich ausgesprochene Anerkennung noch nicht zu Theil geworden ist, die moralische Anerkennung fehlt weder von Seiten der Regierung noch des Volks. Zeichen dafür, dass der moralische Sieg bereits gewonnen ist, sind die Erklärungen der Regierung im Parlament, im „Diario Official“, in Erlassen an Präsidenten und Anerkennungsschreiben an die Sociedade Central selbst. Zeichen dafür ist auch der von 750 Contos in letzter Stunde vom Parlament auf 1000 Contos erhobene Ansatz für den Immigrations- und Kolonisations-Dienst. Weitere Zeichen, wie weit bereits der Einfluss dieser hochverdienten Gesellschaft reicht, sind: Die Aufhebung der Von der Heidt'schen Dekrete in Preussen, die Zustimmungs-Adressen hunderter von Munizipien, Gesellschaften

Frankreich seine Studien zu vollenden. Bei der 1862 in London abgehaltenen Ausstellung nahm er an der dortigen brasilianischen Commission Theil. Während dieses europäischen Aufenthaltes verfasste er verschiedene Werke über hydraulische Motoren, Schiffsdocke, Metallurgisches, französische Eisenbahnen und über Seehäfen.

Schon diese Aufzählung beweist, welche eine enorme Arbeitskraft in diesem Manne steckt, der bereits Ende 1862 in die Heimat zurückkehrte. Hier war er nun als Ingenieur thätig und erbaute unter anderm den auf Gewölben ruhenden Leuchtthurm der Fortaleza von Santa Cruz. Wegen dieser und verschiedener anderer Leistungen erhielt er 1864 den Rosenorden als anerkennende Auszeichnung. Auch am Kriege gegen Paraguay hat er 1865 theilgenommen, bei der Einnahme von Uruguayana, sowie bei der Vertheidigung der Insel Itapirú nahm er so hervorragenden Antheil, dass er mit dem Christusorden dekorirt wurde. Die Strapazen des Feldzuges warfen ihn auf's Krankenlager und schon Mitte 1866 musste er nach Rio zurückkehren, wo er nach seiner Wiederherstellung die Leitung der hydraulischen Werke an der Alfandega übernahm. 1867 wurde er interimistisch zum Docenten der Botanik und Zoologie an der Centralschule ernannt. Von 1871 bis 1876 leitete er die Arbeiten zur Herstellung der D. Pedro II. - Docks. 1872 organisirte er die Companhia Florestal Paranaense und die Eisenbahn-Compagnie Antonina-Curityba. 1873 besuchte er die Ausstellung in Wien. Nach seiner noch im selben Jahre erfolgten Rückkehr leitete er nicht nur wie früher eine Anzahl bedeutender Arbeiten, sondern nahm auch am Zeitungsleben Antheil. Das „Jornal do Commercio“ hat manchen gediegenen Artikel volkswirthschaftlichen Inhalts von ihm veröffentlicht. „Novo Mundo“ und „Revista Industrial“ (sie erschien in Newyork) nannten ihn Mitarbeiter. 1875 schrieb er gelegentlich der National-Ausstellung über die Provinz Paraná und Informationen für die Auswanderer. Seit dieser Zeit ist das hohe und bedeutende Interesse, das André Rebouças an den Kolonisationsfragen nimmt, nachweisbar. 1876 wurde er zum Lehrer der Botanik an der Escola Polytechnica ernannt. Im gleichen Jahre stellte er unter Mitarbeiterschaft seines Bruders das dreibändige und in der Typographia Nacional gedruckte Werk „Indice Geral das Madeiras do Brazil“ fertig. Seit 1877 ist er Lehrer des Ingenieurfachs. Im Jahre 1880 begann er einer der hervorragendsten Propagandisten für Emanzipation der Sklaven zu sein. Gazeta da

reich besuchte Abolitionisten-Konferenz statt, in welcher der Genannte einen mit grossem Beifall aufgenommenen Vortrag hielt. Derselbe soll im Druck erscheinen. Die Abolitionisten geleiteten Hrn. Joaquim Nabuco mit Musik aus dem Theater nach dem Grande Hotel, wo er einquartiert ist.

— Der „Correio Paulistano“ bringt in seiner gestrigen Nummer den Wortlaut des für die Emigration in dieser Provinz bestimmten Reglements, welches wir in nächster Nummer in Uebersetzung bringen werden.

— In's Handelsregister wurden eingetragen: Luiz Antonio de Anhaia und die Commanditäre Visconde de Itú, Barão de Tatuhy, Antonio Proost Rodovalho, die DDrs. Francisco Emygdio da Fonseca Pacheco, Francisco Aguiar de Barros und Raphael Aguiar Paes de Barros, für eine Baumwollfabrik in der Stadt S. Paulo. Kapital 315 Contos, davon 270 Contos von den Commanditären. Firma: Anhaia & Co.

— Vor einigen Tagen wurde das Geschäftshaus des Italieners Antonio Jovino, in der Rua do Gazometro, Nachts von Spitzbuben erbrochen und 300$ in Geld, sowie noch Waaren und Schmucksachen geraubt.

— Hr. Adam Schaffer hat das brasil. Bürgerrecht erworben.

— Das Penha-Fest ist diesmals von mehr als 6000 Personen besucht worden. Die Presse klagt, dass dieses so populäre Fest immer mehr und mehr von seinem religiösen Charakter und unschuldigen Vergnügen verliere und fast nur noch den Anlass zu allerlei Ausschreitungen, Rauferei, und besonders Spielsucht biete. Am Sonntag sind Streitigkeiten und Prügelei nicht nur draussen beim Fest an der Tagesordnung gewesen, sondern haben auch noch auf der Heimfahrt innerhalb der überfüllten Eisenbahnwagen fortgedauert. Da die Bonds-Compagnie die Passagiere der Penha nur bis an den Largo do Mercado beförderte, eine grosse Zahl schwerfüssiger oder vielmehr schwerköpfiger Passagiere aber bis auf den Largo do Mercadinho gefahren sein wollten, so warfen die letzteren Steine nach dem Stationsgebäude, woraus eine regelrechte Prügelei mit den Angestellten der Compagnie entstand.

— Die Passpolizei visirte die Legitimation für den deutschen Maschinisten Otto Kaester (soll vielleicht Küster heissen), welcher eine Reise nach Deutschland antritt.

— Donnerstag den 18. d., 10½ Uhr Vorm., werden in Rua S. Bento 26 die zu der Fallitmasse

Capa do jornal *Germania*, editado em São Paulo. A edição, de 17 de setembro de 1884, traz o texto autobiográfico de André Rebouças mencionado no diário, publicado em alemão

A primeira carta do prólogo dá conta do entusiasmo com que foi recebido. André se tornou, desde então, o principal articulador do movimento abolicionista em nível nacional, em estreita colaboração com José do Patrocínio, no jornal *Gazeta da Tarde*, que se tornaria sede da Confederação Abolicionista, criada no mesmo ano, tendo Rebouças por tesoureiro. De março de 1883 a junho de 1884, André escreveu mais de trinta artigos com o título *Abolição imediata e sem indenização*, publicados na *Gazeta da Tarde*. A primeira metade foi base para o manifesto da Confederação Abolicionista, com o mesmo título, escrito por Patrocínio e publicado em agosto de 1883.

Como Angela Alonso bem cartografou, o abolicionismo brasileiro havia se tornado então um movimento social de capilaridade nacional, com um repertório de ação variado. Desde 1880, o movimento disputava a opinião pública em conferências-concertos, festivais, *meetings* e passeatas, dos quais Rebouças era um dos principais financiadores, idealizadores e organizadores.

Bem antes disso e cada vez mais, os abolicionistas atuavam nos tribunais, tendo em Luiz Gama o exemplo mais célebre e conhecido. E o faziam aliados diretamente aos escravizados. Questionavam escravizações ilegais, sobretudo a partir do não cumprimento da primeira lei de proibição do tráfico atlântico, em 1831, mas principalmente exploravam as possibilidades de autocompra garantidas pela lei de 1871, conhecida como Lei do Ventre Livre, mas que foi muito mais que isso.

A lei de 1871 estará na base de toda a discussão abolicionista que veio depois. Sem dúvida, frustrou as expectativas mais progressistas. As crianças emancipadas ficaram sob o poder dos antigos senhores. E com obrigação, até os 21 anos, de trabalho! Dez anos depois, era comum que seus serviços fossem vendidos pelos senhores de suas mães. O fundo de emancipação, que devia libertar os cativos com indenização aos "proprietários", começando pelos cativos com família reconhecida, foi capturado pelos senhores e pouco emancipou. Por outro lado, a possibilidade de autocompra, com pecúlio próprio ou de terceiros — uma prática costumeira que se transformara, com a lei, em direito com possibilidade de arbitramento judicial —, havia transformado os tribunais em arena antiescravista, com capacidade de impactar o preço dos cativos. Essas questões estarão na base das discussões da lei de libertação dos sexagenários proposta pelo Gabinete Souza Dantas.

Na década de 1880, o movimento fazia também ações diretas, como greves portuárias para impedir o tráfico interno, como ocorreu em Fortaleza, deflagrando a estratégia de libertação de territórios com a arrecadação de fundos para a compra dos últimos cativos de uma região, cidade ou província, a partir da queda do preço dos escravizados. No início de 1884, o presidente da província do Ceará, simpático à causa, prometia completar a obra, com a declaração formal da libertação dos escravos de sua província e a proibição de entrada de novos.

O modelo para a ação era o do movimento abolicionista dos Estados Unidos. A *Gazeta da Tarde*, também em 1883, publicou a autobiografia de Frederick Douglass, o ex-escravo abolicionista estadunidense que fugira do Sul escravista para os estados livres do Norte e ali se tornara amigo e conselheiro de Abraham Lincoln. Vários artigos de Rebouças naquele jornal citavam a experiência dos Estados Unidos e o "*underground railroad*", que devia ser reproduzido no Brasil, traduzido como caminho de ferro subterrâneo para a liberdade.

As cartas a Nabuco de setembro e outubro de 1883 foram escritas nesse momento de euforia. Não se tratava apenas de estimular fugas de escravizados, ainda que isso fizesse parte do repertório. A meta era desmanchar a legitimidade escravista, fechando a oferta de cativos e fazendo despencar os preços no mercado interno. Contava, para isso, com aliados fortes no mundo político e econômico.

No mundo político, abolicionistas como Sátiro Dias, presidente do Ceará, e Teodureto Souto, do Amazonas, alçavam cargos de poder naquele ano de 1884. No mundo econômico, André apostava também em uma mudança no modelo produtivo, da grande para a pequena propriedade, dinamizando o mercado de terras em aliança com capitais internacionais. Como representante de capitalistas ingleses em Minas Gerais para a construção da estrada de ferro Minas Central, pretendia comprar a estrada de ferro de São João del-Rei, futura Oeste de Minas, e estava confiante em que a força dos capitais ingleses iria ajudá-lo a quebrar o monopólio da terra no país.

Esses contextos, detalhados no primeiro volume de *O engenheiro abolicionista*, são pouco conhecidos e emprestam sentidos e significados às afirmações no diário, e na carta escrita em outubro de 1883, de que "a abolição está virtualmente feita". Explicam também o empenho em criar uma companhia em Minas Gerais para venda de pequenos lotes de terra a imigrantes, a Terra Roxa of Brazil Immigration Co. Limited. Tal empenho permaneceria por todo o período coberto por este volume. O contato direto com a Sociedade de Imigração de Berlim, mencionado no primeiro volume e comentado na carta de outubro de 1883, se manteria ao longo do ano seguinte, a ponto de André ser convidado a escrever uma pequena biografia para o jornal *Germania*, publicado em alemão em São Paulo, o que efetivamente viria a ocorrer em setembro de 1884.

Em Rebouças, os negócios não se sobrepunham ao ativismo, eram faces da mesma moeda de um projeto de modernização e democratização do país. Nesse projeto, os libertos e os colonos nacionais nunca eram esquecidos. Como quem leu os dois volumes deste livro bem sabe, ele publicou mais de um artigo relatando os sucessos dos libertos como pequenos proprietários no Sul dos Estados Unidos e nas antigas colônias britânicas. Como fica claro nos artigos reproduzidos, o nexo com a imigração lhe parecia necessário para garantir a entrada de capitais internacionais e dinamizar o mercado de pequenas propriedades.

Porém, voltemos, uma vez mais, a outubro de 1883. Naquela ocasião, em meio à euforia do processo de libertação do Ceará, do despencar dos preços dos cativos e das promessas de fechamento do tráfico interno em todo o país, André percebeu que os latifundiários brasileiros se aproximavam do novo mercado internacional de circulação de trabalhadores que começava a formar-se. Queriam proletários rurais num país de terras aparentemente infinitas. Buscavam encontrar um sucedâneo do antigo tráfico de escravizados.

Como deixou registrado na carta a Nabuco, nesse momento, grandes cafeicultores escravistas estavam em conversação com negociantes chineses sobre imigração de trabalhadores por contrato. Era a "escravidão amarela" que ele e Patrocínio combatiam. Sabemos nós, historiadores, com nosso dom peculiar de prever o futuro depois que ele é passado, que levaria alguns anos para que esses mesmos fazendeiros chegassem à fórmula da imigração europeia subvencionada:

"a escravidão branca de Antônio Prado", como Rebouças irá chamá-la em suas cartas africanas.

Ao terminar o ano de 1883, mergulhado no seu tempo presente, Rebouças apostava em outro projeto de modernidade. Acreditava, porém, que para ser bem-sucedido precisaria ter os capitalistas ingleses do seu lado. Escreveu a Nabuco:

> Auxilia o Rodrigues em provar aos capitalistas de Londres que vamos ter as melhores fazendas por preços insignificantes, e que as *land companies* farão fortunas enormes e salvarão o Brasil da crise abolicionista.

Nas cartas de setembro e outubro de 1883, bem como nas de março de 1884, anuncia-se também outra dimensão importante da atuação do engenheiro abolicionista: seu papel de financiador, editor e estrategista do movimento.

É ele quem faz circular no Brasil *O abolicionismo*, livro escrito por Nabuco em Londres, em 1883. É ele quem traduz e publica, na *Gazeta da Tarde*, o discurso feito em inglês por Nabuco no Congresso Abolicionista de Milão. É ele quem financia 3 mil exemplares da análise de Nabuco do projeto de nacionalização do solo de Henry George. Nas cartas, que Nabuco fez questão de arquivar, Rebouças se oferece para pagar a passagem para trazer o abolicionista pernambucano de volta ao país, bem como se dispõe a ajudar a financiar um

Congresso Internacional Abolicionista em Petrópolis em agosto de 1884.

Em março desse ano, o despencar dos preços dos cativos e a libertação do Ceará com o apoio do presidente da província lhe pareciam a antessala da abolição, que chegou a prever para 7 de setembro daquele ano. Nabuco precisava voltar, se possível para participar da apoteose que organizavam para 25 de março. Não sendo possível essa data, que Nabuco voltasse em maio, para ser o ômega da abolição, como havia sido o alfa. Eles organizariam a festa à moda da "raça latino-africana", escreveu.

Na carta de março de 1884, escrita em meio aos festejos e à repercussão nacional e internacional da libertação do Ceará, ele ainda apostava que a abolição se resolveria naquele ano. O reconhecimento legal da abolição na província do Ceará por seu presidente Sátiro Dias, após o resgate dos últimos escravizados pelo movimento abolicionista, havia sido uma vitória estupenda. A continuar a queda dos preços dos cativos, a escravidão não ultrapassaria 1884. O Congresso Abolicionista Internacional citado na carta, que deveria acontecer em agosto no Hotel Orléans, em Petrópolis, onde então habitava, com a presença de Henry George e Frederick Douglass,[2] foi planejado nesse contexto. A reação institucional viria violenta, sabemos nós que lemos este volume, mas Rebouças naquele momento pensava ter forças para superá-la.

Não há como não parar um instante para refletir sobre essa perspectiva antes de comentar o conteúdo mais específico do presente livro. É cena para filme de Tarantino imaginar um Brasil celebrando o fim da escravidão em 1884 com um congresso internacional no magnífico Hotel Orléans (vale conferir a foto na p. 506), com André Rebouças, Frederick Douglass, Joaquim Nabuco e Henry George ouvindo Carlos Gomes.

Para entender que essa possibilidade não era um delírio do nosso autor, vale mais uma vez enfatizar a influência no Brasil dos pensadores e do contexto da abolição da escravidão nos Estados Unidos. Talvez esteja em tempo de pesquisar também até que ponto o oposto foi verdadeiro.

Lá, como aqui, a força radical do liberalismo abolicionista foi derrotada e subsumida por longos anos por um discurso liberal conservador que só se tornaria hegemônico, porém, na última década do século XIX. No caso dos Estados Unidos, as chamadas leis de Jim Crow institucionalizaram a segregação racial nos estados do Sul do país, como bem demonstrou Eric Foner, da Universidade Columbia, em Nova York, principal historiador a dar a ver de novo todo o florescer progressista pós-guerra civil naquele país, obscurecido pela avalanche conservadora do final do século.

Foner esteve no Brasil em 1988, no centenário da Abolição, quando o conheci. E em 2013 tive a oportunidade de entrevistá-

-lo, como professora visitante da Universidade Columbia. Nessa ocasião, eu começava minha pesquisa sobre André Rebouças, buscando entender suas relações com os Estados Unidos, e me impressionava a força do nexo entre os abolicionistas dos dois países. E com o apagamento da memória da ação radical abolicionista, lá como aqui.

Ao divulgar as ideias de Henry George, autor de *Progress and Poverty* (1879), um verdadeiro best-seller em todo o mundo anglófilo, Rebouças e Nabuco foram chamados de *petroleiros* (que no século XIX era sinônimo para incendiários) e *comunistas*. Por vezes considerado socialista, o pensamento de Henry George, ícone do movimento progressista do final do século XIX nos Estados Unidos, é mais bem caracterizado como radicalmente democrático. Defensor da livre-iniciativa, do voto secreto, do voto feminino e da propriedade privada individual, refletiu sobre as tendências ao monopólio e à concentração de riquezas da expansão capitalista e buscou construir mecanismos legais capazes de restringir esse movimento. O Imposto Territorial Progressivo proposto por Rebouças foi em grande parte inspirado nas ideias do autor de imposto único sobre a terra.

Nos Estados Unidos do início do século XX, o apagamento e a desconstrução da ação radical de republicanos abolicionistas aliados aos libertos que ingressaram na política após a guerra civil se tornaram quase absolutos, chegando com força à indústria cinematográfica, como nos clássicos *O nascimento de uma nação* (D. W. Griffith, 1915), em que os heróis são membros da Ku Klux Klan, e em *... E o vento levou* (Victor Fleming, George Cukor e Sam Wood, 1939), carregado de nostalgia escravocrata sulista.

No Brasil não foi muito diferente. Talvez por isso, o filme do final da década de 1930 fez enorme sucesso por aqui, tendo sido reprisado muitas vezes. Lembro-me de tê-lo visto adolescente, com filas enormes no cinema, já no final da década de 1970. Quando me recordo disso, penso que André Rebouças queria ser o nosso Rhett Butler, papel de Clark Gable, e os escravistas brasileiros muitas vezes o viam da maneira como o personagem é caracterizado no filme: um aventureiro oportunista. Outras vezes, reconheciam a dimensão idealista de André, como quando o chamavam de "louco ilustrado" na defesa do imposto territorial geométrico, como registrou Angela Alonso.

O filme de Griffith, cineasta que tem praça em sua homenagem em Hollywood, traz na cena final heróis brancos encapuzados impedindo negros libertos de votar, e este é o final feliz. A pesquisa que realizei em Nova York em 2013 concentrou-se no jornal *O Novo Mundo*, de propriedade de José Carlos Rodrigues, do qual André Rebouças se tornou o principal colaborador. Publicado em português naquela cidade na década de 1870, esteve na base de minhas reflexões sobre o apagamento da memória pública dos processos de ação política dos descendentes de africanos escravizados nos dois países. Recuperei essa reflexão em diversos textos públicos do período, que estiveram na base da minha participação na organização do livro *Historiadores pela democracia*, de 2016. Como tive ocasião de escrever nessa obra, não era coincidência a presença expressiva de historiadores da escravidão na iniciativa. Os fantasmas que assombravam Rebouças ainda estavam bem vivos no século XXI, como ele previra.

Mas voltemos ao final do século XIX. Em junho de 1884, quando se abre o diário transcrito neste volume, a primeira seção da companhia Minas Central, da qual Rebouças era o principal representante no Brasil, aguardava apenas autorização política do presidente da província para entrar em fase de execução, com o empreiteiro escolhido, o engenheiro inglês L. E. Ross, já no terreno. Era tempo de Rebouças voltar para o Rio e estar perto do poder, para cuidar dos negócios e para o bem do movimento abolicionista a que se dedicava.

Naquele ano, a confiança na abolição não se mantivera além de abril. Apesar da repercussão internacional e do júbilo abolicionista, a abolição no Ceará foi considerada por muitos um ato inconstitucional do presidente da província. Em maio, a Fala do Trono nem sequer a mencionou, e a recepção a Nabuco foi quase proibida pela polícia. Em 5 de maio, André publicou na *Gazeta da Tarde* o seu primeiro artigo sobre "A reação dos escravocratas".

Decidiu então retornar ao Rio, mas não ao Hotel Vista Alegre, em Santa Teresa, onde morara antes de mudar-se para Petrópolis, para estar mais perto das obras da estrada Minas Central. Escolheu o Hotel dos Estrangeiros, no largo do Catete, mais próximo do centro da cidade onde circulava diariamente.

Apesar da crise política, nós o reencontramos no primeiro capítulo absorvido nos negócios. Era intensa sua correspondência com os acionistas em Londres das duas empresas que representava, a Minas Central Railway e a Conde d'Eu Railway, Caminho de Ferro da Paraíba, em fase de finalização.

Se os negócios o absorviam, não descurava do movimento abolicionista. Uma vez na Corte, com sua influência, rapidamente conseguiu reservar um lugar para textos dos abolicionistas no prestigioso *Jornal do Commercio*, ainda que na coluna A Pedidos e com o uso de pseudônimos. Os abolicionistas passaram a assinar com nomes em homenagem a abolicionistas ingleses e estadunidenses. Como pudemos ler nas anotações de Rebouças, Nabuco era Garrison.

No Hotel dos Estrangeiros, ainda que tenha diminuído sua produção autoral, intensificou seu trabalho de editor e divulgador, sobretudo dos discursos e textos do amigo Joaquim Nabuco. O livro *O abolicionismo* era leitura para poucos, mas a *Seleta abolicionista*, composta de pílulas dos argumentos do autor, ganhou milhares de leitores editadas por Rebouças na *Gazeta da Tarde*.

Na sequência deste posfácio, enfatizarei o contexto político e as principais viradas narrativas da vida do autor, fazendo uma espécie de resumo da minha leitura do seu texto, a qual organizou o diário em capítulos.

Eu o faço em diálogo com os que leram André a partir dessa organização. A leitura do posfácio não substitui a leitura do livro; pelo contrário, só ganha pleno sentido depois dela. O texto de André no diário é seco e ao mesmo tempo surpreendente. Em meio à monotonia dos registros, sempre há uma pequena surpresa para capturar o leitor.

Lendo o diário, conhecemos as instituições de sociabilidade na cidade do Rio de Janeiro em que Rebouças circulava quase todo dia: a Escola Politécnica; a redação da *Gazeta da Tarde* — sede da Confederação Abolicionista; o Clube de Engenharia; a Sociedade Central de Imigração. Mais tarde, também o Liceu de Artes e Ofícios.

À noite, frequentava a Livraria Faro & Lino, na rua do Ouvidor, ouvia música no Clube Beethoven, na Glória, e visitava amigos, incluindo, no período dos gabinetes liberais, a casa de alguns ministros com quem tratava de negócios. Organizava e participava de festivais abolicionistas quase todo domingo, em diferentes teatros da Corte: Polytheama, Pedro II, Recreio Dramático…

A força da reação escravista mudara o sentido da estratégia de libertação de territórios, que prosseguia. A libertação em sequência das províncias do Amazonas (julho) e de Goiás (setembro) e a aceleração do movimento no Rio Grande do Sul teriam sentidos políticos e repercussão totalmente diferentes. No Amazonas, repetiu-se, como no Ceará, a ação do presidente da província, Teodureto Souto, declarando extinta a escravidão, mas o contexto já era outro. Nas demais províncias, o braço institucional não atuou.

Em junho, já depois da posse do gabinete considerado abolicionista de Souza Dantas, Rebouças foi proibido de usar o nome do Centro Abolicionista da Escola Politécnica em suas publicações no *Jornal do Commercio* em defesa do Imposto Territorial Progressivo.

Apoiar o novo gabinete e sua proposta de reforma negociada era o que restava ao radicalismo abolicionista. Da abolição imediata e sem indenização de setembro de 1884 à libertação negociada dos escravos de mais de sessenta anos anunciada pelo novo ministério era um retrocesso e tanto. Em 16 de junho, em diálogo com os abolicionistas estadunidenses do jornal *Rio News*, Rebouças tentou explicar a ginástica retórica dos abolicionistas brasileiros no artigo "Os escravos de sessenta anos".

O principal argumento era a aliança do ministério com o movimento abolicionista e a denúncia bem conhecida de que a maioria dos escravizados com mais de sessenta anos era de africanos que haviam entrado ilegalmente no país após 1831, registrados com idade aumentada na matrícula de 1871 para ocultar o contrabando. Libertá-los sem indenização aos senhores seria uma forma de admitir isso. Rebouças elenca ainda entre os argumentos para aceitar a reforma a opinião dos próprios escravizados, que seriam a ela favoráveis.

André nos deixou outras pistas desse diálogo direto do movimento abolicionista com as senzalas, como procurarei demonstrar ao final deste ensaio. Naquele 16 de junho, terminou o artigo afirmando que o movimento abolicionista queria mais do que as pequenas concessões do ministério. "Nós as aceitamos [as concessões] com o mesmo desprezo que o *Rio News* as rejeita."

A violência da reação escravista e o encaminhamento que o ministério deu à elaboração do projeto, redigido em estreita colaboração com a Confederação Abolicionista, porém, levaram-no a mudar o tom.

Em julho, quando finalmente o Projeto Dantas foi apresentado, a força da reação se mostrava não apenas no Parlamento e por meio da violência política. Tinha poder para estrangular economicamente os abolicionistas, como mais de uma vez relembrou Rebouças, sobretudo nos escritos do exílio.

Difícil provar conexão direta, mas Minas Gerais era um dos centros gravitacionais dos emperrados, grupo conservador contrário à abolição. Para começar a execução das obras da primeira seção da Minas Central, Rebouças dependia da autorização do presidente da província. A autorização nunca veio, e o empreiteiro L. E. Ross retornou à Inglaterra. Com seu estilo contido, Rebouças nos dá notícias de como reagiu à adversidade. Reformou as instalações do Clube de Engenharia e começou a redigir seu *Vocabulário técnico da arte de construir*.

Por outro lado, nesse contexto adverso, o Projeto Dantas incorporava tudo em que Rebouças acreditava. Libertava os escravos de sessenta anos sem indenização aos senhores, taxava os senhores para financiar o fundo de emancipação, proibia definitivamente o tráfico interprovincial e tabelava de forma decrescente os preços para o resgate de cativos. Fazia mais. Aparentemente, cedia aos senhores ao fixar os libertos no município em que foram libertados por ao menos cinco anos, mas impunha aos ex-senhores um valor mínimo para a renumeração dos serviços e previa a criação de colônias de libertos em terras arrendadas pelo Estado para os que não conseguissem colocação nas fazendas. Tais colônias se constituiriam em terras às margens das estradas de ferro desapropriadas pelo Estado, sobretudo para atrair imigrantes, mas com previsão de arrendamento a libertos e futura aquisição de lotes por estes.

Como bem resumiu Angela Alonso em seu livro *Flores, votos e balas*, sobre o movimento abolicionista, "o Projeto 48 embutia modelo de nova sociedade pós-escravidão, baseada em assalariamento do ex-escravo, imigração e difusão da pequena propriedade".[3] Foi no contexto da apresentação do projeto que Rebouças conseguiu publicar o texto "Os libertos trabalham e progridem" no *Jornal do Commercio*.

Rapidamente, porém, a aprovação do projeto mostrou-se impossível com a composição política da Câmara eleita em 1881, que se apressou em negar a menção de congratulação proposta pelos abolicionistas a Teodureto Souto pela libertação do Amazonas em 10 de julho.

Seguindo mais uma vez a abordagem precisa que Angela Alonso propõe dos acontecimentos políticos, para a maioria, formada pela aliança entre conservadores e liberais escravistas, não era possível premiar "ilegalidades e violência". Mais que isso, como pioneiramente mostrou Joseli Mendonça, no seu importante livro sobre a lei de 1885,[4] o objetivo dos emperrados era, sobretudo, deter a aceleração da depreciação do preço dos cativos pela ação dos próprios escravizados, muitas vezes aliados a curadores ativistas do movimento, em luta pela autocompra nos tribunais.

O Projeto Dantas de libertação sem indenização aos senhores de cativos sexagenários, ainda que emprestasse alguma previsibilidade ao processo, fazia o contrário. Muitos dos fazendeiros escravistas, sobretudo das províncias do Rio de Janeiro e de Minas Gerais, estavam endividados com hipotecas lastreadas na propriedade humana que se esfumaçava. Era guerra. Voltaram, para ficar, os clubes da lavoura que haviam combatido a aprovação do Ventre Livre. Os capangas e as milícias privadas, sempre a postos, ganharam nova visibilidade.

Como pudemos ler, para Rebouças, a dissolução da Câmara por Pedro II foi um sopro de esperança que se transformou em longa agonia. Decidida em julho, só se efetivou após a aprovação do orçamento, que se estendeu até agosto. As eleições gerais foram marcadas para dezembro, precedidas de eleições para o Senado em agosto, que deixaram entrever o desastre que esperava os abolicionistas. Quando em dezembro se realizaram as eleições para a Câmara temporária, seguiu-se a longa batalha pelo reconhecimento dos mandatos, sobretudo de Joaquim Nabuco. Sem que o abolicionista tivesse ainda garantido seu assento na Câmara, em maio de 1885 caiu o Gabinete.

Antes de comentar a forma lacônica como o engenheiro registrou o dramático período no diário, gostaria de ressaltar o forte nexo de Rebouças com o que por vezes chamava de "círculo dos mulatos". Foi na companhia do engenheiro José Agostinho Reis, nascido escravo, e de José do Patrocínio, proprietário da *Gazeta da Tarde*, que recebeu a notícia da libertação do Amazonas, noticiada em 21 de julho com a manchete "AMAZONAS LIVRE" em letras garrafais (ver p. 495). Foi José do Patrocínio quem primeiro leu o diário de Rebouças, quando o jornalista negro recebia em casa a mãe africana, Justina Maria do Espírito Santo. São frequentes as visitas de André ao abolicionista Miguel Antônio Dias, "o melhor dos mulatos", como revelou em carta a Nabuco. Dias era frequentador assíduo do Clube de Engenharia e da Gazeta da Tarde. Talvez fosse tipógrafo, já que o clube tinha uma revista e André não o nomeia engenheiro. São registros breves, mas de imenso significado.

Em agosto e setembro de 1884, meses que se seguiram à dissolução efetiva da Câmara e à derrota liberal no Senado, a primeira seção da Minas Central e a extensão do ramal de Cabedelo, no Caminho de Ferro da Paraíba, ocupam quase a totalidade dos registros no diário não relacionados às atividades abolicionistas ou às aulas e demais atividades acadêmicas na Escola Politécnica.

Como já tive ocasião de registrar, a província de Minas Gerais era um dos centros da reação e, mesmo na Paraíba, os senhores de engenho firmavam fileiras contra o avanço do abolicionismo. Rebouças tentava compensar a perda de apoio político acionando suas relações pessoais com o novo Governo. O transporte gratuito pela D. Pedro II para as obras da primeira seção da Minas Central teria sido crucial para tentar manter algum apoio na província de Minas, mas a derrota liberal nas eleições senatoriais sacramentou a opção da política provincial pela queda de braços com o Gabinete.

Na Conde d'Eu Railway (Paraíba), além de representante da empresa, Rebouças era acionista, autor do projeto original e parceiro dos capitalistas ingleses envolvidos desde o início do empreendimento, em fase de finalização. A companhia Minas Central era diferente. As obras da primeira seção não tinham sequer começado. O empreiteiro que viera da Inglaterra havia sido repatriado.

Como quem se embrenhou na leitura do diário pode perceber, ainda em setembro, o engenheiro parece buscar um plano B. Revisita os projetos do irmão para o abastecimento de águas do Rio de Janeiro, novamente às voltas com a seca. Organiza a poupança da família para garantir o futuro dos sobrinhos. Em outubro, a correspondência com Londres diminui e as atividades acadêmicas aumentam. Dedica muito do seu tempo a fichamento de livros no Clube de Engenharia. Enceta negociações para a possível construção de um novo caminho de ferro em Rio das Flores, no Rio de Janeiro. Em 28 de outubro, estava demitido.

Ainda assim, resiste por algum tempo. O engenheiro e amigo José Ewbank da Câmara, logo depois nomeado para presidir a Estrada de Ferro D. Pedro II, recusa-se a substituí-lo. Apenas em dezembro ele entrega os documentos em seu poder ao novo representante, um inglês, Mr Manders. Em janeiro registra, finalmente, o início das obras da primeira seção. Era ele, sem dúvida, o empecilho ao início dos trabalhos.

Nesses meses, os registros das atividades acadêmicas e letivas tomam uma nova proporção no diário. Acompanhamos o programa de seu curso de arquitetura, que englobava arquitetura egípcia e pré-colombiana, com direito a visitas com os alunos ao Museu Nacional. Registra também visitas guiadas com os alunos de engenharia a antigas obras que dirigira, como as Docas da Alfândega e de Pedro II. Passa a dedicar grande parte do tempo livre, sobretudo nos domingos, a confeccionar um guia para os estudantes de engenharia civil e verbetes para um *Vocabulário técnico da arte de construir*. Interrompe por algum tempo qualquer publicação na imprensa. Para uma boa leitura desses registros, é preciso ter em mente o pano de fundo da enorme derrota que a perda da representação da Minas Central Railway significou.

Ao longo dos meses em que se deu conta de que os escravistas o haviam derrubado da direção da construção da estrada de ferro em Minas, contou mais uma vez com o apoio dos amigos. Comecei o capítulo que marca sua luta pela permanência na direção da Minas Central com o aniversário de 35 anos do amigo Joaquim Nabuco, em 19 de agosto. Garantir a candidatura e depois a eleição de Nabuco a deputado por um dos distritos eleitorais de Recife seria o segundo grande foco da atuação de Rebouças no período e um dos seus consolos.

Em novembro, escreveu ao amigo, celebrando sua provável eleição por Recife: "Verás pelos jornais que todos os candidatos liberais vão mal e que todas as probabilidades são pelos candidatos do Paulino da última hora". Estava certo, e não apenas no Rio. Em dezembro, Alfredo Taunay, vice-presidente da Sociedade Central de Imigração, perderia a eleição por Santa Catarina.

Mas havia outros amigos além de Nabuco e Taunay. Rebouças passou o dia mergulhado em contas da Minas Central quando, em 8 de outubro, celebrou na *Gazeta da Tarde* os trinta anos de José do Patrocínio, seu parceiro diário na Confederação Abolicionista, futuro compadre do "círculo dos mulatos". No ano seguinte, ele se dedicaria a recuperar as finanças do jornal do jovem amigo e correligionário e iria batizar o único filho do jornalista.

Em dezembro, antes de entregar os documentos da Minas Central ao novo representante, celebrou os 36 anos do fiel escudeiro, o engenheiro José Américo dos Santos, em uma viagem de dois dias ao Hotel White, na floresta da Tijuca, no Alto da Boa Vista. Uma imagem do estabelecimento, no coração da mata atlântica, está registrada no arquivo do Instituto Moreira Salles (ver p. 504). O amigo de todas as horas e parceiro de negócios seria também a companhia no aniversário de 47 anos do engenheiro, em 13 de janeiro, em um jantar no Restaurante Globo.

Havia ainda os concertos no Clube Beethoven, na companhia de José Américo e outros, como o engenheiro Melo Barreto e Alfredo Taunay, além da correspondência com o maestro Carlos Gomes, em Lecco, na Itália. Rebouças fez circular 3 mil exemplares da partitura da "Marcha popular ao Ceará Livre" composta pelo artista.

Além dos amigos, havia a família. Em época de crise, preocupava-se, sobretudo, com o futuro dos sobrinhos André e Carolina, filhos do irmão Antônio. Contava para encaminhar o amparo deles com o ex-sogro do irmão, Veríssimo de Matos, e com o procurador da família na Bahia. Como más notícias nunca vêm sozinhas, a venda da Companhia Florestal, empresa dele com o irmão falecido, a compradores ingleses, tentada em 1883, parecia ter malogrado. O diário de 1885 abre-se com um recorte de jornal sobre a liquidação da empresa. Em fevereiro do novo ano, registrou com contida amargura a inauguração da estrada de ferro Curitiba—Paranaguá, que considerava roubada ao irmão e seus filhos pelo Governo imperial.

No Natal de 1884, recebeu a visita de Andrezinho e de um afilhado de casamento. Seu último registro do ano foi uma carta sobre a Minas Central. Abriu 1885 escrevendo a Nabuco sobre eleições e paz com a Argentina.

Não se trata aqui de repetir o que André escreveu. Tento apenas reconstituir o contexto político e afetivo que explica o eclipse dos artigos autorais na imprensa e a profusão de trabalhos técnicos. "De volta ao Hotel dos Estrangeiros", como gostava de registrar, os dias longos e solitários mergulhado em vocabulários, leituras e preparação de aulas se tornaram cada vez mais comuns.

Nabuco estivera em Recife de setembro a janeiro. No início do mês, foi formalmente eleito pelo 1.º distrito de Recife e retornou para o Rio no dia 25, recebido com a festa de praxe a bordo do patacho *Patagônia*, por "todas as sociedades abolicionistas e corporações diversas", em lanchas a vapor encomendadas por Rebouças.

O contexto político continuava negativo. O reconhecimento do mandato de Nabuco não seria tarefa fácil. As três anotações finais do diário de 4 de março, mais de um mês depois do retorno, fazem um bom resumo da ópera:

> 4½ — Com o amigo Joaquim Nabuco tratando de seu reconhecimento como deputado.
>
> 5½ — De volta ao Hotel dos Estrangeiros.
>
> 6h — Continuando a trabalhar no *Dicionário politécnico*.

De todo modo, a aproximação da abertura do ano legislativo o tiraria da letargia. Volta a concentrar-se na defesa da venda de terras a imigrantes e escreve o artigo "Patriotismo e imigração". Na abertura do Parlamento, fez ato público por uma Fala do Trono favorável à abolição, que não veio. Um mês depois, o Projeto Dantas mais uma vez não conseguiria aprovação. 50 × 50, escreveu. Outros trinta dias e a moção de desconfiança: 52 × 50. Dessa vez, cairia o Ministério.

Em 6 de maio, assumia o novo gabinete, liberal e escravista, presidido por José Antônio Saraiva. Em 12 de maio, a Câmara dos Deputados, por 51 votos contra 48, nega assento ao amigo Joaquim Nabuco, eleito pelo 1.º distrito do Recife. Em 14 de maio, o novo gabinete apresenta uma nova versão para a reforma em discussão.

O Gabinete Saraiva conseguiria o feito de apresentar um projeto de libertação dos sexagenários invertendo todos os pontos-chave do Projeto Dantas defendido pelos abolicionistas. Em vez de um imposto sobre a propriedade escrava, indenização em serviços paga pelos libertos. No lugar de remuneração mínima do trabalho, trabalho compulsório sem negociação de salário. Em vez de promessa de lotes de terras, colônias agrícolas correcionais. E, derrota das derrotas, dispensa para o fazendeiro de declarar a origem do cativo, permitindo ajustar a verdadeira idade do escravizado sem ser processado por contrabando no caso dos africanos, com tabela progressiva tentando conter a queda do preço dos cativos através das ações de liberdade. Ficou famoso o discurso de Rui Barbosa demonstrando o escândalo.

Cheguei a pensar em terminar neste ponto a narrativa dos volumes intitulados *O engenheiro abolicionista*. Não que André Rebouças deixasse de ser engenheiro ou abolicionista depois dessas derrotas, mas ele o seria de forma diferente. Percebi, porém, que não poderia terminar o enredo antes do seu final. E este não era a queda do Gabinete Dantas, mas a aprovação do projeto que ficaria conhecido como Saraiva-Cotegipe.

Enquanto o projeto Saraiva esteve em discussão, havia um fio de esperança de que algo da velha lógica pudesse funcionar. A repressão contra o movimento crescia, é fato. Foi preciso habeas corpus para tirar da prisão Carlos de Lacerda, líder abolicionista em Campos, no norte fluminense, mas os abolicionistas cresciam na luta. No 14 de maio abria-se a oportunidade de Nabuco disputar novamente as eleições pelo 5.º distrito de Pernambuco. O mês de junho foi apoteótico e eletrizante. Nabuco elegeu-se em verdadeira comoção nacional, criando, em seguida, um minoritário mas barulhento grupo parlamentar abolicionista.

Rebouças voltou à imprensa em novo tom. Ridicularizava o bordão da "tranquilidade da lavoura" e vociferava contra os liberais escravistas: "vós pertenceis à aristocracia territorial; sois réus e não podeis ser juízes; sois escravizadores e não podeis ser libertadores...". Escreveu e publicou, na *Gazeta da Tarde* e em panfleto abolicionista, o "Primeiro decálogo abolicionista", que começava com a famosa frase: "A escravidão é um crime". E reafirmava no ponto VIII:

> É uma estultice, é inteiramente cínico, falar o escravizador em direito de propriedade, quando ele é um pirata confesso, roubador de homens, mulheres e crianças nas costas da África; caloteiro secular do salário de seus operários; usurpador incorrigível da propriedade mais santa: — o produto imediato do trabalho dos seus escravizados.

Ainda estava na luta e não desistia de seus projetos alternativos de modernidade. Velho amigo do presidente do Banco do Brasil, tentava convencê-lo a contratar o Clube de Engenharia e a associar-se à Sociedade Central de Imigração para parcelar e vender a imigrantes lotes de grandes fazendas adquiridas pelo banco por dívida hipotecária. Conseguiu um artigo de fundo sobre a ideia no prestigioso jornal republicano O *Paiz*.

Um mês após a posse do novo ministério, ficava claro que não poderiam vencer o Projeto Saraiva, que seria aprovado até com alguns votos abolicionistas. O movimento, uma confederação de centenas de pequenos grupos organizados espalhados por todo o país, precisava mais uma vez mudar de rumos — e Rebouças era o seu principal articulador. Foi nesse contexto, em 19 de junho de 1885, que ele usou pela primeira vez no diário a lacônica fórmula: "Trabalhando na propaganda abolicionista e democrática". Era uma forma de indicar parte de suas atividades diárias, em geral pela manhã, por vezes tomando toda ela, logo após o "Acordar, toalete, banho, diário, balancete etc.", que se manteria até 1888. Indicava trabalho interno, feito ainda em seus aposentos, de leitura e arquivamento de correspondências e telegramas, de redação de cartas, de produção de textos para panfletos, de planejamento financeiro, de preparação de pautas e atividades para serem discutidas em seus encontros do dia. No entanto, ele não mais detalhava a quais dessas atividades, textos ou tarefas teria se dedicado.

Proponho entender essa opção narrativa no contexto da crescente repressão ao movimento abolicionista, que já se anunciava forte naquele junho de 1885, mas se tornaria ainda mais violenta com a associação das forças das milícias dos fazendeiros à repressão do Estado imperial, após a aprovação do regulamento associado à lei de 1885, aprovado pelo Ministério Cotegipe, que retardava a nova matrícula e previa pena de prisão de até dois anos para qualquer apoio à fuga de escravizados.

Na segunda metade de junho, Rebouças claramente tomava medidas para o que imaginava ser uma nova fase, de sua vida pessoal e do movimento social do qual participava. Era um liberal, à moda de Henry George. Acreditava na iniciativa individual, na luta contra o monopólio e na democracia como organização da sociedade civil. Eu diria mais: era alguém que pensava a política em termos globais. Olhava para os Estados

Unidos, onde o Jim Crow avançava, e sabia dos perigos que corria, mas acompanhava também, e de perto, o avanço do movimento progressista estadunidense e as conquistas democráticas na Inglaterra, o que mantinha suas esperanças. Ele e o amigo Nabuco estavam entusiasmados com a repercussão de escândalos ligados ao que chamava de "plutocracia inglesa", denunciados pelo jornal *Pall Mall Gazette*, de Londres.

O que ele fez naquela segunda metade de junho me parece claro: buscou organizar novas bases para o movimento e para sua vida após a derrota. O estilo telegráfico nos obriga a usar a imaginação, mas o que nos deixou ler é suficiente para concluir que ele tentava recomeçar e que estava disposto a correr riscos. Exumou as cinzas do pai, organizou o túmulo da família, tomou providências para amparar financeiramente o irmão incapaz e os sobrinhos menores, redigiu um testamento em favor da Sociedade Central de Imigração. Homem de ações coletivas, registrou a criação de três associações.

A Associação Territorial (e predial) era a mais pragmática e ambiciosa do ponto de vista da modernidade capitalista em que ainda acreditava. Propunha unir o saber técnico (econômico e topográfico) dos engenheiros do Clube de Engenharia, os contatos com associações de imigrantes da Sociedade Central de Imigração e grandes bancos que recebiam terras de latifúndios em pagamento de dívidas (no caso, especificamente o Banco do Brasil, na figura do presidente José Machado Coelho de

Castro) para atuarem juntos para levar a hasta pública lotes de terra para imigrantes.

A Associação Intelectual pretendia criar uma Associação dos Publicistas do Rio de Janeiro, estendendo o escopo da rede de intelectuais que formava a Sociedade Brasileira contra a Escravidão, pois manteria seu centro em torno de Joaquim Nabuco. A ideia era criarem a *Gazeta da Manhã*, um jornal próprio que seria "propriedade de André Rebouças & Co.", mas "órgão de Joaquim Nabuco". Ainda que o jornal não tenha vingado, em meio a enormes dificuldades financeiras de todas as tipografias e veículos ligados aos abolicionistas, André parece ter conseguido imprimir se não os 20 mil primeiros exemplares previstos, pelo menos as provas desse primeiro número, no domingo 28 de junho em que Nabuco retornou de uma rápida viagem de articulação a algumas províncias do Norte. Para recebê-lo nesse dia, Rebouças, tesoureiro da Confederação Abolicionista, mandou iluminar o prédio da *Gazeta da Tarde* e o Hotel Ravot, em frente ao jornal, na rua Uruguaiana, e ali, pessoalmente, alugou catorze janelas para os participantes da Associação dos Publicistas acompanharem o préstito de chegada.

Por fim, sem o nome *associação* explícito, provavelmente subsumido sob o manto da "propaganda abolicionista e democrática", temos o longo dia de articulação com José do Patrocínio, em 21 de junho. Nesse dia, os dois abolicionistas negros saíram juntos às duas da tarde da *Gazeta da Tarde*, após definirem em conversa, com a presença do abolicionista histórico Joaquim Serra, que Rebouças iria atuar para a reorganização econômica do periódico, independentemente de sua decisão de criar com Nabuco a *Gazeta da Manhã*. De lá, foram para o Hotel dos Estrangeiros, onde Patrocínio, como registrado por Rebouças, foi "o primeiro a ler este diário e o resumo da minha biografia". Jantaram no hotel às cinco e meia e de lá seguiram para o Clube Beethoven, onde continuaram, das seis e meia às oito e meia, em "conversação interna". Seguiram depois disso à casa de Patrocínio, em São Cristóvão, onde continuaram a conversar até depois das dez da noite e onde Rebouças conheceu Justina Maria do Espírito Santo, recém-chegada de Campos, a legendária mãe do jornalista. Às onze horas estava de volta ao Hotel dos Estrangeiros.

Retomo neste nível de detalhe a descrição desse dia absolutamente atípico, porque está inserido na sequência de outros igualmente atípicos de final de junho, em que organizava as associações discutidas anteriormente. Proponho aos leitores do diário de André que considerem a possibilidade de que o encontro com Patrocínio tenha tido por pauta a associação dos abolicionistas com aqueles que então se encontravam criminosamente escravizados nas senzalas brasileiras. Apresento mais que a minha imaginação para fazer essa sugestão.

No final do diário de 1885 estão colados dois impressos avulsos da Confederação Abolicionista, de título "Caminho de Ferro Subterrâneo", assinados a mão e com a anotação de que teriam circulado em setembro daquele ano (ver p. 496-97). Reproduzirei aqui o primeiro deles e deixarei o segundo para finalizar este ensaio. Os trechos em itálico foram manuscritos por Rebouças no impresso colado no diário.

Setembro de 1885

1.º CAMINHO DE FERRO SUBTERRÂNEO

VIA LUIZ GAMA

—

Estação Inicial

1.º São Paulo

2.º Sorocaba

3.º Colônia Teresa

(rio Ivaí)

4.º Guarapuava

(vale Iguaçu)

5.º Fronteira argentina

6.º Corrientes

7.º Entre Rios

André Rebouças

Já há algumas décadas os "quilombos abolicionistas" assumiram um lugar importante na historiografia sobre o processo de abolição. O panfleto com o segundo dos caminhos de ferro subterrâneos de Rebouças foi divulgado pelo amigo Joaquim Nabuco em seu livro de memórias. Apesar disso, poucos consideraram que Rebouças pudesse ter algo a ver com fugas reais de cativos, mesmo depois do texto de sua autoria sobre os quilombos abolicionistas do Rio de Janeiro, publicado por Eduardo Silva no livro *As camélias do Leblon*. Como o texto foi publicado sem assinatura, apenas em 1889, n'*A Cidade do Rio*, novo jornal de José do Patrocínio, muitos duvidaram da autoria atribuída por Silva. A trajetória de André Rebouças, visitada por inúmeros estudiosos e biógrafos, havia se tornado excessivamente colada à ação parlamentar de Nabuco e à amizade com a família imperial após a queda da Monarquia.

Além de ter sido citado por Nabuco em seu livro de memórias, *Minha formação*, como "pura fantasia", o segundo panfleto tem o dia de sua redação registrado no diário, em 18 de setembro de 1885. Essa data já não compõe o período que integra este livro, então reproduzo aqui:

> 7h — Redigindo o panfleto — "Caminho de Ferro Subterrâneo (2.º) do Alto São Francisco ao Ceará Livre" — acompanhado de nove máximas para extinção do esclavagismo.

Notem que o registro se faz exatamente no horário que já então era preferencialmente substituído pela fórmula "Trabalhando na propaganda abolicionista e democrática".

Não há registro da redação do primeiro panfleto com o nome de Luiz Gama, mas, no mesmo ano, em 6 de dezembro, no mesmo horário, ele registrou a remessa de dois panfletos para o Pará e para a Bahia:

> 7h — Remetendo ao conselheiro Tristão [de] Alencar Araripe, presidente do Pará, e ao amigo engenheiro André Gustavo Paulo de Frontin, em viagem na Bahia, duplas coleções de dois avulsos de abolição ("Decálogos" e "Caminhos de Ferro Subterrâneos") e dos cinco avulsos sobre imigração.

Ou seja, ainda que não fosse mais a sua prática — e isso se fazia, ao que tudo indica, por questões de segurança —, resolveu revelar a autoria dos dois panfletos para a posteridade. Não satisfeito com os discretos registros, colou uma cópia deles no final do diário de 1885.

Não há como duvidar da autoria do artigo publicado por Rebouças no *Cidade do Rio* sobre os quilombos abolicionistas em 1889, republicado por Eduardo Silva já no século XXI. O jogo de luz e sombras que o próprio André e, sobretudo, seus futuros biógrafos fizeram sobre a memória de uma atividade iminentemente clandestina contribuiu para invisibilizar essa realidade.

A atuação clandestina do movimento abolicionista e o papel de Rebouças nela serão revisitados quando for publicado *A abolição inacabada*, um próximo volume, que se debruçará sobre os diários que registram a nova fase de vida que André então planejava.

Por ora, destaco apenas que André se despede do Hotel dos Estrangeiros e volta a residir em Petrópolis, agora no Hotel Bragança, com planos de mudanças profundas.

Inclusive na vida pessoal. Além dos contatos com várias personalidades e famílias da cidade, que passa a frequentar, com inúmeros planos de novos negócios, podemos afirmar que, aos 47 anos, André pensou, talvez pela primeira vez, seriamente em casamento.

André era um apaixonado pelos astros e todos os tipos de sincronismos que pudessem ser medidos de forma matemática, à maneira de certo pitagorismo em voga no século XIX, que Robert Daibert aborda em um de seus artigos sobre o pensamento do engenheiro. Ele abria todos os dias do diário com a descrição da conjunção de estrelas e planetas no céu de seu ângulo de observação.

Apesar disso, apenas duas vezes desenhou uma conjunção astral após um registro cotidiano. As duas vezes, em Petrópolis, ao final das anotações sobre um dia de domingo, em visita à casa do amigo Germano de Barros, na rua Nassau, n.º 7.

No primeiro registro, não menciona que o amigo tinha uma filha, uma jovem viúva de 21 anos, Josefina de Barros, com dois filhos menores, Diógenes e Abigail. Não registra sequer a presença dela no encontro social organizado pelo pai, com a presença de Rebouças e de Mlles Joana e Adelaide Vasconcelos, filhas do secretário da legação brasileira em Buenos Aires.

No domingo seguinte, Rebouças sairia pela primeira vez em passeio com o pai e a filha, e o diagrama dos astros se repetiria. Minha imaginação histórica não vê outra explicação para os astros desenhados. Rebouças buscava uma companheira para a vida. A jovem viúva poderia, talvez, aceitá-lo para amparar a ela e aos órfãos. O pai parecia estar de acordo. Naquele mês de agosto, os passeios a três se repetiram. Em uma das vezes, os órfãos os acompanharam. A jovem não deve ter concordado com a ideia. A amizade entre os homens se manteria, mas Josefina desapareceu dos registros de André. O alinhamento de Júpiter, Regulus e Vênus se tornaria para ele sinal de má fortuna. Ao reler o diário, em algum momento André reproduziu o desenho no topo da página dos dias 6, 7 e 8 de outubro de 1884, quando provavelmente foi decidida em Londres sua demissão da Minas Central Railway.

Nas várias entrevistas que fiz com a psicanalista Ana Maria Rebouças, sobrinha-bisneta de André, a questão da possível homossexualidade do engenheiro foi algumas vezes levantada. Ela sempre me dizia que não era essa a história que ficara na família. A que contavam é que ele havia se apaixonado por uma moça e que ela o havia recusado e, dessa recusa, ele nunca havia se recuperado. Em muitas décadas com a metodologia da história oral, mais uma vez reafirmo: a memória sempre tem razão, o desafio do historiador é descobrir que razão é essa.

Ao mudar-se novamente para Petrópolis, agora no Hotel Bragança, Rebouças mais uma vez buscava se reinventar. Desenhou a planta do hotel no *Letts Diary* de 1885 (ver p. 503), como havia feito com o Charing Cross, onde viveu em Londres, em 1883.

Estava convencido de que a derrota abolicionista era temporária e que a desobediência civil era a solução. Estava convencido de que não poderia haver modernidade ou civilização baseada na escravização de gente e na destruição da natureza. Como o trecho que escolhi para encerrar os diários transcritos neste volume demonstra, foi precursor de uma consciência ecológica no país. As fumaças que inundavam Petrópolis às vésperas da data da independência só podiam ser coisa de "canibais" escravistas.

Vale nos despedirmos dele com o seu segundo belo panfleto sobre os caminhos de ferro subterrâneos brasileiros. Não era pura fantasia.

2.º CAMINHO DE FERRO SUBTERRÂNEO

DO

Alto do São Francisco

AO CEARÁ LIVRE

—

Estação inicial... São Paulo; junto ao túmulo de LUIZ GAMA.

Segunda estação... Pirassununga.

Terceira estação... Cachoeiras de Mogi Guaçu

Quarta estação... Em pleno sertão, com rumo de nordeste; o sol deve amanhecer à direita, e cair, à tarde, à esquerda.

Quinta estação... Piumhi, nascentes do rio São Francisco; acompanhando sempre o belo rio, abundante de peixes e de frutos deliciosos.

Sexta estação... De um lado, Goiás livre; do outro o sertão da Bahia, onde não há "capitães do mato".

Sétima estação... Na Vila da Barra, onde começam as grandes cachoeiras do São Francisco.

Oitava estação... No Varadouro das águas do São Francisco para as do Parnaíba.

Nona estação... No Paraíso: no CEARÁ LIVRE.

R

ANEXOS

Artigos de jornal e cartas a Nabuco citados no diário

A reação escravocrata

A nacionalidade brasileira está mais uma vez sentindo quanto lhe pesam os usufrutuários dos escravizados e do monopólio territorial.

Foi assim em 1831 quando se intentou pôr termo à pirataria negreira; foi assim em 1852 quando Eusébio terminou com o tráfico de africanos; foi também assim em 1871 quando Paranhos, visconde do Rio Branco, conseguiu impedir que nascesse escravo no Brasil.

Sempre que esta nação empreende avançar no mundo moral, eles aí vêm, cheios de cólera e de raiva, na estulta intenção de fazer parar a locomotiva do progresso.

As pretensões escravocratas neste momento, excedem todos os limites possíveis. Elas pretendem fazer do abolicionismo um crime; querem puni-lo com deportação e degredo;

ousam pedir Fernando de Noronha para os chefes de um movimento, que só tem por fim terminar com a maior vergonha da pátria, e prepará-la para ocupar a sua verdadeira posição no continente americano.

Os clubes da lavoura querem ter polícia e milícia próprias para a sua defesa pessoal e para os ataques contra os abolicionistas. Amanhã chegarão até à loucura de se confederarem, como os estados do Sul, quando Abraham Lincoln assumiu a presidência da grande República.

Uma feição nova da reação escravocrata atual é o projeto de porem em estado de sítio, todos os abolicionistas, de tirar-lhes todos os meios de vida e de subsistência.

Eles querem realizar o dilema: *Ou ser escravocrata ou morrer de fome*.

Pois bem; tudo isso só fará despertar a dignidade nacional. Todos os homens de brio compreenderão que é impossível a continuação de um estado social permitindo a uma pequena minoria avassalar a nação inteira; e que é indispensável acabar, quanto antes, com o escravagismo e com o monopólio territorial.

A reação escravocrata, que fazem agora os fazendeiros e os comissários de café, está fornecendo importantes documentos para a abolição tanto do escravagismo como da landocracia. É impossível que uma nação livre permita que continue a subsistir uma classe que se julga assaz poderosa para obrigar o povo a calar o grito da consciência; para impedir todo o progresso moral; e pôr em estado de suspeição todos os que não pactuam com a instituição negra.

Ora, a propaganda abolicionista dirige-se principalmente à dignidade nacional.

Nós dizemos incessantemente — Vede bem; somos os últimos na América e no mundo civilizado a abolir a escravidão.

Quando se quer humilhar nossa pátria, o primeiro insulto, que se articula é: "*Império escravocrata; país de escravos*".

Pois bem: os homens da reação que julgam que esta nacionalidade ainda não está assaz humilhada pela sua posição excepcional no mundo civilizado; que só veem uma questão de interesse, onde os principais fatores são a justiça, a equidade e a moral; esses homens estão evidentemente cavando a ruína da classe, que pretendem defender, e preparando a vitória mais rápida e mais completa da abolição e da democracia rural.

Gazeta da Tarde, edição 135, 11 jun. 1884

Os escravos de sessenta anos

O *Rio News*, jornal norte-americano desta cidade, imprime, no seu número de ontem, o seguinte artigo editorial:

[...][1]

A coragem, a perseverança, a vigilância, o talento com que o editor do *Rio News*, o sr. A. J. Lamoureux, tem combatido a escravidão no seu jornal, número por número, desde 1879, dão-lhe direito de influir na marcha do partido abolicionista, e a tradução, que fazemos do seu artigo, é o reconhecimento da autoridade moral que ele tem adquirido. Com o fundo desse artigo estamos plenamente de acordo. É vergonhoso que se trate ainda de libertar os escravos *de sessenta anos* (!) e que o Governo apresente semelhante medida para *acelerar* o movimento emancipador no país. Mas, por outro lado, a lei atual não impede que o senhor lance na rua os seus escravos inutilizados, e o próprio *Rio News* tem chamado a atenção para praças judiciais de escravos cegos, paralíticos, alienados e maiores *de oitenta anos*.

A lei mesquinha, vergonhosa, infame mesmo, se se quiser, como expressão do grau de consciência moral do legislador neste ano de 1884, não é, todavia, cruel. Não desliga o senhor de nenhuma obrigação; não piora a sorte do escravo; pelo contrário faz morrerem livres *milhares* de escravos, que seriam de outra forma aproveitados até a última, e, como grande parte da escravatura foi matriculada por causa da lei de 7 de novembro de 1831 com maior idade do que a verdadeira, aproveita a um número respeitável de homes e mulheres válidos e robustos. Por outra os escravos são unanimemente em favor da lei e nós com eles: os senhores de escravos são quase unânimes contra a lei e nós contra eles.

É pouco; é miseravelmente pouco; é *infamemente* pouco; mas esse pouco os abolicionistas não têm o direito de recusá-lo, e nós sentimos que o *Rio News* cuja consciência abolicionista é tão clara e tão certa, pareça, sem o querer estar animando a resistência, que o escravagismo vai opor à proposta do Governo.

As pequenas concessões seriam perigosas se elas contentassem o abolicionismo; mas disso não há receio. Nós as aceitamos com o mesmo desprezo que o *Rio News* as rejeita, e não cessamos de pedir tanto como ele.

Gazeta da Tarde, edição 138, 16 jun. 1884

A evolução abolicionista

Mais um grande passo na estrada do progresso e da civilização! Mais um grande homem para o panteão nacional!

O dia 15 de julho de 1884 vai ser inscrito entre os mais gloriosos da história brasileira; para o senador Dantas é a data da sua entrada na imortalidade.

A evolução abolicionista, que iniciou-se, como aspiração nacional, muito antes da independência; que teve a sua primeira vitória em 1831 pela abolição do tráfico de africanos; que terminou com a pirataria negreira em 1852 graças a Eusébio de

Queirós; que libertou o berço com Paranhos, visconde do Rio Branco; vai agora libertar o túmulo pela enérgica devotação do senador Dantas.

Entre os dois eminentes estadistas baianos a história pátria assinalará uma singular antítese. Paranhos conseguiu que ninguém nascesse escravo no Brasil; a Dantas a glória de não morrer-se escravo depois de meio século de trabalhos!

Não se nasce mais escravo; não se morrerá mais escravo... — Só falta completar a evolução abolicionista pela frase: — *Não se viverá mais escravo*.

Para aqueles que reputam o Brasil uma grande fazenda de café; que não veem no escravo senão um instrumento para produzi-lo; para aqueles que não têm lágrimas para os sofrimentos de seus semelhantes; para todos esses será bem pouco a esperança de não morrer escravo, de não arrastar até a sepultura os grilhões do cativeiro... Mas para os que aspiram ver a pátria regenerada, nobre e grande, colocada entre as primeiras nações do mundo; para os que estão convictos que a injustiça da escravidão, a despeito de tudo, não pode tirar ao escravo a sua qualidade de homem; para os que têm compaixão e caridade; para todos nós há uma grande compensação na certeza de não morrer velho e escravo.

Já livramos do minotauro da escravidão as crianças; agora vamos livrar os velhos; amanhã será a vez das suas últimas vítimas.

Há quase treze anos foi votada a Lei Rio Branco; há seis funciona a propaganda abolicionista dizendo a todos os estadistas: *não há outra reforma que possa preceder a da abolição; é a única a apaixonar os brasileiros. Se quereis o bem da pátria, se quereis glória e renome completai a obra de Paranhos.*

Em boa hora subiu ao poder o senador Dantas, e teve logo a coragem de aceitar para si a gloriosa missão. Ontem desempenhou-se nobremente do compromisso que tomara perante o país e a humanidade.

Merece também elogios o comportamento dos abolicionistas neste crítico momento, cercando de simpatias e de adesões o eminente estadista. Aqueles que são acusados de petroleiros, provarão mais uma vez ao país a pureza das suas intenções; que não desejam senão lavar a grande nódoa da pátria pelos meios pacíficos e legais.

A evolução abolicionista segue assim majestosamente o seu caminho — *Rursus et ultra*. Cada vez mais e melhor.

Agora já é dado antever a brilhante aurora de uma pátria nova sem senhores e sem escravos; só tendo cidadãos trabalhando igualmente para o engrandecimento e prosperidade do Brasil.

Jornal do Commercio, edição 197, 17 jul. 1884.

Os libertos trabalham e progridem

A todo o momento estão os escravocratas a repetir argumentos terroristas contra a abolição, dizendo que os libertos irão morrer na ociosidade e na miséria. Debalde se lhes prova o contrário com as mais fidedignas estatísticas dos Estados Unidos e das colônias francesas e inglesas emancipadas.

Fecham os olhos e tapam os ouvidos a todas as provas e demonstrações, e continuam a repetir as mesmas falsidades.

No entanto, cumpriremos o — *Clama, itaque ne cesses*,[2] reproduzindo os preciosos dados estatísticos, fornecidos pela carta de 1.º de junho, de Nova York, do ilustrado correspondente deste jornal, tanto mais quanto refutam inexatidões proferidas no nosso Parlamento.

Ultimamente esteve aqui um deputado brasileiro que ao voltar para o Brasil fez na sua Câmara algumas observações inteiramente infundadas.

Disse, por exemplo, que os negros estão morrendo e não trabalham, não compreendendo como pudesse ter dito semelhante coisa quem se desse ao trabalho de compulsar as estatísticas oficiais do último recenseamento — e não há outra autoridade sobre tal assunto. A tabela de mortalidade nos Estados Unidos mostra com efeito que a proporção de mortes entre gente de cor branca é de 14,74 para cada 1 000 brancos, ao passo que é de 17,28 em número igual de negros. Mas, se o ilustre deputado tivesse ao mesmo tempo consultado a estatística dos nascimentos, para obter a única solução real e legítima, acharia que o aumento total da população deste país de 1870 a 1880 foi contando todas as raças, de 30,08%. Todavia, ao passo que o aumento da população branca (apesar da enorme imigração) foi apenas de 29,20%. O da população negra chegou a 34,67%.

Os algarismos exatos são estes:

Brancos	1870..	33 592 245
	1880..	43 402 970
Negros	1870..	4 886 387
	1880..	6 580 793

Por conseguinte, não se pode dizer que os negros estão desaparecendo. Pelo contrário, já dei conta do artigo que há um ano escreveu no *Science Monthly* o professor Gilman, o qual, à vista do recenseamento, mostra que dentro de algumas décadas os negros serão mais numerosos do que os brancos neste país se continuar na mesma proporção a reprodução da sua raça.

Agora, quanto a não trabalharem os negros é assunto de que já tenho tratado muitas vezes. Os estados do Sul, é bem sabido, só recebem uma parte insignificante da imigração europeia, — não falando do Texas. Entretanto as suas colheitas de algodão desde o princípio da guerra civil têm sido as seguintes, em fardos:

1861	3 656 606
1866	2 193 987
1870	3 154 946
1876	4 669 288
1880	5 757 397
1881	6 580 329
1882	5 435 845
1883	6 959 000

De onde é que têm vindo os braços para estas acrescidas colheitas? Quem é que hoje produz algodão no Sul? Demais, basta consultar as estatísticas das escolas e das caixas econômicas especiais dos negros para reconhecer de relance que os negros estão trabalhando, e trabalhando muito bem.

Jornal do Commercio, edição 199, 19 jul. 1884.

Abolição e imigração

Duas propagandas agitam neste momento o Brasil em sua vastíssima extensão: — a propaganda abolicionista e a da imigracão.

De par com elas avança uma outra propaganda — a da subdivisão do solo para dar propriedade territorial aos imigrantes, à população rural brasileira e aos libertos.

A abolição, considerada do mais alto ponto de vista moral, é a expiação e o crime omnímodo e secular da escravidão: é a restauração da dignidade nacional, é o complemento da independência do povo brasileiro.

A imigração europeia, com propriedade territorial, tem por fim a reforma do obsoleto sistema agrícola, fundado na exploração brutal da escravidão e no esgotamento do solo.

Os imigrantes livres e independentes, ensinarão aos nacionais e aos libertos as boas práticas da cultura intensiva, múltipla e variada, e acabarão com os erros atuais de lavrar terra como se fosse exploração de uma mina de ouro, ou de diamantes.

A experiência está feita nos núcleos coloniais, já formados. Os pequenos lavradores abastecem os mercados de toda sorte de gêneros alimentícios; à penúria, produzida pela grande lavoura, com o seu erro de só produzir um artigo, sucedem a abundância e a variedade.

Ao lado dos imigrantes europeus estabelecem-se os nacionais, que deles vão recebendo as lições, e em breve competem com eles no trabalho e na produção.

A abolição dará o liberto, que fará a evolução a proprietário territorial, percorrendo os degraus do salariado e da parceria conforme a sua capacidade.

Pela abolição e pela imigração constituir-se-á uma *Pátria-Nova*, em que não haverá mais senhores e escravizados; opressores e oprimidos; tiranos e vítimas.

A produção nacional multiplicará de valor; a terra será melhor lavrada; seus produtos mais bem preparados.

O lavrador proprietário trabalhará com a energia de quem está plantando o futuro de seus filhos: saberá que todos os seus esforços serão recompensados pelo bem-estar próprio e daqueles que mais estima; e isto multiplicar-lhe-á as forças.

No estado miserável do trabalho agrícola pelo escravizado há sempre dois interesses em conflito: o do senhor que deseja a maior soma de trabalho alheio e o do escravo, que intenta reduzir ao mínimo esta expoliação. Desse conflito resulta que a terra é mal cultivada, seus frutos imperfeitamente colhidos, e que, portanto, a produção é reduzida ao mínimo.

Os terrores dos escravocratas sobre o futuro nacional não têm o menor fundamento.

A abolição e a imigração são duas reformas eminentemente econômicas e financeiras; ambas querem aumentar e aperfeiçoar os agentes da produção, e, consequentemente, aumentar a riqueza e o bem-estar da nacionalidade brasileira.

Quem nos atrasa, quem nos impede de progredir, é o erro de querer por força que continuem a desgraçar esta nacionalidade uma instituição bárbara [...] o movimento progressista de nossa pátria.

Gazeta da Tarde, edição 167, 21 jul. 1884.

Os refratários

Há poucos dias um ilustre deputado abolicionista lembrava os condenados do inferno de Dante, que têm as caras voltadas para as costas, para simbolizar os refratários do escravagismo.

Infelizmente encontram-se, nas duas casas do Parlamento, personalidades moralmente assim conformadas; que só têm olhos para o passado; que só veem para trás, e para as quais impossível é enxergar no horizonte as róseas nuvens da aurora do novo dia.

Para eles o escravo é um simples objeto, que se pode comprar e vender como qualquer outro. Só falam no direito de propriedade do senhor, esquecendo-se de que a escravidão é a mais pungente negação deste direito, sendo a constante espoliação da propriedade mais sagrada — a do trabalho.

Assim é que confessam que o escravo de sessenta anos tem pago dez a vinte vezes o preço porque foi comprado; no entanto exigem ainda indenização, *só*, dizem eles, *para que não seja atacado o direito de propriedade*.

Alguns levam esse fanatismo pela atroz exploração do homem pelo homem ainda mais longe.

Quando o Rio de Janeiro celebrava em uma expansão de júbilo, como jamais exibiu, a libertação do Ceará; quando por toda a parte só havia música, flores e aplausos à primeira província livre, disse o sr. Andrade Figueira:

"Só sinto não poder revogar a lei de 28 de setembro, e restituir os ingênuos aos *seus legítimos* senhores."

Esse qualificativo *legítimo* caracteriza por si só um refratário a todos os sentimentos de altruísmo e de caridade, que honram a espécie humana.

Quão diferente era o coração de Torres Homem, que amparava os ingênuos e estigmatizava seus escravizadores com a célebre frase: — "A pirataria, em torno dos berços, ainda nas águas da jurisdição divina!".

Ultimamente, em um aparte às declarações do sr. Taunay, disse o sr. Andrade Figueira: — "Sou um vencido de 1871; mas ainda não convencido".

Assim, pois, passaram-se treze anos depois da Lei Rio Branco, e eles não tiveram força para convencer o sr. Andrade Figueira. Não realizou-se nenhum dos seus terríveis prognósticos de 1871, e no entanto o senhor é *legítimo* proprietário do ingênuo.

Quiséramos poder colocar em frente a esses refratários da escravidão alguns dos libertos dos Estados Unidos, que têm alcançado uma posição no Parlamento, e perguntar se são ou não homens, esses que souberam elevar-se desde as plantações do Mississippi até o Congresso da grande República? Devem também eles ser restituídos a seus *legítimos senhores*?!

Por mais que se obstinem os refratários, há no escravo um homem capaz de direitos e obrigações; apto para o progresso e para a civilização. O demônio da escravidão degradou e aviltou esse homem; mas a liberdade há de restaurá-lo e colocá-lo na sua devida posição.

A evolução abolicionista há de completar-se em nossa pátria; poderão recusar o Projeto Dantas; mas impossível lhes será impedir que amanhã outro projeto mais radical venha terminar com a vergonhosa exceção de ser o Brasil a única nacionalidade americana a conservar a atroz instituição da escravidão.

Gazeta da Tarde, edição 173, 28 jul. 1884.

Carta a Nabuco, 11 de novembro de 1884

O engenheiro André Rebouças
Rio 11 novembro 1884

Meu querido Nabuco

Muita e muita satisfação deu-me sua boa cartinha de 2 novembro, cheia de esperanças na vitória eleitoral. Comuniquei tão gratas notícias a todos os nossos amigos e confiamos todos que a causa da abolição terá no próximo Parlamento o seu mais eloquente defensor.

Está você dando um novo exemplo e excelente lição a este país, onde o pleito eleitoral reduziu-se ou a uma imposição de chefes, ou a um mendigar de votos da maior humilhação para o candidato. Uma eleição, pleiteada a Gladstone, é verdadeiramente um benefício, feito ao eleitorado e aos futuros candidatos.

Foi da melhor inspiração sua candidatura pelo Recife. Aqui no Rio não há elementos nem para produzir a emoção que estás causando em Pernambuco.

Verás pelos jornais que todos os candidatos liberais vão mal e que todas as probabilidades são pelos candidatos do Paulino da última hora.

Saudades muitas de toda a Família Abolicionista e ainda mais

Do seu de coração
André

Carta a Nabuco, 1.º de janeiro de 1885

O engenheiro
André Rebouças
Rio 1.º janeiro 1885

Meu querido Nabuco

Venho dar-lhe o mais fraternal abraço e pedir ao bom Deus que lhe conceda todas as suas bênçãos no novo ano de 1885.

A Família Abolicionista cada vez lhe aprecia mais. Seu comportamento em Pernambuco, lutando herculeamente contra tantas dificuldades, tem nos enchido do mais justo orgulho.

Nós esperamos que o escrutínio de 9 de janeiro lhe conceda maioria indiscutível, que você nos voltará avante de prestígio e de glória.

Além da redenção de um milhão de cativos tens este ano uma grande missão a cumprir: — a paz pela arbitragem.

Talvez sejamos obrigados a fundar uma "Sociedade dos Amigos da Paz" — para essa propaganda, que nos evitará uma guerra aniquiladora com a República argentina.

Coragem! Meu bom amigo!

Sua entrada no Parlamento é atualmente uma necessidade nacional para sua honra pela abolição e para sua prosperidade pela paz.

Sempre muito do coração
André

Patriotismo e imigração

Dentre as acusações feitas à Sociedade Central de Imigração, nenhuma é, por certo, mais infundada, do que a de falta de patriotismo; no entanto, repetem-na incessantemente, sob todas as formas, por saberem a impressão que sempre ela causa nos espíritos menos preparados para a solução dos grandes problemas sociais.

O patriotismo, como todos os sentimentos humanos, tem evolucionado e se aperfeiçoado com o correr dos séculos. Hoje distingue-se *bom patriotismo* e *mau patriotismo*, para o qual se criou a expressão neológica — *nativismo*.

O patriotismo antigo, o que agora denominamos mau patriotismo, tinha por principal fundamento o ódio ao estrangeiro. Em muitas línguas exprimia-se pela mesma palavra inimigo e estrangeiro. O patriotismo romano foi a mais exagerada expressão deste sentimento bárbaro, exclusivo e egoístico. Para eles o mundo inteiro devia ser escravo de

Roma, A clássica frase: — *civis romanus sum*[3] — resume a estulta pretensão de supor-se superior ao resto da humanidade, pelo simples fato de ter nascido em Roma.

O pretensioso plano dos romanos realizou-se; conseguiram assenhorear-se do mundo então conhecido: mas a reação foi mais rápida e mais violenta do que havia sido a conquista, obtida por longos séculos de malevolência, de intriga, de espoliação, de guerra e de absorção.

Recordemos, como um traço característico do extremo a que chegou essa reação, que o Império romano ficou reduzido à simples cidade de Roma, e essa mesma defendida, durante muitos anos, por uma guarnição francesa, pelos descendentes desses mesmos gauleses que tanto haviam combatido e vilipendiado.

Na Idade Média domina o patriotismo romano, requintado pela barbaria das raças invasoras.

Ainda na época do Renascimento predominam as mesmas ideias de ódio ao estrangeiro, de absorção e de conquista das nações vizinhas.

O famigerado *Príncipe* de Maquiavel, o compêndio de política desse tempo, é ainda ditado pelo patriotismo romano, acrescentando aos seus bárbaros meios de conquista as cavilosas anexações por meio de casamentos, doações e heranças mais ou menos forçadas.

A descoberta do caminho marítimo das Índias e da América chamou a atenção da Europa para os assuntos comerciais.

O patriotismo romano converteu-se na desgraçada doutrina da balança do comércio, do predomínio dos mares e do sistema colonial, que tantas guerras têm custado, e, infelizmente, ainda estão custando à humanidade.

Para os protecionistas, para os fanáticos da fitocracia o estrangeiro passou a ser o inimigo industrial. Seu falso patriotismo manda repelir o produto estrangeiro como um agente de miséria para a própria terra natal.

É na aurora de 1789 que esses erros começaram a ser tenazmente combatidos. Foram os fisiocratas os primeiros a demonstrar a solidariedade de todas as nações; que a prosperidade de uma é inteiramente ligada à de todas as outras.

É glória imorredoura de Gournay,[4] de Turgot,[5] de Quesnay[6] e de seus amigos, terem provado que é pela paz, pela harmonia, pelo comércio com o estrangeiro, que a pátria pode conseguir o mais alto grau de progresso e de bem-estar. Quem primeiro compreendeu a América, — o Novo Mundo —, como terra predestinada para receber o excesso de população da Europa, foi Benjamin Franklin.[7] Sua pátria realizou, em toda a sua generosa intenção, esse filantrópico programa; e bastou-lhe um século de independência para adquirir tal grau de riqueza e de prosperidade, como jamais fora atingido por nação alguma.

A primeira condição a realizar para o bom êxito da imigração está em fazer calar todos os bárbaros instintos do mau patriotismo; do nativismo, exclusivo, tacanho e mesquinho.

Cumpre ver no imigrante um irmão que vem trabalhar ao nosso lado na organização de uma nova pátria, tão grande em tudo e por tudo, como é vasto o território que lhe concedeu o Onipotente.

Quando a Sociedade Central de Imigração cumpre o dolorosíssimo dever de levar ao tribunal público da imprensa os excessos cometidos pelos potentados territoriais, no uso e no abuso da fatal lei de locação de serviços, faz ato da mais patriótica abnegação.

Quisera só ter elogios a publicar; aspiro poder enviar cotidianamente para o Velho Mundo, ao lado dos esclarecimentos sobre a fertilidade e boas condições higiênicas dos núcleos de imigração, as mais gratas notícias do bem-estar dos imigrantes e dos sentimentos fraternais, com que são recebidos por todos os brasileiros.

Não suponham pessoas de boa-fé, que estas publicações aumentem o descrédito de nossa pátria na Europa; bem, pelo contrário, estão elas demonstrando ao Velho Mundo que há no Brasil um grupo de homens, que porfiadamente combatem pelas ideias mais generosas e filantrópicas do século: que o imigrante pode vir seguro de encontrar, não só a proteção de seus cônsules e agentes diplomáticos, como também a das sociedades de imigração, prontas a defenderem o recém-chegado contra todos os abusos dos exploradores de seus semelhantes.

Não há obra mais patriótica do que a empreendida pela Sociedade Central de Imigração. O Brasil tem superfície assaz vasta para conter centenas de milhões de habitantes.

Anhelamos que esse Brasil do futuro seja ocupado pela raça atual melhorada, aperfeiçoada, acrisolada pela concorrência com as raças mais ativas e mais inteligentes da espécie humana; que todos juntos formem uma só família capaz de realizar os mais grandiosos projetos compatíveis com as condições naturais do homem e do planeta em que vivemos.

Gazeta de Notícias, edição 87, 28 mar. 1885.

Auguste de Saint-Hilaire e a escravidão

Serão lidas com interesse, no momento atual, as seguintes palavras do exímio viajante, que tanto estudou e amou o Brasil. São extraídas do vol. 2.º, p. 187, da *Segunda viagem*:

> Julgar-se-á, talvez, que havendo proprietários, que não se envergonhem dos trabalhos manuais da agricultura, os escravos sejam tratados com brandura, como companheiros dos homens livres. Infelizmente assim não acontece. Querem fazer açúcar; cada ano ambicionam fabricar mais; e para isso

acabrunham os pretos de trabalho, sem se importarem dos prejuízos que sofrerão, abreviando os dias desses infelizes.

Há grande número de fazendas, nas quais, todos os anos, se veem escravos doentes, por excesso de castigos corporais; ao mesmo tempo que estão sempre à procura dos escravos, que tentaram pela fuga livrar-se da mais insuportável das existências. Quando se principiou a tratar de abolir o tráfico dos africanos, o Governo aconselhou aos proprietários que casassem seus escravos; alguns seguiram este conselho, mas logo depois replicaram que era inútil dar maridos às escravas, quando elas não podiam conservar os filhos. Efetivamente, apenas davam à luz, eram as mais obrigadas a trabalhar nas plantações de cana-de-açúcar, sob um céu ardente, e, quando, depois de ter estado grande parte do dia, longe dos filhos, lhes era permitido voltar para junto deles, não podiam dar-lhes senão um leite envenenado. Como haviam de resistir estas débeis criaturinhas às cruéis misérias com as quais a imprevidente avareza dos brancos cercava seu berço?

[...][8]

O volume do qual fizemos este extrato foi impresso em 1833, há, portanto, 52 anos!

As criancinhas, nascidas então, têm passado mais de meio século no atroz regime de criação sem leite materno; de prisão perpétua no quadrado das senzalas; de trabalhos forçados, sob o azorrague do feitor, sem salário e, às vezes, até sem roupa nem alimento...

A hedionda instituição que horrorizou St.-Hilaire, Darwin e todos os homens de coração que visitaram este país, continua a subsistir, para vergonha, opróbrio e aviltamento nacional.

E ainda há quem sustente se deve indenização aos que usufruíram o trabalho de seus semelhantes até a idade de sessenta anos...

E ainda há quem se oponha a esta obra de reparação, pela qual estão bradando todos os sentimentos da humanidade!

E, fato estupendo, há liberais que se obstinam em pôr obstáculo a um sistema de providências que ainda deixaria à escravidão não menos de um decênio!

Ah liberais! Liberais! Que noção tendes da índole do vosso partido!

Gazeta de Notícias, edição 109, 19 abr. 1885.

Tranquilizemos a lavoura

A senha política atual é — *Tranquilidade para a lavoura*.

A Fala do Trono o disse, e não seremos nós, pobres escrevinhadores, que iremos negar o que afirmam as autoridades constituídas.

É preciso, pois, que fiquemos bem convencidos que a lavoura, ou melhor, em tecnologia abolicionista para que os nossos possam bem compreender, a aristocracia territorial escravocrata, está irrequieta, turbulenta e revolucionária.

Agora sim, fica ao alcance das nossas inteligências, e somos nós os primeiros a dizer às autoridades constituídas: "Tranquilizai a lavoura", e, principalmente, aos seus procuradores oficiosos, que estão em Campos fazendo toda a sorte de tropelias, abusando da conivência dos juízes e da força militar para injuriar, desrespeitar e prender aos abolicionistas.

O heroico abolicionista Carlos de Lacerda sofreu insultos e humilhações sem número: sua casa foi invadida, a família e o lar domésticos desrespeitados pelos janízaros do mais sanhudo escravagismo.

Ele mesmo foi arrastado à cadeia, apesar das regalias que lhe confere o oficialato da Rosa. O juiz teve a ousadia de escrever no despacho "Recolham à cadeia o *comendador* Carlos de Lacerda".

Tudo isso ficará impune, como todos os crimes e atentados da aristocracia escravocrata; como a queima de escravizados nas fornalhas dos engenhos, como a remessa de cadáveres dos assassinados em caixas de açúcar para o Havre e para Liverpool!...

A *espada da justiça* do sr. Afonso Pena não é para os senhores feudais.

A Lei Rio Branco havia prometido que os juízes visitariam as fazendas do café e os engenhos de açúcar para providenciar pelo bem-estar dos ingênuos e dos escravizados.

Promessa benéfica e humanitária que jamais foi cumprida...

Qual o juiz que ousou penetrar nos castelos feudais dos barões do escravagismo?

São passados catorze anos depois da Lei 28 de setembro, e não há um só exemplo de juiz que fosse arrancar as vítimas dos quadrados das senzalas, dos troncos, das gargalheiras, dos vira-mundos e dos tormentos inúmeros, inventados pela ferocidade landocrática...

Pois bem! Carlos de Lacerda teve o heroísmo de dar execução, pela primeira vez neste Império, à Lei Rio Branco... O dever que a magistratura não cumpriu por medo dos escravocratas linchadores e mashorquistas [sic], o denodado abolicionista realizou em um momento de entusiasmo e de generosa devotação.

Tranquilizemos a lavoura chamando-a ao cumprimento da lei; demonstrando-lhe que há muita luz no século XIX para esclarecer os povos e convencê-los de que a aristocracia territorial-escravocrata é instituição mais bárbara e mais absurda do que o feudalismo destruído pela Revolução de 1789.

Tranquilizemos a lavoura... Sim... pela abolição, pela imigração, ou, em uma só palavra pela DEMOCRACIA RURAL.

Gazeta da Tarde, edição 134, 13 jun. 1885.

Dantas-Saraiva

Queixa-se incessantemente o sr. Saraiva aos seus íntimos da oposição do que lhe faz a imprensa democrática e progressista do Rio de Janeiro e de todas as províncias.

Sua preocupação é demonstrar e provar que o "projeto aberto é mais adiantado" do que o Projeto Dantas.

Infelizmente para o malfadado sucessor do glorioso redentor dos inválidos do escravagismo, o prodigioso talento de Rui Barbosa, na memorável conferência abolicionista de 7 de junho de 1885, empreendeu e realizou, brilhante e exuberantemente, a severa e minuciosa crítica do famoso projeto...

Hoje não é mais possível iludir a nação brasileira. A democracia abolicionista e imigrantista tem à sua frente os maiores, os mais fecundos, e os mais laboriosos talentos da geração atual. Lá se foram os desgraçados tempos, em que os piratas negreiros conseguiram embair o povo, e fazer do hediondo tráfico de africanos uma questão de pundonor nacional... Quando ser abolicionista era ser "inglês"; e dava-se prova de brasileirismo mandando as fortalezas atirar sobre os cruzadores ingleses...

Mercê de Deus! Já passaram os tempos em que deputados, em sessão secreta do Parlamento, pediam a aliança dos Estados Unidos, então escravagista, para fazer guerra à Inglaterra, que não os deixava mercadejar carne humana através do oceano Atlântico.

Hoje... Bastou que o farol do gênio de Rui Barbosa iluminasse o povo, para que ele visse nos escaninhos do ominoso projeto a hipócrita revogação da lei de 7 de novembro de 1831, o sonho dourado do sr. Moreira de Barros; a eliminação da melhor parte da Lei Rio Branco; a restituição, talvez, dos ingênuos *aos seus legítimos senhores*, como anhela o sr. Andrade Figueira; a perseguição aos abolicionistas com prisão injuriosa, como a do benemérito Carlos de Lacerda, e multa de conto de réis, imposta pelos chefes de polícia, "*ex informata conscientia*", sem nota, sem processo, sem culpa formada, sem trâmite algum judicial, em flagrante contradição a um dos mais salutares preceitos da Constituição brasileira!...

É esse projeto feudal e aristocrático, reescravizador e reacionário, imoral e bárbaro, que indeniza o espoliador da propriedade mais santa — o trabalho — e aperta os grilhões dos sexagenários dos eitos e das senzalas; dos miseráveis, que a morte teve a ferocidade de deixar vivos no inferno do tronco, das gargalheiras, das máscaras de ferro e dos vira-mundos... É esse *projeto aberto* a todas as fraudes dos recoveiros do escravagismo; animador dos linchadores de escravizados e dos mashorquistas [sic] dos juízes e dos jurados; perseguidor dos abolicionistas e de todos os homens de coração... É esse projeto que ousa querer sobrecarregar a nacionalidade brasileira de uma dívida de 700 mil contos de réis, em favor tão somente da landocracia monopolizadora e escravagista e da plutocracia insaciável dos sindicatos de café... É esse projeto, que se pretende cognominar de *abolicionista e adiantado*!!...

Mas realmente, José Bonifácio, já vos disse: vós não tendes a índole democrática e abolicionista; vós vindes dos eitos e das senzalas; vós pertenceis à aristocracia territorial; sois réus e não podeis ser juízes; sois escravizadores e não podeis ser libertadores...

Pertence a outros a missão sacrossanta de remir a nação brasileira do crime omnímodo de três séculos, e de fundar uma nova pátria sobre as eternas bases da justiça, da equidade e da moral; da Liberdade, da Igualdade e da Fraternidade

Gazeta da Tarde, edição 136, 16 jun. 1885.

Confederação Abolicionista — Máximas e preceitos fundamentais[9]

(1.º Decálogo)

I

A escravidão é um crime.

II

O detentor de escravizado é um portador de moeda falsa. — João Cordeiro.

III

O escravizado é ainda mais comprometedor do que a moeda falsa; é um documento irrecusável, um corpo de delito vivo de uma série de crimes cometidos na África, em pleno oceano e por todo o Império do Brasil. (R.)

IV

A Constituição do Império não reconhece o escravo.

V

José Bonifácio, o fundador desta nacionalidade, era radicalmente abolicionista. Pertence-lhe a justa profecia:

— Com a escravidão nunca o Brasil aperfeiçoará as raças existentes. (R.)

VI

Leis e regulamentos feitos por escravizadores, por traficantes e piratas negreiros, por seus clientes, e por seus parentes não têm valor algum moral e positivo. (R.)

VII

A escravidão atual, bárbara na origem, bárbara na lei, bárbara em todas as suas pretensões, bárbara nos instrumentos de que se serve, bárbara em suas consequências, bárbara de espírito, bárbara onde quer que se mostre, ao passo que cria bárbaros desenvolve, em toda a parte, tanto no indivíduo como na sociedade a que ele pertence, os elementos essenciais dos bárbaros. — Senador Charles Sumner.

VIII

É uma estultice, é inteiramente cínico, falar o escravizador em direito de propriedade, quando ele é um pirata confesso, roubador de homens, mulheres e crianças nas costas da África; caloteiro secular do salário de seus operários; usurpador incorrigível da propriedade mais santa: — o produto imediato do trabalho dos seus escravizados. (R.)

IX

São os escravizadores os verdadeiros culpados das faltas, dos erros, dos delitos e dos crimes dos escravizados. São os escravizadores que não permitem a suas vítimas ter noção alguma positiva de moral, de justiça e de equidade. São os escravizadores que condenam a galés perpétuas as inocentes criancinhas, ainda nos ventres das próprias mães...

X

Como todos os crimes, a escravidão tem a punição moral do remorso.

Não há homem, digno desse nome, que ao morrer não restitua à liberdade seus escravizados, e não lhes deixe um pedaço da terra que fertilizaram com o seu suor e o seu sangue.

Pirataria negreira

Lê-se na Gazetilha do *Jornal do Commercio*:

> FUNDO DE EMANCIPAÇÃO — Escrevem-nos:
> Ao final do artigo da Gazetilha de hoje, sob o título — "Fundo de emancipação" — cumpre-me declarar que muitos escravos classificados já se achavam libertos, e se não foram eliminados da classificação foi por não constar ou não ter sido requerida

a competente averbação na matrícula (!!!); portanto, poucos restam dependentes de arbitramento judicial, e isto mesmo, não porque o representante da fazenda levantasse obstáculos a preços razoáveis, mas sim porque os respectivos senhores "não compareceram" sendo por isso impossível entrar em qualquer acordo, e "serem alguns residentes em lugares fora do município neutro", para onde foi preciso expedirem-se precatórias. Rio, 1 de agosto de 1885. — o procurador dos feitos, *A. Verissimo de Matos.*

Eis aí um documento oficial, demonstrando que há senhores residentes fora do município neutro e seus escravizados com matrícula na Corte.

O mais comum é o inverso; escravizado com matrícula na roça e alugado a 50$000 por mês, para cozinheiro no Rio de Janeiro.

Que bela *produção de café*, sr. Ramalho Ortigão!

E quando é ama de leite de 80$000 por mês?!...

Gazeta da Tarde, edição 178, 6 ago. 1885.

Álvaro de Oliveira

Lemos com o maior estremecimento no *Jornal do Commercio* de 19 de agosto de 1885:

> Centro Abolicionista da Escola Politécnica — O dr. Álvaro de Oliveira pediu demissão do lugar de presidente; porque tendo resolvido "combater com a sua responsabilidade individual pela abolição imediata" não queria ser embaraçado no exercício daquela responsabilidade pelo cargo de presidente do Centro Abolicionista da Escola Politécnica, cargo que resigna, cheio de maior gratidão pelo centro, ao qual continuará a prestar todos os esforços na propaganda traçada pelos respectivos estatutos.

O ato de heroísmo do imortal presidente-fundador do Centro Abolicionista da Escola Politécnica será comemorado pelos vindouros com a bela lenda da Jangada Libertadora de sua terra natal. Não há dúvida que é invencível o partido que é dirigido por chefes de tão exímia abnegação.

Gazeta da Tarde, edição 194, 25 ago. 1885.

1838

13 DE JANEIRO _ Nasce André Rebouças, filho de Antônio Pereira Rebouças e Carolina Pinto Rebouças, na cidade de Cachoeira, na província da Bahia. O casal ali morou enquanto Salvador se encontrava conflagrada pela rebelião conhecida como Sabinada (novembro de 1837-março de 1838). Segundo Ana Flora e José Ignácio Veríssimo, em 1.º de janeiro de 1893, André registrou em uma folha isolada o seguinte relato sobre o seu nascimento:

> *Meu bom pai inscreveu-me no Livro da Família: no dia 13 de janeiro de 1838, nasceu na cidade de Cachoeira nosso primeiro filho varão, que nós chamamos André Pinto Rebouças, ele esteve na Cachoeira perigosíssimo de bexigas, e, por cautela, foi batizado em casa de nossa morada pelo Rev.mo Vigário. Este assento é feito hoje 23 de setembro de 1838.* [p. 11][1]

1846

_ A família muda-se para o Rio de Janeiro, onde o pai assumiria novo mandato de deputado-geral pelas províncias da Bahia e Alagoas.

16 DE FEVEREIRO

> *Emigra a família Rebouças da Bahia.*

22 DE FEVEREIRO

> *Chegamos da Bahia no paquete nacional* S. Salvador*: meu pai me ensinara em casa as primeiras letras e ao meu irmão Antônio.*

Moramos à rua de Matacavalos n.º 64 (sobrado de cinco janelas de grades de ferro, pertencente à família do grande Eusébio); atualmente (1881) é a rua do Riachuelo n.º 72 e está subdividido em duas ou três habitações. [p. 13]

1847-48[2]

Durante estes anos estudei português, caligrafia e primeiras operações no colégio de Tertuliano Valdetaro, então provedor da Casa da Moeda, no campo de Santa Ana, em casa, onde esteve até agosto de 1869 a Secretaria dos Estrangeiros.

1849

Durante este ano estive sempre com o meu irmão Antônio, que pela primeira vez se separou de mim a 28 de dezembro de 1863 em Santa Catarina, no Colégio Curiacio... Principiei o estudo de latim, chegando a traduzir as Elegias de Ovídio.

_ Primeira invasão de febre amarela no Rio de Janeiro e no Brasil.

1850

_ Ano da grande epidemia de febre amarela na Corte. André, aos doze anos, é transferido pela família para Petrópolis, onde passa a estudar no Colégio Köpke.

21 DE DEZEMBRO

Recebi nesse dia os quatro primeiros prêmios das aulas de matemática, história, geografia e francês.

Foi meu professor de matemática o barão de Schneeburg; os outros foram assinados pelo professor A. J. *de Groof. Conservo preciosamente três desses prêmios; o quarto me foi perdido em São Paulo por meu amigo Francisco Paulo de Melo Barreto, que aí faleceu ainda estudante.*

Foi meu professor de religião e primeiro confessor o missionário do Tibete — padre Gabet. Morreu de febre amarela na ilha das Cobras.

1852

_ Novamente transferido para a Corte em 1852, onde passa a frequentar o Colégio Marinho. Lá termina seus estudos de latim, geografia, inglês e grego. O colégio, de grande prestígio na Corte, era dirigido pelo padre José Antônio Marinho, mais um "homem de cor", nos termos da época, liberal e com ativa participação política. Teve passagem pela Revolta de 1842 e pela Confederação do Equador (1824), em que pegou em armas contra o governo central. Além de advogado e redator de periódicos, o sacerdote atuou como professor de filosofia e foi parlamentar.

Estudei filosofia tendo como professor Francisco de Sales Torres Homem, depois ministro e conselheiro d'Estado, o visconde de Inhomirim.

Estudei grego no colégio, em casa aperfeiçoava-me com o meu irmão Antônio em todos os outros preparatórios para os exames de entrada no curso da Escola Militar, depois Central, e hoje Politécnica, sempre sita no largo de São Francisco de Paula.

1854

_ Ao concluir o secundário, aos dezesseis anos, é aprovado em quinto lugar (entre 114 candidatos) nos exames de admissão para o curso de engenharia na Escola Militar de Engenharia, no largo de São Francisco.

1855

29 DE JANEIRO

Sentei praça com o meu irmão no 1.º Batalhão de Artilharia a pé, então aquartelado no largo do Moura (e ceifado pelo cólera-morbo. O general Tibúrcio, então segundo-sargento, servia de enfermeiro).

_ Primeira invasão do cólera-morbo no Brasil. Mata 4 mil no Rio de Janeiro e 200 mil em todo o Brasil.

1856

17 DE NOVEMBRO

Apresentei-me ao serviço militar no 1.º Batalhão e nesse dia entrei no ensino de recruta. Guardo ainda a triste recordação das guardas, que montei no Paço da Cidade, de um funeral ao qual fui de arma ao ombro, de um célebre passeio militar em ordem de marcha, com mochila, etc., ao Jardim Botânico.

Durante este mês expliquei muitos pontos de exame. Guardo uma curiosa lista de todo o meu trabalho de explicador até março de 1858.

1858

11 DE DEZEMBRO

Aprovado plenamente com o grau 9 em botânica sendo meu lente, o ilustre dr. Francisco Freire Alemão, que propusera grau 10 (Distinção).

16 DE DEZEMBRO

Requeri minha fé de ofício para apresentar na Escola de Marinha e poder entrar em concurso para vaga de substituto da seção de matemáticas. Na aversão, que tinha à vida militar, e no amor ao professorado, recorrera a esse meio para deixar de ir para a Escola Militar e de Aplicação no internato da Fortaleza da Praia Vermelha. A Congregação da Escola de Marinha decidiu que só fossem aceitos os formados nessa Escola.

1859

4 DE FEVEREIRO

Matriculei-me na Escola Militar e de Aplicação.

1860

DEZEMBRO

Requerimento pedindo concurso para ir estudar na Europa à custa da Escola, como determinava o regulamento de então.

1861

28 DE JANEIRO

Aviso concedendo licença para ir à Europa, estudar, durante dois anos, teoria [sic] e praticamente engenharia civil, com os mesmos vencimentos, que teria se ficasse na Escola Central do Rio de Janeiro.

FEVEREIRO _ Parte em viagem de estudos à Europa (França e Inglaterra), no paquete francês *Bearn*.

24 DE MARÇO _ Chega a Paris, onde estuda na Escola de Pontes durante todo o ano.

1862

30 DE ABRIL _ Chega à Inglaterra, que visita pela primeira vez, e desenvolve estudos em Londres, Liverpool e Manchester. Volta a Paris e retorna a Londres, onde permanece de julho a setembro, durante a Exposição Universal, quando termina o texto "Estudos sobre portos do mar", escrito com o irmão Antônio.

22 DE NOVEMBRO _ Retorna ao Brasil no paquete francês *Navarre*.

1863

Nomeado pelo ministro da Guerra Polidoro Jordão para examinar as fortalezas desde Santos até Santa Catarina, com meu irmão Antônio Rebouças, por ocasião do conflito Christie. Foram-nos marcados os vencimentos de 200$000 mensais. [p. 17]

1864

MARÇO A DEZEMBRO _ Viaja ao norte do Brasil, comissionado para fazer o estudo do dique e do porto do Maranhão, com orçamento das obras necessárias. Durante a viagem, visita os portos de Recife, Paraíba e Ceará.

1865-66

Alista-se como voluntário da pátria na guerra contra o Paraguai. Doente de pneumonia e "bexigas", retira-se do Exército e retorna ao Rio de Janeiro em julho de 1866.[3]

1867-71

_ Esteve à frente das obras das Docas da Alfândega e ajudou a construir os marcos legais para a privatização dos portos no país (lei n.º 1746, de 13 de outubro de 1869).

1868

_ Declara-se abolicionista de coração em um discurso público na Escola Politécnica, onde atuava como professor substituto em várias cadeiras (botânica, cálculo, geometria descritiva etc.). Desde então, dedica-se a fundar sociedades abolicionistas e a elaborar diversos projetos para emancipação gradual.

_ Ao longo deste ano e do seguinte, reúne investidores para criar a Companhia das Docas D. Pedro II.

1870

_ O decreto de concessão das Docas D. Pedro II é assinado pelo imperador.

_ Funda com o irmão a Companhia Florestal, voltada para o fornecimento de madeira às obras portuárias em curso.

_ Desenvolve projeto para o abastecimento de água do Rio de Janeiro e trabalha para conseguir capitais para criar e implementar uma Cia. das Águas.

_ Faz estudos detalhados sobre a navegação no Alto Paraná e no Alto Uruguai e propõe a criação de uma companhia de navegação. Visionário em termos de pensamento ambiental, propõe a criação de um parque natural em torno das cataratas do Iguaçu.

_ Em parceria com Mauá e o irmão Antônio, torna-se concessionário das companhias das estradas de ferro de Antonina a Curitiba e do Paraná a Mato Grosso.

_ Encerradas as obras nas Docas da Alfândega, publica em livro *Companhia da Doca da Alfândega do Rio de Janeiro*, reunindo os documentos de criação da primeira empresa privada concessionária de serviços de utilidade pública nos portos do país.

1871

_ Segundo seus diários, em duas ocasiões apresenta cálculos para um futuro fundo de emancipação e um projeto de seu pai sobre emancipação gradual ao visconde de Rio Branco. Essas iniciativas teriam servido de subsídio às discussões então em curso no Parlamento, que resultaram na aprovação da lei de 28 de setembro de 1871, que libertou os filhos de mulheres escravizadas nascidos após a lei e criou um fundo de emancipação para a libertação dos últimos cativos.

1872

_ Com grandes dificuldades na gerência da Companhia das Docas D. Pedro II e em suas empresas com o irmão Antônio, resolve se afastar dos negócios em uma segunda viagem à Europa.

23 DE AGOSTO _ Inicia a viagem no paquete inglês *Douro*, em direção a Lisboa. Sempre inspecionando obras de engenharia (abastecimento de águas, estradas de ferro e, sobretudo, o funcionamento e desenvolvimento dos "portos do mar"), sem deixar de visitar museus e ruínas arqueológicas, e frequentar as melhores óperas e teatros. Percorre Portugal, Espanha, França, Itália e Inglaterra. Encontra-se com Carlos Gomes na Itália.

1873

9 DE JUNHO _ Chega aos Estados Unidos, vindo da Inglaterra, onde se mantém sempre ciceroneado por engenheiros e empresários locais que conhecera no Brasil e enfrenta práticas de segregação

racial. Visita Nova York, Boston, Niagara Falls, Pittsburgh e Filadélfia. Conhece José Carlos Rodrigues em Nova York.

23 DE JUNHO _ Parte dos Estados Unidos para o Rio de Janeiro.

19 DE JULHO _ Desembarca no Rio de Janeiro. Ao retornar, reassume a gerência das Docas D. Pedro II e a direção da Cia. Florestal Paranaense.

1874-79

24 DE MAIO DE 1874 _ Morre em São Paulo, de febre tifoide, repentinamente, seu irmão Antônio.

_ Continua na gerência das Docas D. Pedro II, além de cuidar das empresas do irmão (do qual era sócio), em crescentes dificuldades financeiras, e do futuro dos projetos de Antônio para o desenvolvimento de estradas de ferro no Paraná. Sua situação financeira se deteriora. Ao final do período, das atividades empresariais, apenas a concessão do Caminho de Ferro Conde d'Eu, na Paraíba do Norte, então paralisada, se mantém.

9 DE FEVEREIRO DE 1877 _ Interrompe a escrita do diário e só o retoma em 1883. Ele próprio anota essa informação no exílio, em 1891, redigindo a posteriori um resumo biográfico até 1882.

JULHO DE 1877 _ Faz o último relatório como diretor das Docas D. Pedro II, que teve sua concessão cancelada pelo Governo imperial.

_ A Florestal Paranaense encerra seus trabalhos e a concessão da estrada Curitiba—Antonina é revogada, em derrota política que deixa profundas marcas em André. A concessão é substituída pela Curitiba—Paranaguá.

NOVEMBRO DE 1879 _ Inscreve-se no concurso da primeira cadeira de engenharia civil da Escola Politécnica.

_ Período áureo de colaboração com *O Novo Mundo*, de José Carlos Rodrigues. Escreve artigos sobre "agricultura nacional" no *Jornal do Commercio*. Publica dezenas de artigos na imprensa nesses anos (listados em Alexandre Dantas Trindade, *André Rebouças: da engenharia civil à engenharia social*).

_ Publica nove livros entre 1874 e 1878.

1880-82

_ Em abril de 1880, Rebouças é aprovado no concurso para professor efetivo da cátedra de engenharia civil da Escola Politécnica. O amado pai, referência da vida toda, morre em 19 de junho. Com a morte dele, vende a casa da família no Rio de Janeiro e passa a morar em hotéis.

_ Iniciam-se, finalmente, as obras do Caminho de Ferro Conde d'Eu na Paraíba do Norte, do qual é concessionário. Em 21 de maio, registra no Resumo Biográfico:

> *Começo os trabalhos para a propaganda abolicionista, que desde muitos anos me preocupavam.* [p. 289]

_ Corresponde-se com organizações abolicionistas de todo o país, organiza festivais e 23 conferências emancipadoras apenas em 1880; desenvolve projetos de lei que apresenta aos amigos parlamentares (em suas palavras: *Imposto territorial aplicado à emancipação dos escravos*).

_ Funda com Joaquim Nabuco a Sociedade Brasileira contra a Escravidão, na qual se torna tesoureiro e responsável pela principal publicação, *O Abolicionista*.

_ Redige os estatutos da Associação Central Emancipadora, da qual também fazia parte. Publica diversos artigos na *Gazeta da Tarde*, de José do Patrocínio.

_ Em 1881, redige em conjunto com a diretoria da Sociedade Brasileira contra a Escravidão uma "Representação contra a escravidão de indígenas na província do Amazonas", entregue ao ministro da Justiça, e outra, com o abolicionista Joaquim Serra, de mesmo teor, dirigida ao presidente do Amazonas.

_ Em 1881 e 1882, continua as atividades abolicionistas, com organização de conferências, publicações em jornais e boletins de propaganda, além de petições internacionais encabeçadas pela Sociedade Brasileira contra a Escravidão. Redige os boletins da Associação Central Emancipadora.

_ Em setembro de 1882, parte em nova viagem de negócios para a Inglaterra, onde trabalha no escritório de seu velho amigo, o engenheiro Charles Neate. Mantém contato com o presidente da Companhia Conde d'Eu RW e frequenta os *meetings* da Anti-Slavery Society.

1883-85

_ Em 1883, recém-chegado da Inglaterra, atua como representante da Companhia Minas Central, concessionária do Caminho de Ferro de Pitangui, em Minas Gerais, e é eleito para a diretoria do Clube de Engenharia.

_ Participa da fundação da Confederação Abolicionista e da Sociedade Central de Imigração, no Liceu de Artes e Ofícios, com Alfredo Taunay e outros.

_ Publica *Agricultura nacional. Estudos econômicos. Propaganda abolicionista e democrática* e *Confederação Abolicionista. Abolição imediata e sem indenização*, em 1883.

_ Até 1885, participa ativamente do movimento abolicionista, ocupando a linha de frente. O movimento entra em ritmo frenético com a bandeira da abolição imediata e sem indenização, organizando festivais e conferências. Faz também articulações em nível nacional para a libertação no Ceará e no Amazonas e pressão parlamentar junto ao Gabinete Dantas, liberal.

_ Visita quase diariamente a sede do Clube de Engenharia, da Confederação Abolicionista e da Sociedade Central de Imigração. Reúne-se com parlamentares para pressionar por reformas.

JANEIRO DE 1884 _ Muda-se para Petrópolis pela primeira vez, mas retorna ao Rio de Janeiro em junho, em função das demandas do movimento abolicionista.

JULHO DE 1884 _ Com a posse do Gabinete Dantas, a expectativa de conseguir libertar os escravizados matriculados como sexagenários, sem indenização aos senhores, anima o movimento abolicionista, que ainda lamentava a morte de Luiz Gama, em 1882. Os libertados seriam, em sua maioria, africanos entrados ilegalmente no país, muitas vezes com a idade aumentada para esconder o contrabando após a primeira lei de extinção do tráfico, em 1831.

MAIO DE 1885 _ A queda do Gabinete Dantas culmina com a subida ao poder de um ministério conservador liderado pelo barão de Cotegipe, campeão escravista e desafeto pessoal de Rebouças, e com a aprovação da Lei Saraiva-Cotegipe. A lei liberta os sexagenários com indenização em serviços e aprova um regulamento de repressão ao movimento abolicionista.

JUNHO DE 1885 _ A derrota tem um efeito avassalador nas expectativas de Rebouças. Muda-se novamente para Petrópolis, a conselho médico.

1886-87

_ Continua a "propaganda abolicionista e democrática", como registrava no diário, sem o mesmo ímpeto do período anterior.

_ Em Petrópolis, começa a preparar a Enciclopédia Socionômica, à qual dedica um bom tempo do dia e da qual se ocupará até o fim da vida. Preocupa-se também em arquivar toda a documentação e propaganda abolicionista.

_ Vai ao Rio de Janeiro e volta regularmente, sobretudo para as aulas na Escola Politécnica, pelo Caminho de Ferro Riggenbach, pegando em seguida a barca, quase sempre retornando no mesmo dia.

_ Aproxima-se cada vez mais de Joaquim Nabuco e Alfredo Taunay, que passam temporadas frequentes em Petrópolis, em descanso ou tratamento de saúde.

_ Em 1887, vota com gosto em José do Patrocínio para vereador, para quem prepara inúmeros projetos para apresentar na Câmara. É padrinho de batismo de José do Patrocínio Filho.

1888

MARÇO _ Quando a fuga generalizada de escravizados sai do controle do movimento abolicionista e leva a lavoura paulista a cogitar a abolição, a princesa regente desfaz o Gabinete Cotegipe, nomeando o gabinete abolicionista de João Alfredo. Esse é um momento-chave de reaproximação de André com a família imperial, da qual andava afastado desde a morte do irmão Antônio, em 1874.

INÍCIO DE MAIO _ Por influência de André, Isabel recebe catorze africanos foragidos de uma fazenda para uma refeição no palácio em Petrópolis. Por causa de uma grave piora em seu estado de saúde, Pedro II, então no exterior, chega a receber a extrema-unção. Nesse ponto de seu diário, André chama a princesa de Isabel I.

13 DE MAIO _ Acompanha, de Petrópolis, a vitória parlamentar da abolição imediata e sem indenização, com apenas nove votos contrários na Câmara, e cinco no Senado, entre eles o de Cotegipe. A mesma Câmara que até fevereiro dera sustentação ao gabinete escravista deposto.

_ Recebe a princesa Isabel e o conde D'Eu na estação de Petrópolis, ao retornarem da cerimônia de assinatura da Lei Áurea.

_ O entusiasmo retorna, após a apoteose abolicionista. André volta a frequentar mais assiduamente a Confederação Abolicionista e a

Sociedade Central de Imigração. Dedica-se a pressionar o Gabinete João Alfredo por mais reformas.
_ Combate nos jornais as pressões por indenização aos senhores e volta a organizar conferências com José do Patrocínio, defendendo uma reparação aos libertos.
_ Em seus artigos na imprensa, divulga projetos para educação e doação de terras aos libertos. Denuncia massacres contra libertos perpetrados por fazendeiros. Combate a imigração subvencionada ensaiada pela província de São Paulo e defende a imigração com pequena propriedade.
SETEMBRO DE 1888 _ Reúne-se novamente com o imperador, que está de volta ao Brasil. Tornam-se próximos e se encontram com frequência para conversas na estação de trem de Petrópolis.

1889

_ A queda do Gabinete João Alfredo, pouco depois do primeiro aniversário da Abolição, é um primeiro sinal de retorno dos latifundiários ao poder. André criticava com frequência o Ministério Afonso Celso, mas já não julga o monarca.
_ No Rio de Janeiro, quando da ação militar em 15 de novembro, tenta organizar com Taunay, em suas palavras, "a contrarrevolução". Ao ver-se derrotado, vai a Petrópolis e oferece-se para acompanhar a família imperial no exílio.
7 DE DEZEMBRO _ Chega a Lisboa, com a família imperial. Residirá no Hotel Bragança até 24 de abril de 1891. Ali escreve diversos artigos para a *Gazeta de Portugal*, sempre abordando "o cunho escravocrata, militar

e teocrático do atentado contra a família imperial". Também insere várias notas sobre o golpe militar no Brasil no *Times*, de Londres.
_ No fim do ano, lamenta a morte da imperatriz na cidade do Porto.

1890[4]

_ Publica inúmeros artigos também no Brasil, sobretudo no diário *Cidade do Rio*, de José do Patrocínio, além dos quinze artigos da *Revista de Engenharia*.

1891

ABRIL A DEZEMBRO _ Estabelece-se em Cannes, França, onde acompanha as notícias sobre a saúde do imperador e recebe a notícia de sua morte. Planeja a viagem à África.
_ Em meados desse ano, começa a transcrever integralmente as cartas que escreve.

1892

JANEIRO _ Chega a Marselha, França, onde aguarda a viagem, pelo canal de Suez, para Lourenço Marques, Moçambique, no paquete *Malange*, da Mala Real Portuguesa.
MARÇO _ Parte em viagem no dia 27. Chega a Lourenço Marques em abril. Dali segue para Barberton, África do Sul, aonde chega em 25 de maio. Lá permanece até dezembro.
DEZEMBRO _ No dia 11, o Royal Hotel de Barberton, próximo do Granville Hotel, onde morava, é incendiado em um episódio de

violência. Em função disso, desloca-se para Queenstown, a bordo do paquete *African*, e depois para Cape Town.

1893-96

INÍCIO DE JANEIRO DE 1893 _ Chega a Cape Town. Permanece em Cape Town até o final de junho, quando parte para Funchal.

2 DE JULHO DE 1893 _ Chega a Funchal, ilha da Madeira, e hospeda-se no Reid's New Hotel, onde passa a residir até 1898, ano de sua morte.

_ Passa os dias organizando e respondendo correspondências, fazendo revisões e anotações em seus diários e preparando um índice autobiográfico. Nesses exercícios de memória, revisita constantemente as lembranças de seu pai e do imperador Pedro II.

_ Faz exercícios de geometria, cálculos matemáticos e equações. Estuda astronomia e botânica. Continua o trabalho de escrita de sua Enciclopédia Socionômica.

_ Acompanha as notícias sobre a guerra civil de 1893 (Revolução Federalista) por meio dos jornais brasileiros e portugueses que recebe pelo correio.

_ Planeja escrever um livro sobre a campanha abolicionista, em parceria com Nabuco e Patrocínio.

1897-98

_ Acompanha pelos jornais a Guerra de Canudos, interpretando o movimento como uma insurreição bárbara de fanáticos.

_ Sua situação financeira piora, bem como seu quadro de saúde — sofria, desde 1897, de uma espécie de tuberculose intestinal. Seus amigos e parentes insistem em que volte ao Brasil, mas se recusa a atender aos pedidos.

_ No último ano de vida, publica o conto "O romance de uma onça", na revista *A Mensageira*, periódico literário dedicado à mulher brasileira.

9 DE MAIO DE 1898 _ É encontrado morto no mar, na base de um penhasco de cerca de sessenta metros de altura, próximo ao hotel onde residia. Jornais portugueses noticiam seu falecimento como suicídio, interpretação logo desmentida pela família e pelos jornais brasileiros, que divulgam a causa da morte como acidente.

JUNHO DE 1898 _ Seu corpo é embalsamado, transladado para o Brasil e sepultado no cemitério São João Batista, no Rio de Janeiro. Recebe diversas homenagens póstumas.

NOTAS

PRÓLOGO — CARTAS A NABUCO (P. 17-27)

1 Recorte de jornal, parcialmente ilegível, colado na carta: "Sociedade Brasileira contra a Escravidão — quarta-feira 11 de abril, ao meio-dia, [...] do Carmo, leitura da mensagem n.º 1 do presidente Joaquim Nabuco".

2 Referência a Ti Chin-Fu, personagem de *O mandarim*, de Eça de Queirós, publicado em 1880.

3 "Minar os fundamentos."

4 Henry George (1839-97), economista político e jornalista estadunidense, defensor do imposto único sobre a terra.

5 Rafael María de Labra y Cadrana (1840-1918), abolicionista nascido em Havana e figura importante na campanha abolicionista em Porto Rico e Cuba. Em 1881 enviou uma carta a Joaquim Nabuco sobre a relação do movimento abolicionista no Brasil e em Cuba.

6 Harriet Beecher Stowe (1811-96), escritora estadunidense, autora do romance abolicionista *A cabana do pai Tomás*.

7 Frederick Douglass (1818-95), abolicionista, estadista e escritor estadunidense.

DIÁRIO (P. 29-487)

1 Recorte de jornal sobre a inauguração do último trecho da Estrada de Ferro Conde d'Eu.

2 Ver p. 547 desta edição.

3 Ver p. 549.

4 Recorte de jornal: "Sociedade Brasileira contra a Escravidão — Assembleia-geral segunda-feira, ao meio-dia, 47 rua do Carmo".

5 Ver p. 551.

6 Ver p. 554.

7 Recorte de jornal: "Centro Abolicionista da Escola Politécnica — Em sessão de ontem, resolveu esta associação consignar na ata um voto de reconhecimento ao sr. conselheiro Manoel Pinto de Souza Dantas pela apresentação do projeto relativo ao elemento servil, e conferir a S. Ex., o diploma de membro honorário do mesmo centro".

8 Ver p. 556.

9 Ver p. 559.

10 Recorte de jornal colado em espaço em branco no dia 27 de julho (manuscrito na margem: "*D. Pedro II*"): "(*Jornal do Commercio de 29 julho 1884*) — "A dissolução

"A dissolução em homenagem ao nome brasileiro!

"A dissolução para desafronta da moralidade universal...

"A dissolução para uma Câmara, que põe luto quando o Ceará e o Amazonas se libertam!

"A dissolução para mandar renovar o mandato dos deputados de províncias livres que prolongam a escravidão no resto do Brasil...

"A dissolução para os que só querem a liberdade pela morte...

"A dissolução para os que não tiveram compaixão de precipitar nos túmulos 100 mil pobres velhos escravizados...

"A dissolução para os janízaros de todas as fraudes das leis de 7 de novembro de 1831 e de 28 de setembro de 1871.

"A dissolução, Senhor, para que vós também possais morrer livre de remorsos, honrado e glorioso...

"A dissolução, em nome de Deus, para desafronta, honra e glória da pátria e da humanidade. (*R.*)"

11 Recorte de jornal: "Centro Abolicionista da Escola Politécnica — Reuniu-se ontem este centro para eleição da nova diretoria, da comissão de redação e da comissão de revisão de contas, dando o seguinte resultado: presidente dr. Álvaro de Oliveira (reeleito), vice-presidente dr. Getúlio das Neves, primeiro-secretário Arlindo Fragoso, segundo-secretário, Roberto Luti (reeleito), tesoureiro, Albuquerque Maranhão. Comissão de redação: dr. André Rebouças, dr. Paulo de Frontin, dr. Carlos Sampaio, dr. Agostinho Reis, Raja Gabaglia. Comissão de contas: conselheiro Moreira Maia, dr. Enes de Souza e A. Penido".

12 Recorte de jornal: "Centro Abolicionista da Escola Politécnica — Uma comissão, composta dos sr.^s dr.^s Álvaro de Oliveira, Paulo de Frontin e André Rebouças, Arlindo Fragoso e Silveira Lobo, fez ontem entrega ao sr. conselheiro Dantas do diploma de membro honorário do mesmo centro, que ultimamente lhe foi conferido".

13 Recorte de jornal com resumo da ata do Clube de Engenharia, sobre a eleição do novo conselho diretor.

14 Recorte de jornal: "TELEGRAMAS — Porto Alegre, 7 de setembro, [...] Celebrou-se *Te-Deum* em ação de graças pela completa emancipação dos escravos do município da capital [...]".

15 Jornal da comunidade alemã na cidade de São Paulo, publicado em alemão, disponível na biblioteca digital da Unesp: https://bibdig.biblioteca.unesp.br/communities/69eaaa2e-c665-49f6-8908-450413e9a28b. Acesso em: 16 set. 2023. A página de rosto está reproduzida no caderno de imagens deste livro.

16 *Dictionnaire raisonné de l'Architecture et des sciences et arts qui s'y rattachent par Ernest Bosc* (1877). Disponível em: https://gallica.bnf.fr/ark:/12148/bpt6k2139190.

17 Dois recortes de jornal estão colados neste trecho dos diários: "escola politécnica — Wenceslau Alves Leite de Oliveira Bello aprovado 'para o lugar de substituto da primeira seção do curso de ciências físicas e naturais', único candidato inscrito". "SOCIEDADE CENTRAL DE IMIGRAÇÃO — A diretoria desta associação resolveu acompanhar hoje a bordo o ex.mo sr. vice-presidente, dr. A. d'Escragnolle Taunay. O embarque terá lugar às 8½ horas da manhã no Arsenal de Guerra."

18 Ver p. 561.

19 Johann Eduard Wappäus (Hamburgo, 1812 - Göttingen, 1879).

20 Karl von den Steinen (1855-1929): médico, explorador, etnólogo e antropólogo alemão.

21 Wilhelm von den Steinen (1859-1934): ilustrador alemão.

22 Associate of the Institution of Civil Engineers, associado do Instituto de Engenheiros Civis, associação independente fundada na Inglaterra em 1818.

23 Construções fortificadas nas fronteiras da França, projetadas por Sébastien Le Prestre, marquês de Vauban (1633-1707), arquiteto militar francês.

24 Recorte de jornal sobre o movimento emancipador no Rio Grande do Sul: "Porto Alegre, 21 de dezembro. — No município do Rosário foram até agora conferidas 426 cartas de liberade. Restam ali 72 escravos cuja manumissão se dará brevemente.

"— 24 de dezembro.

"Continua o movimento emancipador na província. Estão totalmente livres 11 municípios, 11 cidades, 24 vilas e 5 freguesias. Anunciam para 31 do corrente a libertação do resto dos escravos dos municípios de Alegrete, Uruguaiana, Itaqui e São Borja, bem assim da comarca de Jaguarão, compreendendo quatro termos. Estão completando a libertação os municípios de Bagé, Cruz Alta e Caçapava; e vai muito adiantado a dos de D. Pedrito, Piratini, S. Sepé, S. Vicente, S. Francisco de Paula, Vacaria, Lagoa-Vermelha, Camaquã e outros.

"Calcula-se em cerca de 40 mil o número de liberdades conferidas na província desde agosto até agora.

"— Com exceção de poucos escravos, cuja manumissão segue os seus trâmites judiciais, por pertencerem a órfãos e ausentes, acham-se emancipados, desde 2 do corrente, o município de Santo Antônio das Lavras e as comarcas Passo Fundo e S. Leopoldo." Disponível em: https://memoria.bn.br/DocReader/DocReader.aspx?bib=301582&pesq=%22liberta%C3%A7%C3%A3o%20do%20resto%20dos%20escravos%20dos%20munic%C3%ADpios%20de%20Alegrete%22&pasta=ano%20188&hf=memoria.bn.br&pagfis=2770.

25 Ver p. 563.

26 Logo após o parágrafo, recorte impresso com os nomes: Carlos Teodoro de Bustamante, Evaristo Juliano de Sá e Manoel do Val Pires Ferrão.

27 Emile Charles Jourdain (1835-1900): engenheiro belga, naturalizado brasileiro em 1865 como Emílio Carlos Jourdan. Fundador da cidade de Jaraguá do Sul (SC).

28 Thomas Tredgold (1788-1829): engenheiro inglês.

29 Recorte de jornal: "DECLARAÇÕES — Joaquim Nabuco

"A Confederação Abolicionista convida a todos os membros das sociedades confederadas, ao povo, à imprensa, a todas as sociedades abolicionistas e corporações diversas, aos militares, aos lentes e alunos de escolas científicas a receberem o deputado Joaquim Nabuco, eleito pelo 1.º distrito de Pernambuco, que deve chegar a esta Corte no domingo 25 do corrente a bordo do paquete PATAGÔNIA.

"No cais das Marinhas (largo do Paço) estarão lanchas a vapor à disposição das pessoas que aceitarem este convite. A entrada do paquete será anunciada por uma girândola no morro do Castelo — Alberto Victor, primeiro-secretário."

30 Referência a Thomas Clarkson (1760-1846), abolicionista britânico.

31 Ver p. 564.

32 Ao lado de um recorte de jornal ilegível, está escrito o lema da Sociedade Brasileira de Imigração: "P. B. F. E. *Pro Brasilia fiat Eximium* — P. B. L. L. *Pro Brasilia Libertate Labor*".

33 Ver p. 568.

34 Ver p. 570.

35 Ver p. 573.

36 Ver p. 576 desta edição.

37 Recorte de jornal: "André Rebouças. — *Democracia rural. Propaganda abolicionista (1873-1883)*. Obra doada à Confederação Abolicionista. Preço 5$000 à rua do Ouvidor, n.º 81".

38 Sistema de registro de propriedades fundiárias criado por Sir Robert Torrens. Implementado inicialmente na Austrália em 1858, foi depois adotado em diversos países.

39 Referência ao quarteirão de Petrópolis assim denominado na planta do arquiteto Otto Reymarus (1854). Na divisão anterior, do engenheiro Júlio Frederico Koeler, correspondia ao quarteirão Renânia Inferior.

40 Manuscrito ao final da página: "Grupo Parlamentar Abolicionista Joaquim Nabuco", como título do recorte de jornal a seguir: "Tendo-se organizado o Grupo Parlamentar Abolicionista, composto dos deputados abolicionistas da presente legislatura, é de maior conveniência para a causa da abolição que, durante o período dessa legislatura, sejam remetidos ao grupo todos os jornais, publicações e informações relativas ao movimento abolicionista. O endereço das comunicações é este: 'Il.^{mo} e Exmo Sr. secretário do Grupo Parlamentar. Corte, 29 rua do Ouvidor'. Pede-se aos jornais abolicionistas das províncias o obséquio de transcrever este aviso. A organização do grupo sendo permanente, as remessas de jornais e comunicações podem continuar a ser feitas durante as férias parlamentares. Leopoldo de Bulhões, primeiro-secretário".

41 Dois recortes de jornal: "Prêmio: O Ministério do Império mandou entregar ao lente catedrático da Escola Politécnica André Rebouças, a quantia de 2$000, que lhe foi concedida como prêmio pelo compêndio que compôs, sob a denominação de *Guia para os alunos da primeira cadeira de engenharia civil*". "Grupo Parlamentar Abolicionista — Reunião hoje. 11 do corrente, ao meio-dia, na rua do Ouvidor n.º 29, 1.º andar — O secretário, Leopoldo de Bulhões."

42 Recorte de jornal ilegível sobre discussão acerca do Imposto Territorial no Clube de Engenharia.

43 "Deus, olha o belo país que sorri para o artista."

44 Anagrama para Carlos Gomes.

45 Recorte de jornal (*Gazeta da Tarde*, 30 jul. 1885): "O ESCRAVO — Carlos Gomes tem em mãos uma ópera, que já é quase universalmente esperada — *O escravo*.

"Dois poetas italianos, R. Paravicini e G. Loscar, escreveram o melodrama, em quatro atos, e de modo que o gênio do artista se pode expandir em situações profundamente dramáticas.

" 'Agradecendo ao bom amigo que nos proporcionou a leitura do libreto, fazemos votos para que tenhamos o mais cedo possível ocasião de aplaudir o maestro, cuja volta à pátria deu lugar ao grande movimento civilizador, que partindo do povo subiu ao trono e circunscreveu o Governo e as Câmaras: movimento que principiou tendo por impulsor a divisa — Carlos Gomes e emancipação'."

46 Recorte de jornal: "O sr. dr. Frontin realiza, hoje, às 6½ horas da tarde, na Escola Politécnica a sua conferência sobre o abastecimento de água da Corte".

47 Recorte de jornal: "Conferência Abolicionista — Hoje, ao meio-dia. No Theatro Polytheama, pelo conselheiro Rui Barbosa (*Segundo grande orador*)".

48 Ver p. 578.

49 União aduaneira fundada em 1834 sob os auspícios da Prússia.

50 Ludwig Ferdinand Schmid (1823-88), homem de negócios suíço que viveu no Brasil e na França por muitos anos. Como poeta, usava o pseudônimo Dranmor.

51 Recorte de jornal: "ANDRÉ REBOUÇAS (*Gazeta da Tarde* <manuscrito no impresso>) — Na quermesse que vai realizar em breve o Clube Tália no Polytheama Fluminense, vai ser erguida uma elegante barraca à qual será dado o nome do grande engenheiro brasileiro — André Rebouças.

"Não podia haver melhor escolha do que a feita por uma associação que se eleva pelos seus atos de benemerência do que a do nome de um homem que tem dado a este país a sua mocidade, o seu esforço e o seu talento.

“Na mesma barraca será vendida a obra *Democracia rural* escrita pelo benemérito cidadão e por ele oferecida à Confederação Abolicionista em benefício da liberdade dos escravos.”

52 Recorte de jornal: “Despachando o requerimento dos herdeiros do finado conselheiro Antônio Pereira Rebouças, disse o Ministério da Justiça que não convinha ao Governo a aquisição do prédio.

“E passou a pagar a outrem o dobro do aluguel, que pagava pelo prédio até então ocupado.

“Estupendo!”

53 Recorte de jornal parcialmente ilegível com dados meteorológicos para o dia 13 de agosto.

54 Recorte de jornal parcialmente ilegível com dados meteorológicos para o dia 15 de agosto.

55 Recortes de jornal ilegíveis de *O Paiz* e do *Jornal do Commercio* de 14 de agosto de 1885, com notícias sobre a queda do Ministério e sua substituição.

56 Recorte de jornal parcialmente ilegível com dados meteorológicos para o dia 17 de agosto.

57 Recorte de jornal: “D. JUSTINA MARIA DO ESPÍRITO SANTO”.

58 Dois recortes de jornal parcialmente ilegíveis, com notícia da demissão de Álvaro de Oliveira da diretoria do Centro Abolicionista da Escola Politécnica, substituído por Paulo de Frontin, e dos exames do Colégio Paixão.

59 Recorte de jornal: “Novo ministério — Por decreto de hoje foram nomeados:

“Presidente do Conselho de Ministros e ministro dos Estrangeiros, o sr. barão do Cotegipe

"Ministro do Império, o sr. barão do Mamoré

"Ministro da Fazenda, o sr. deputado Francisco Belisário Soares e Souza

"Ministro da Justiça, o sr. conselheiro Joaquim Delfino Ribeiro da Luz

"Ministro da Agricultura, o sr. deputado Antônio Prado

"Ministro da Marinha, o sr. deputado Alfredo Chaves

"Ministro da Guerra, o sr. conselheiro João José de Oliveira Junqueira."

60 Recorte de jornal: "TELEGRAMA", com pequena notícia, parcialmente ilegível, sobre inauguração de engenho central na Paraíba.

61 Ver p. 580.

62 Recorte de jornal: "O GENERAL TIBÚRCIO (*Gazeta da Tarde, 27 de agosto* <manuscrito no impresso>) — Rei, príncipe e ministros negam atrozmente uma pensão aos órfãos do general Tibúrcio. Do mais denotado herói da guerra do Paraguai!... Daquele que, a morrer de fome, combateu um dia inteiro no Riachuelo, e ainda foi, à noite, enterrar no Chaco as vítimas da estultice imperial:

"— Do imortal comandante da bateria de morteiros, na ilha de Itapirú; ilha Cabrita; ilha da Redenção!

"— Do infatigável engenheiro da estrada do Chaco para inutilizar Humaitá!...

"Dizem cinicamente: Não há dinheiro.

"— Quanto haveis despendido na bambocheta do Riachuelo?

Bastaria uma insignificante fração do dinheiro esbanjado para salvar da miséria os órfãos de Tibúrcio...

"Não se deixe iludir a mocidade militar... No dia seguinte à vossa morte, vossa viúva e vossos órfãos passarão a ser mendigos importunos."

(*R.* <manuscrito>)

63 Recorte de jornal parcialmente ilegível com pequeno anúncio da obra *Democracia rural. Propaganda abolicionista.*

64 Recorte de jornal: "No jardim, enfrentando a sala de espetáculos, ergue-se uma outra vasta e suntuosa barraca — a da sociedade que celebra a festa. Barraca esta digna de ser vista, já pela posição em que está colocada como também pelos adornos com que a vestiram. Mais adiante, do lado direito de quem entra para a plateia, destaca-se, graciosamente decorado, um interessante chalé ao qual o benemérito Clube Tália condecorou com o nome do distinto e conhecido engenheiro — André Rebouças.

"Nesse chalé serão vendidas, além de outros objetos de luxo, e por lindíssimas senhoras, as obras do grande engenheiro — *Democracia rural* e *Recordações da vida parlamentar* do conselheiro Antônio Pereira Rebouças, por ele oferecidas à Confederação Abolicionista, que destinou o produto de sua venda à redenção dos cativos."

65 Recorte de jornal: "A REVOLUÇÃO — Não tenhamos medo, não sejamos covardes

"Ao homem só é dado destruir; Deus e só Deus pode criar.

"O maior homem da atualidade GLADSTONE é representado, de machado na mão, a derrubar carvalhos.

"Esses carvalhos são a aristocracia e a plutocracia da Grã-Bretanha.

"Ele é o Átila desse Deus, que, na terra, se chamou RICHARD COBDEN.

"Neste miserável Império nem há carvalhos; vamos derrubar barões obesos e ridículos. Contrabandistas de negros, jogadores patoteiros, e muitos e muitos, cáftens de suas próprias escravas.

R. <manuscrito>"

66 Recorte de jornal: "CAMBIO — 4 Settembre 1885
"Italia — Lira it. 524 réis
"Francia — Franco 519 réis
"Lira Sterlina — Vendita 13,090
"Compra 12,050"

67 Recorte de jornal italiano, parcialmente ilegível, sobre visita de Taunay, como vice-presidente da Sociedade Central de Imigração.

68 Dois recortes de jornal: "Meteorologia — observações meteorológicas feitas no Imperial Observatório", com observações para o dia 6 de setembro, e: "Nos intervalos da esplêndida festa continuava a quermesse do Clube Tália e na barraca que tomou o título do benemérito engenheiro brasileiro — André Rebouças — eram poucos os livros para os compradores.

"O presidente da Confederação Abolicionista, o nosso amigo sr. João Clapp, agradeceu ao Clube Tália a delicadeza de que usou para a mesma, admitindo entre os elegantes pavilhões que abrilhantam a sua quermesse o que traz a denominação do ilustre engenheiro André Rebouças."

POSFÁCIO (P. 489-545)

1 *Cartas da África: registro de correspondência, 1891-1893.*

2 Henry George era líder do movimento progressista nos Estados Unidos e autor do livro *Progress and Poverty*, comentado mais adiante no texto. Frederick Douglass, ex-escravizado fugido e grande líder do movimento abolicionista estadunidense, amigo de Abraham Lincoln, teve suas memórias publicadas no Brasil, na época, no jornal *Gazeta da Tarde*.

3 Angela Alonso, *Flores, votos e balas: o movimento abolicionista brasileiro (1868-1888)*, p. 244.

4 Joseli Maria Nunes Mendonça, *Entre as mãos e os anéis: a Lei dos Sexagenários e os caminhos da Abolição.*

ANEXOS (P. 547-80)

1 Transcrição de artigo do jornal *Rio News*, aliado dos abolicionistas, que considera acanhada e cruel a proposta do Ministério de libertar escravos anciões.

2 Expressão em latim utilizada em carta de 1870 do papa Pio IX ao cônego Gonçalves Ferreira, fundador do jornal católico *O Apóstolo*, traduzida na primeira edição do periódico (10 de abril de 1870), disponível na hemeroteca da Biblioteca Nacional, como: "Clama, pois, sem cessar".

3 "Eu sou cidadão romano."

4 Jacques Claude Marie Vincent, marquês de Gournay (1712-59): negociante e economista francês.

5 Anne Robert Jacques Turgot (1727-81): economista e estadista francês, cuja obra é considerada um elo entre a fisiocracia e a escola britânica de economia clássica.

6 François Quesnay (1694-1774): médico e economista francês, principal figura da escola dos fisiocratas.

7 Benjamin Franklin (1706-90): um dos Pais Fundadores dos Estados Unidos, foi um dos líderes da Revolução Americana.

8 Resumo a citação ao trecho comentado junto ao artigo impresso pelo próprio Rebouças. (N. DA O.)

9 Recorte do artigo colado na p. 366 do diário, com anotações e rubricas de Rebouças indicadas em itálico entre parênteses.

CRONOLOGIA (P. 581-99)

1 As citações em itálico foram extraídas de *Diário e notas autobiográficas*, de André Rebouças, organizado por Ana Flora e Ignácio José Veríssimo, publicado em 1938. As páginas indicadas ao final das citações correspondem às páginas dessa obra.

2 De 1847 a 28 de janeiro de 1861, as citações se encontram nas p. 13-16.

3 O diário desse período foi publicado no livro *Diário, a Guerra do Paraguai (1866)*, editado pela historiadora Maria Odila da Silva Dias.

4 O diário de 1890, se existia, se perdeu.

BIBLIOGRAFIA

Alonso, Angela. *Flores, votos e balas: o movimento abolicionista brasileiro (1868-1888)*. São Paulo: Companhia das Letras, 2015.

______. "O abolicionista cosmopolita: Joaquim Nabuco e a rede abolicionista transnacional". Dossiê Joaquim Nabuco. *Novos Estudos Cebrap* (88), São Paulo, p. 55-70, nov. 2010.

Bethell, Leslie; Carvalho, José Murilo de. "Joaquim Nabuco e os abolicionistas britânicos (Correspondência, 1880-1905)". *Estudos Avançados*, São Paulo, 23 (65), 2009 (capítulo de introdução ao livro organizado pelos autores e publicado em 2008 pela Topbooks e pela Academia Brasileira de Letras).

Birchal, Sérgio de Oliveira. "O empresário brasileiro: um estudo comparativo". *Revista de Economia Política*, São Paulo, v. 18, n. 3 (71), p. 381-404, jul.-set. 1998.

Brito, Luciana Cruz. " 'Mr Perpetual Motion' enfrenta o Jim Crow: André Rebouças e sua passagem pelos Estados Unidos no pós-Abolição". Escravidão e Liberdade nas Américas. *Estudos Históricos*, Rio de Janeiro, v. 32 (66), jan.-abr. 2019.

Conrad, Robert. *Os últimos anos da escravatura no Brasil*. Rio de Janeiro: Civilização Brasileira, 1978.

Daibert Jr., Robert. "Sonhos proféticos de André Rebouças por uma democracia rural: o encontro do 'maior inimigo dos fazendeiros' com as utopias cristãs de Tolstoi". *Intellèctus*, [s. l.], v. 22, n. 1, p. 102-27, jul. 2023.

______; Mattos, Hebe. "Um Tolstoi africano: André Rebouças e um outro Ocidente (1889-1898)". *Estudos Históricos*, Rio de Janeiro, v. 35 (77), p. 436-56, 2022.

Ferreira, Ligia Fonseca. *Lições de resistência: artigos de Luiz Gama na imprensa de São Paulo e do Rio de Janeiro*. São Paulo: Edições Sesc, 2020.

Foner, Eric. *Reconstruction: America's Unfinished Revolution*. Nova York: HarpPeren, 1989.

Freitas e Souza, Rafael de. "A efêmera e fatal mina de Cata Branca: mineração e trabalho numa companhia aurífera inglesa em Minas Gerais (1832-1844)". *Revista Mundos do Trabalho*. Florianópolis, v. 7, n. 14, p. 37-52, jul.-dez. 2015.

George, Henry. *Progress and Poverty*. Garden City (NY): Doubleday, Page and Company, 1879.

Gilroy, Paul. *O Atlântico negro: modernidade e dupla consciência*. São Paulo; Rio de Janeiro: Editora 34; Centro de Estudos Afro-asiáticos/ Universidade Candido Mendes, 2001.

Higino da Silva, Antônio Carlos. *Portos de Commercio. Tecnologia, associacionismo e redes de sociabilidade: os desafios e as propostas modernizadoras de André Pinto Rebouças para o Brasil do Segundo Reinado (1850-1890)*. Tese (Doutorado em história) — Rio de Janeiro: UFRJ, Programa de Pós-graduação de História Comparada, 2019.

Jucá, J. *André Rebouças: reforma & utopia no contexto do Segundo Império: quem possui a terra possui o homem*. Rio de Janeiro: Odebrecht, 2001.

Machado, Maria Helena. *O plano e o pânico: os movimentos sociais na década da Abolição*. São Paulo: Edusp, 1994.

______; Castilhos, Celso T. (org.). *Tornando-se livre: agentes históricos e lutas sociais no processo de abolição*. São Paulo: Edusp, 2018.

Magalhães Pinto, Ana Flávia. *Escritos de liberdade*. Campinas: Editora da Unicamp, 2019.

Mattos, Hebe. *Das cores do silêncio: significados da liberdade no Sudeste escravista*. Campinas: Editora da Unicamp, 2013 (primeira edição: Arquivo Nacional, 1995).

______. "De pai para filho: África, identidade racial e subjetividade nos arquivos privados da família Rebouças (1838-1898)". In: Hebe Mattos; Myriam Cottias (org.). *Escravidão e subjetividades*, v. 1. Marselha: OpenEdition Press, 2016, p. 203-25.

______. *Escravidão e cidadania no Brasil monárquico*. Rio de Janeiro: Jorge Zahar Editor, 2000.

______. *Marcas da escravidão na história do Brasil*. Tese (Professor titular em história do Brasil) — Niterói: Universidade Federal Fluminense, Departamento de História, 2004.

______. Prefácio à edição brasileira de *Beyond Slavery*. In: Frederick Cooper; Thomas Holt; Rebecca Scott. *Além da escravidão: investigações sobre raça, trabalho e cidadania em sociedades pós-emancipação*. Trad. Maria Beatriz de Medina. Rio de Janeiro: Civilização Brasileira, 2005.

______. "Raça e cidadania no crepúsculo da modernidade escravista". In: Keila Grinberg; Ricardo Salles (org.). *O Brasil imperial*, v. 3. Rio de Janeiro: Civilização Brasileira, 2009, p. 15-38.

______. "Slavery, Race and the Construction of the Imperial Order". In: *Oxford Research Encyclopedia of Latin American History*. Oxford University Press, 2014. Artigo publicado em 17 dez. 2020.

______. "Um livro 'tosltoico' contra a 'brutalidade yankee': a África e a abolição da escravidão e da servidão no Brasil, nos Estados Unidos e na Rússia na escrita de si de André Rebouças (1870-1898)". In:

Ivana Stolze Lima; Keila Grinberg; Daniel Aarão Reis (org.). *Instituições nefandas: o fim da escravidão e da servidão no Brasil, nos Estados Unidos e na Rússia*. Rio de Janeiro: Fundação Casa de Rui Barbosa, 2018.

_______; Abreu, Martha. Entrevista a Eric Foner. *Revista Brasileira de História*. São Paulo, v. 35, n. 69, p. 345-63, 2015.

_______; Bessone, Tania; Mamigonian, Beatriz (org.). *Historiadores pela democracia: o Golpe de 2016 e a força do passado*. São Paulo: Alameda, 2016.

_______; Rebouças, André. *Cartas da África: registro de correspondência, 1891-1893*. São Paulo: Chão Editora, 2022.

_______. *O engenheiro abolicionista, 1: entre o Atlântico e a Mantiqueira — Diários, 1883-1884*. São Paulo: Chão Editora, 2024.

Mendonça, Joseli Maria Nunes. *Entre as mãos e os anéis: a Lei dos Sexagenários e os caminhos da Abolição*. Campinas: Editora da Unicamp, 1999.

Mesquita, Sergio Luiz Monteiro. *A Sociedade Central de Imigração e a política imigratória brasileira (1883-1891)*. Dissertação (Mestrado em história política). Rio de Janeiro, UERJ, 2000.

Nabuco, Joaquim. *Obras completas de Joaquim Nabuco*, v. 13: *Cartas a amigos*, v. 1. São Paulo: Instituto Progresso Editorial, 1949.

_______. *Minha formação*. Brasília: Senado Federal, 1998.

Needell, Jeffrey. "O movimento abolicionista de 1879-1888: lições de um movimento de reforma popular". *Almanack*, Guarulhos, n. 26, ep00320, 2020.

Pádua, José Augusto. *Um sopro de destruição: pensamento político e crítica ambiental no Brasil escravista (1786-1888)*. Rio de Janeiro: Jorge Zahar Editor, 2002.

Pessanha, Andréa Santos. *Da abolição da escravidão à abolição da miséria: a vida e as ideias de André Rebouças*. Rio de Janeiro; Belford Roxo (RJ); Quartet; Uniabeu, 2005.

Rebouças, André. *Agricultura nacional. Estudos econômicos. Propaganda abolicionista e democrática*. Rio de Janeiro: A. J. Lamoureux & Co., 1883.

______. *Diário*. Transcrição Fundação Joaquim Nabuco, 2010.

______. *Diário, a Guerra do Paraguai* (1866). Introdução e notas de Maria Odila da S. Dias. São Paulo: Instituto de Estudos Brasileiros, 1973.

______. *Diário e notas autobiográficas*. Textos escolhidos e anotações por Ana Flora e Ignácio José Veríssimo. Rio de Janeiro: José Olympio, 1938.

______. *Garantia de juros: estudos para sua applicação ás emprezas de utilidade publica no Brazil*. Rio de Janeiro: Typographia Nacional, 1874.

______; Confederacão Abolicionista. *Abolição immediata e sem indemnização: pamphleto n. 1*. Rio de Janeiro. Typ. Central de Evaristo R. da Costa, 1883. (Digitalizado pela Biblioteca do Senado Federal.)

Santos, Cláudia. *Disputas políticas pela abolição: nas senzalas, nos partidos, na imprensa e nas ruas*. Petrópolis: Vozes, 2023.

Silva, Eduardo. *As camélias do Leblon e a abolição da escravatura: uma investigação de história cultural*. São Paulo: Companhia das Letras, 2003.

Soares, Anita Maria Pequeno. "'O negro André': a questão racial na vida e no pensamento do abolicionista André Rebouças". PLURAL, *Revista do Programa de Pós-Graduação em Sociologia da USP*. São Paulo, v. 24. n. 1, p. 242-69, 2017.

Spitzer, Leo. *Lives in Between: Assimilation and Marginality in Austria, Brazil, West Africa 1780-1945*. Cambridge: Cambridge University Press, 1989.

Trindade, Alexandre Dantas. *André Rebouças; da engenharia civil à engenharia social*. Tese (Doutorado em história) — Campinas: Unicamp, 2004.

Veríssimo, Ignácio José. *André Rebouças através de sua auto-biografia*. Rio de Janeiro: Livraria José Olympio Editora, 1939.

ARTIGOS DE ANDRÉ REBOUÇAS

"Devassa sobre amas de leite". *Gazeta da Tarde*, Rio de Janeiro, 19 maio 1883.

"Caminho de Ferro Subterrâneo Emancipador". *Gazeta da Tarde*, 21 maio 1883.

"Formação da Anti-Slavery Society nos Estados Unidos". *Gazeta da Tarde*, 26 maio 1883.

"Freiras e frades com escravos". *Gazeta da Tarde*, 28 maio 1883.

"A pena de açoites". *Gazeta da Tarde*. 30 maio 1883.

"A província de São Paulo depois da abolição". *Gazeta da Tarde*, 31 maio 1883.

"Os Estados escravagistas depois da abolição". *Gazeta da Tarde*, 1 jun. 1883.

"Cuba depois da abolição". *Gazeta da Tarde*, 2 jun. 1883.

"Superioridade dos libertos". *Gazeta da Tarde*, 4 jun. 1883.

"O exemplo do Ceará". *Gazeta da Tarde*, 10 nov. 1883.

"Imigração e estradas de ferro". *Gazeta de Notícias*. 16 dez. 1883.

"Imigrante e proprietário". *Gazeta de Notícias*, 23 dez. 1883.

"A resistência à abolição". *Gazeta da Tarde*, 4 abr. 1884.

"Escravocratas jogadores de café". *Gazeta da Tarde*, 21 abr. 1884.
"O café e a abolição em 7 de setembro de 1884". *Gazeta da Tarde*, 25 abr. 1884.
"A reação dos escravocratas". *Gazeta da Tarde*, 5 maio 1884.
"Movimento abolicionista III". *Cidade do Rio*, 8 jul. 1889.

CRÉDITOS DAS ILUSTRAÇÕES

p. 488: Georges Leuzinger/Leibniz-Institut für Länderkunde/Acervo Instituto Moreira Salles

p. 492-93: Augusto Malta/Coleção Brascan Cem Anos no Brasil/Acervo Instituto Moreira Salles

p. 494: Marc Ferrez/Acervo Instituto Moreira Salles

p. 495: Acervo Fundação Biblioteca Nacional — Brasil

p. 496, 497, 498, 499, 500: Arquivo Histórico da Universidade Federal de Juiz de Fora

p. 501: Revert Henrique Klumb/Coleção Gilberto Ferrez/Acervo Instituto Moreira Salles

p. 502, 503: Instituto Histórico e Geográfico Brasileiro

p. 504-5: Marc Ferrez/Coleção Gilberto Ferrez/Acervo Instituto Moreira Salles

p. 506: Acervo do Museu Imperial

p. 507: Biblioteca Digital Unesp

AGRADECIMENTOS

Este livro é resultado parcial de pesquisa apoiada por bolsa de produtividade em pesquisa do CNPq e Cientista do Nosso Estado (CNE), da Faperj.

A bolsa CNE-Faperj custeou o trabalho preliminar de transcrição de Eduardo Cavalcante, a quem agradeço especialmente por sua inestimável colaboração.

O acesso aos diários e cartas seria impossível sem o apoio do Arquivo Histórico da Universidade Federal de Juiz de Fora (UFJF), do arquivo do Instituto Histórico e Geográfico Brasileiro (IHGB) e da Fundação Joaquim Nabuco (Fundaj).

Agradeço também o apoio da Fundação de Amparo à Pesquisa do Estado de Minas Gerais (Edital Universal, 2018-24) para a constituição de um arquivo digital no Laboratório de História Oral e Imagem (LABHOI) da UFJF com a versão digitalizada dos microfilmes de diários e cartas depositados no Arquivo Histórico da UFJF.

Este livro foi composto em Freight text em fevereiro de 2025.